현대**과학**의 풍경
2

Making Modern Science : A Historical Survey
by Peter J. Bowler and Iwan R. Morus

Copyright ⓒ 2005 by The University of Chicago
All rights reserved.

Korean Translation edition ⓒ 2008 by Kungree Press.
Licensed by The University of Chicago Press, Chicago, Illinois, USA
Through Bestun Korea Agency, Seoul, Korea
All rights reserved.

이 책의 한국어 판권은 베스툰 코리아 에이전시를 통하여
저작권자와 독점 계약한 궁리출판에 있습니다.
저작권법에 의해 한국 내에서 보호를 받는 저작물이므로
어떠한 형태로든 무단 전재와 복제를 금합니다.

현대과학의 풍경

2

MAKING MODERN SCIENCE

: '대중과학'에서 '과학과 젠더'까지 과학사의 다양한 주제들 :

피터 보울러 · 이완 리스 모러스 지음
김봉국 · 서민우 · 홍성욱 책임번역

■ 서문

대학 초년생들을 대상으로 과학사 개론 강의가 새로 편성되면서 우리는 적절한 교과서를 찾기 위해 노력했다. 그러나 이내 쓸 만한 교재가 없음을 알게 되었고, 그러한 개설서가 집필되기를 간절히 원하는 강사가 우리뿐일 리 없을 거라는 생각을 하게 되었다. 적절한 교과서가 없다는 것은 일반 독자들이 믿고 접할 만한 이 분야의 입문서가 없다는 뜻이기도 했다. 이 책은 이러한 틈을 채우기 위해 집필되었다. 우리는 다른 강사들에게 유용할 뿐 아니라, 과학자를 포함한 일반 독자들도 흥미를 갖고 읽을 만한 개설서를 마련하는 데 이상적인 상황에 있다고 생각한다. 우리 두 사람은 모두 경험 있는 역사학자이고 각자의 관심 분야가 상호 보완적이어서, 물리과학·생명과학·지구과학의 개론을 제공할 수 있다. 또한 우리는 경험 있는 교사이자 작가이다. 교육현장에서 우리는 이 책의 각 장(章) 초고를 2년 동안 학생들에게 돌려 읽힘으로써 경험적인 테스트를 거칠 수 있었다. 그들이 보충해준 피드백을 통해 우리는 대학 초년생들과 (바라건대) 일반 독자들이 우리가 쓴 글을 잘 이해할 수 있음을 확신하게 되었다.

교재를 찾는 과정에서 시작되긴 했지만, 우리는 이 책이 관습적인 교과서나 그러한 교과서가 수반하는 교습기법과 똑같은 길을 가지 않도록 주의를 기울였다. 왜냐하면, 우리는 이 책이 학생뿐 아니라 일반 독자들에게도 흥미롭게 읽히길 원하기 때문이다. 학생들의 관심과 일반 독자들의 관심은 크게 다를 수 있다. 아래에서 설명하겠지만, 과학의 역사를 가르치는 강사들은 대부분 이 책 전체를 사용하기보다 가르치는 방식에 따라 관련된 몇몇 장을 선택하여 읽을 것이다. 즉 학생들이 책을 반드시 연속적으로 읽지는 않을 것이므로, 각 장들은 그 자체로도 어느 정도는 완결성이 있어야 한다. 연대기적 서술을 원하는 일반 독자들은 책의 이러한 구조에 조금 당황할지 모른다. 그렇지만 동시에 어떤 독자들은 책을 처음부터 끝까지 연이어 읽기보다는, 자신의 관심 분야에서 시작하여 전체를 훑어볼 수 있는 이런 구조를 선호하기도 할 것이다. 이야기가 일관성 있게 전개되기를 원하는 이들은, 과학의 역사는 복잡하고 종종 논쟁이 되는 분야이기 때문에 그 전체를 바르게 평가하려는 입문서는 반드시 넓은 범위의 논제와 주제를 모두 다루어야 한다는 사실을 기억해야 한다.

교과서로 사용될 개설서를 집필하려는 이들이 가장 많이 직면하게 되는 문제는, 강사 개개인의 관심과 강의를 듣는 학생들의 배경(과학도이거나 혹은 과학에 문외한이거나)에 따라 과학사를 가르치는 데 사용할 수 있는 접근 방식들이 매우 다양하다는 사실이다. 우리는 강의에서 두 가지 전략을 채택했는데, 이는 우리가 쓴 책에 반영되어 있다. 그중 하나는 과학사의 특정한 역사적 사건 진행에 초점을 맞춘 것이고, 다른 하나는 다양한 과학과 역사적 시대를 포괄하는 특정한 주제를 논의하는 것이었다. 우리는 이 책의 장들을 이 두 가지 형식으로 기술함으로써 다양한 교육전략을 채택한 강사들이 유용하게 쓸 수 있는 교재를 만들어냈다고 생각한다. 물론 코페르니쿠스 혁명부터 현재까지 이르는 근현대 과학발전의 모든 영역을 망라한 교재는 기대하기 힘들다. 그러나 우리는 우리가 선택하여 모은 논제들이 많은 수의 교사나 일반 독자 모두에게 흥미롭기를 바란다. 이 책은 이전 세대의 과학사학자들이 표준적으로 논의해온 몇몇 주제들은 물론, 새로운 동향과 관심을 반영한 주제들까지 포함하고 있다.

이 책은 두 부분으로 나뉘는데, 하나는 역사적 사건들을 담고 있고(1권), 다른 하나는 특정한 주제들을 담고 있다(2권). 수업의 내용이 1권과 2권의 부분 부분과 모두 관련되어 있다고 해도, 전후 참조가 제공되기 때문에(예를 들어 『현대과학의 풍경1』 "8장 유전학 참조" 등) 학생들은 명확한 독서자료를 안내받을 수 있다. 즉, 1권의 몇몇 장은 과학과 종교의 상호작용에 관련된 논점을 제기할 텐데, 이때 각 장의 적절한 지점에서 학생들은 이어서 읽기에 적합한 2권의 주제 장을 안내받게 된다. 주제별로 강의하기를 선호하는 강사들에게는 2권의 주제 장들이 기초적인 독서자료가 될 것이고, 이용된 사례들에 대한 정보를 더 얻으려는 학생들은 여기서도 전후 참조를 참고하여 1권의 적절한 에피소드로 확장해 나갈 수 있을 것이다. 전후 참조는 또한 일반 독자들이 과학사의 포괄적인 개관을 위해 내용을 서로 맞추어보는 데도 도움을 줄 것이다. 각 장에는 그 주제를 한층 깊이 알기 원하는 이들이 더 전문적인 독서를 할 수 있도록 주요 참고문헌 목록을 담았다.

차례

2권 | '대중과학'에서 '과학과 젠더'까지
　　　과학사의 다양한 주제들

서문　　　　　　　　　　　　　　　　　　　　　5

14장　과학단체　　　　　　　　　　　　　　 11
15장　과학과 종교　　　　　　　　　　　　　 41
16장　대중과학　　　　　　　　　　　　　　 77
17장　과학과 기술　　　　　　　　　　　　　111
18장　생물학과 이데올로기　　　　　　　　　141
19장　과학과 의학　　　　　　　　　　　　　173
20장　과학과 전쟁　　　　　　　　　　　　　203
21장　과학과 젠더　　　　　　　　　　　　　235
22장　에필로그　　　　　　　　　　　　　　 265

참고한 문헌 | 더 읽을 만한 문헌　　　　　　　269
옮긴이의 말　　　　　　　　　　　　　　　　287
찾아보기　　　　　　　　　　　　　　　　　 293

1권 | '과학혁명'에서 '인간과학의 출현'까지 과학발달의 역사적 사건들

서문

1장	서론 : 과학, 사회, 그리고 역사
2장	과학혁명
3장	화학혁명
4장	에너지 보존
5장	지구의 나이
6장	다윈 혁명
7장	새로운 생물학
8장	유전학
9장	생태학과 환경보호주의
10장	대륙이동설
11장	20세기 물리학
12장	우주론 혁명의 형성
13장	인간과학의 출현

참고한 문헌 | 더 읽을 만한 문헌

찾아보기

옮긴이의 말

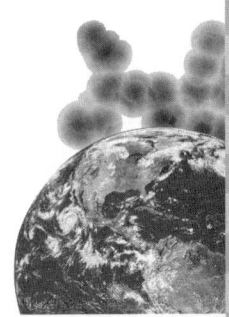

14 Making Modern Science

■■ 과학단체

■■ 어떤 면에서 볼 때 과학은 매우 개인적인 활동이다. 예컨대 발견자의 과학적 공로(credit)는 모든 사람들로부터 그 우선권을 인정받아야만 그의 것이 된다. 그러나 이 과정은 필연적으로 사회적 상호 작용을 수반하는데, 발견자는 그 발견을 다른 사람들에게 알리고 그들이 그 발견과 그와 관련한 이론적 귀결을 수용하도록 설득해야 하기 때문이다. 과학자들이 아이디어와 정보를 전파하고 심사하는 단체에 소속될 필요가 있는 것도 이 때문이다. 과학혁명기 이래로 과학자들의 의사소통 체계는 정기적인 모임을 갖고 학술지를 발행하여 연구성과를 전파하는 과학학회의 창설을 통해 점차 공식화되었다. 그러나 과학학회는 단순한 의사소통 외에 또 다른 기능을 담당한다. 흔히 과학학회는 어떤 사람을 전체 과학자 사회 혹은 특정 연구학파로 받아들일지를 규정하는 문지기 역할을 수행해왔다. 공식 학회

는 자기 학회에 적합하지 않은 견해를 가진 사람들에게 회원 자격을 잘 주지 않음으로써 그 구성원을 쉽게 규제할 수 있는가 하면, 그들의 결과물은 대개 공인된 형식 내에서 이루어진 연구만 통과될 수 있는 심사과정을 거친 후에야 출간된다. 다양한 역사적 시점에서 이런 선택행위는 수용하기 힘들어 보이는 견해를 지닌 잠재적 후보를 고립시키는 데 이용된 바 있다. 1980년대에 과학 학술지들이 제임스 러브록의 '가이아(Gaia)' 가설을 발표하기를 거부한 것도 이런 예에 해당한다(『현대과학의 풍경1』 9장 "생태학과 환경보호주의" 참조). 과학자 사회는 자기들의 눈에 신비주의나 다름없어 보이는 이론을 내놓은 사람들에 맞서 결속을 강화했는데, 이런 행태는 경직된 정설을 강요하고 대안적인 관점들을 억압한다는 비판을 야기하기도 했다. 오늘날 고도로 전문화된 과학학회들은 종종 과학자들이 폭넓은 주제를 두고 소통하는 능력을 떨어뜨리는 식으로 전문가적 정체성을 강화하기도 한다. 조직화된 과학자 사회의 출현으로 인한 이득이 무엇이든, 이를 단순히 지식 전파를 증진하려는 실용적인 움직임으로만 볼 수는 없다.

과학자들은 바깥 세계의 이해당사자 또는 이해당사자가 될 가능성이 있는 사람들과 소통하기 위해 학회를 이용하기도 했다. 여기에는 분명 과학자들의 이기적인 동기가 숨어 있었다. 즉, 과학에 들어가는 비용이 계속 커진 만큼, 바깥 세계가 과학의 가치를 깨닫고 필요한 자원을 제공하게 만들 필요가 있었던 것이다. 17세기에는 주로 왕과 귀족들이 후원자 역할을 담당했다. 물론 현대로 오면서 그 역할은 정부, 산업, 일반 대중에게로 넘어왔지만 과학을 '판매할' 필요는 변함없이 남아 있다. 과학자들은 점차 과학활동에서 대학이 차지하는 비중을 높이고 한층 전문화된 학과의 창설을 통해 공동체를 만들어가면서 학계 안에서의 영향력도 추구해왔다. 이는 기존 과학자들에게 급여 및 연구 기회를 제공하는 동시에 과학 직종에 뛰어드는 학생들의 교육을 통제한다는 이중의 목적에 기여한다. 근현대과학사는 특정 분야를 전문적으로 다루는 대학 학과와 정부 지원 연구소의 설립을 통해 과학자들의 직업 정체성이 형성되는 과정에 많은 관심을 기울여왔다. 실제로 정체성을 확립한 과학 분야의 존재 그 자체가 그러한 제도적 하부구조가 얼마나 성공적으로 창출되느냐와 맞물려 있고, 이런 활동이 뒷받침되지 않은 포괄적인 이론들은 어느 정도 주변화된 것이 사실이다. 이런 견지에서 본다면, 1940년대까지 '진화생물학'이라 할 만한 것이 존재하지 않았던 것은 19세기 후반 다윈의 추종자들이 그 주제를 전문적으로 다루는 학과를 설립하지 않았기 때문이다. 근현대과학사의 이런 경향은 분명 일반 대중을 상대로 과학자들이 구사한 수사 대신에 그들이 실제로 무엇을 하고 있었는지를 주목하는 데 도움이 되지만, 다른 한편으로 광범위한 기존의 활동을 변형함으로써 영향력을 획득한 더욱 다양한 시도들을 보지 못하게 가로막는 위험을 안고 있다.

   역사학자들이 근현대 과학자 사회에 특징적인 조직의 출현에 초점을 맞춘다는 점도 우리가 과학발전의 초기 국면을 이해하는 데 문제점을 야기한다. 과학의 전문화와 전문직업화는 과학이 거둔 성공의 핵심 요소지만, 그것이 현재 우리가 당연하게 여기는 수준으로 공고해지기까지는 오랜 시간이 걸렸다. 우리는 19세기 말에 이르기까지 상당량의 과학적 연구가 근대적인 의미에서 전문 과학자가 아닌 사람들에 의해 이루어졌다는 사실을 인정해야 한다. 러드윅(1985)이 19세기 초의 지질학자들을 지칭하기 위해 도입한 용어를 사용하자면 그들은 '신사 전문인들(gentlemanly specialists),' 즉 그들 분야에서 두각을 나타냈지만 과학을 생계 수단으로 삼지는 않았으며 오히려 그런 사람들에게 의심의 눈초리를 던졌을 사람들이었다. 네이선 라인골드(1976)는 위계적 관계를 피할 수 없는 '전문직업인(professional)'과 '아마추어(amateur)'라는 근대적 정의를 비켜가기 위해 그런 사람들을 '양성인(cultivator)'이라고 불렀다. 다윈은 생계를 위해 돈을 벌 필요가 없었던 과학자의 고전적인 사례지만, 우리는 다윈을 열렬히 옹호했던 토머스 헉슬리가 1850년대 런던에서 돈이 되는 직업을 구하기 위해 처절하게 노력해야 했다는 점을 기억해야 한다. 말하자면 헉슬리의 세대는 생계유지를 위해 급여가 필요했던 세대였다. 따라서 그들은 정부와 산업계가 과학을 지원하게 하는 일에 힘을 쏟았고, 전문직업인들이 주도권을 획득할 수 있도록 하기 위해 노력했다. 처음에 헉슬리 세대의 사람들은 아직 남아 있던 신사 전문인들과 제휴했지만, 그들의 목적은 과학을 막후에서 조종하는 엘리트 사회집단에 합류하고 궁극적으로는 그들을 통제하는 것이었다.

위에서 개관한 발전은 많은 부분 사회적 행위로서 과학이 이루어낸 성공의 필연적인 결과였다. 1960년대에 데릭 드 솔라 프라이스가 지적한 것처럼, 어떤 지표를 보더라도 과학은 17세기 이래 폭발적으로 성장해왔고, 그 결과 "지금까지 존재해온 과학자 중 80퍼센트에서 90퍼센트가 현재 생존해 있는" 상황이 되었다(Price, 1963, 1). 과학계가 이렇게까지 성장할 수 있었던 것은 과학이 정부와 산업계에 유용해졌기 때문이며, 이들 정부와 산업계로부터 지원을 이끌어내고 이를 더욱 촉진하려는 노력은 과학 조직화의 방향에 큰 영향을 미쳤다. 프라이스는 이전 세기의 과학을 '작은 과학(little science)'으로 오늘날의 과학을 '거대 과학(big science)'으로 구분했는데, 이는 과학 자체의 성격이 변했음을 상징적으로 표현하는 말이었다. 작은 과학은 개인에 의해 수행되었으며, 흔히 재미 삼아 자신의 경비를 소요해가며 이루어졌다. 거대 과학은 값비싼 장비를 사용하는 연구팀에 의해 수행되기 때문에, 실용적인 결과나 때로는 순전히 위신의 상승만을 기대하는 정부 또는 주요 거대 기업들만이 그에 필요한 재정을 지원할 수 있다. 그러나 과학단체의 구조 변화는 새로운 기술에 대한 대중의 요구를 좇으려는 욕망 이상의 무엇을 반영한다. 즉, 그것은 다른 전문직업인들과 소통하고 그들만의 분과영역을 구축하는 등 특화된 전문직업인들의 다양한 필요에 부응하기도 하는 것이다.

이 장은 17세기 과학혁명기 동안 과학이 어떻게 처음 조직화되었는지를 개관하는 것으로 시작하여, 근대과학자 사회의 몇몇 측면이 어떻게 이후 세기와는 매우 다른 조건 속에서 출현했는지를 기술할 것이다. 이런 발전은 18세기에 과학자 사회라 일컬을 만한 단체가 출현하면서 공고해졌다. 하지만 우리가 현재 당연하게 여기는 기관들이 다수 세워진 시기는 19세기 초였다. 먼저 프랑스 혁명정부와 나폴레옹 정부의 교육개혁이 과학을 매우 강조하였으며, 곧바로 근대적 형태의 독일 연구대학이 출현하면서 그 뒤를 이었다. 과학자들은 자신들이 무엇을 하고 있는지를 더욱 많이 알리고 정부로부터 더 많은 자원을 얻기 위해 국가적인 규모로 결합하기 시작했다. 19세기 말경 교육개혁은 과학자 사회의 규모와 전문직업화의 수준을 크게 높였으며, 이와 함께 정부와 산업계는 과학연구에 대한 지원이 국가 차원의 중요성을 갖는다는 사실을 마침내 인식하기 시작했다.

■ 과학혁명

중세 말의 학자들은 일상적으로 유럽 전역의 도시에 생겨난 대학들을 옮겨 다니곤 했다. 그때만 해도 대학은 아리스토텔레스의 저술에 기초한 스콜라철학의 중심지였으며, 그래서 사람들은 대학이 '새로운 과학(New Science)'을 전파한 중심지였다고 생각지 않는다. 그러나 과학혁명의 중요 인물(『현대과학의 풍경1』 2장 참조) 대부분은 대학에서 교육을 받았으며, 몇몇은 생애의 중요한 시절을 대학에서 보냈다(Pyenson · Sheets-Pyenson, 1999). 코페르니쿠스는 몇 군데의 이탈리아 대학에서 의학과 교회법을 배웠고, 갈릴레오는 피사와 파도

바 대학에서 수학을 가르쳤으며, 뉴턴은 생애의 많은 부분을 케임브리지 대학에서 보냈다. 해부학자 안드레아스 베살리우스는 루뱅 대학에서 공부했고 파도바 대학에서 가르쳤다. 기존의 교과과정은 과학을 연구하는 방식을 엄격히 제한했지만, 의학, 수학, 철학에서 인정된 주제들은 광범위하게 해석되어 '새로운 과학'이 수행될 수 있는 활동의 여지를 제공했다. 또한 대부분의 약물이 여전히 식물에서 추출되었기에 의학부에서는 식물학을 가르쳤다. 그러므로 17세기의 대학이 '새로운 과학'의 등장과 무관했다고 폄하해서는 안 된다(Feingold, 1984). 이들에 비해 실용적인 교육을 제공하는 새로운 교육기관의 설립도 마찬가지로 중요하다. 대표적인 사례가 바로 런던의 상인 토머스 그레셤 경의 유지(遺志)로 1597년에 설립된 그레셤 칼리지로서, 여기에는 천문학과 기하학, 의학 교수직이 마련돼 있었다. 가톨릭교회 내에서는 예수회 수사들이 천문학 작업을 장려하는 데 열의를 보였다. 물론 더욱 급진적인 코페르니쿠스주의자들의 이론적 개념과는 거리를 두었지만 말이다.

과학혁명과 연관된 대부분의 주요 인물들이 대학에서 교육받았음에도 그들이 배웠던 주제가 훗날 그들의 자연철학적 관심사와 연결되지 않은 경우도 꽤 있었으며, 많은 사람들은 대학 체계 내에 자리를 잡지 못했다. 화학자 로버트 보일의 경우처럼 재정적인 도움이 필요치 않은 사람들도 있었는가 하면, 부유한 사람들로부터 후원을 받아야만 하는 사람들도 있었다. 부유한 인물들은, 진심으로 새로운 학문에 흥미를 느끼기 때문에, 혹은 궁정이나 가문과 연관된 유명한 학자가 있으면 자신들의 위신이 높아지기 때문에 그들을 고용했다. 1610년에 갈릴레오는 토스카나 대공의 철학자 겸 수학자가 되기 위해 파도바를 떠났다. 그 역시 교회 중요 인물들의 후원을 얻고자 했지만, 불행하게도 교황의 신의를 잃고 종교재판에 회부되면서 뜻을 이루지 못했다(Biagioli, 1993). 천문학자 티코 브라헤는 덴마크 왕프레데리크 2세의 후원 아래 벤 섬에 천문대를 만들었으며, 프레데리크 2세의 아들이 아버지의 사후 자신에 대한 후원을 중단하자 황제 루돌프 2세 아래서 봉직하기 위해 프라하로 자리를 옮겼다. 티코의 도제로 출발한 요하네스 케플러 또한 루돌프 2세 아래서 봉직했다. 궁정의 후원은 불확실했지만 르네상스 시기에 그것은 공인된 체계였으며, 더 민주적인 정부가 이에 준하는 후원을 제공한 것은 한참 후의 일이었다. 17세기 후반과 18세기에도 부유층의 후원은 중요했고, 동물과 식물 채집물을 묘사하고 분류하던 자연사학자들에게는 특히 그러했다. 존 레이는 부유한 프랜시스 월러비의 후원을 얻게 되자 케임브리지 대학의 특별연구원직을 그만두었다.

    과학자들은 실험적인 발견과 이론적 혁신 모두가 수용될 수 있도록 주요한 인사들과 이해당사자들을 설득해야 했는데, '새로운 과학'은 이들의 상호 작용에 영향을 받았다. 의사소통은 때로 신랄한 논쟁 끝에 합의를 도출하는 데 매우 중요했으며, 그런 문제에서 믿을 만한 판단을 내리는 명망 있는 사람들의 공동체를 명확히 할 필요가 있었다. '새로운 과학'을 미심쩍어하는 사람이 많던 시기에 '새로운 과학'의 지지자들은 상호 부조를 위해서라도 단결해야 했다. 처음에는 한 장소에 충분한 수의 사람들이 함께 거주하면서 정기적인 모임이나 그 밖의 다른 형태의 교류를 유지하는 지방 학회들이 있었다. 갈릴레오는 린체이 아카데미(Accademia dei Lincei: 'Lincei'는 살쾡이 눈을 의미한다)의 일원인 것을 자랑스럽게 생각했으며, 그의 추종자들은 보렐리나 프란체스코 레디와 같은 주요 인물들이 속해 있던 피렌체의 치멘토 아카데미를 조직하는 데 도움을 주었다(Middleton, 1971; 17세기의 학회에 대한 일반적인 설명은 Ornstein, 1928 참조). 그러나 이들은 영속적인 기관이 아니었다. 오랫동안 지속된 최초의 확실한 과학단체는 1660년에 설립되어 2년 후 왕의 헌장을 부여받은 런던 왕립학회였다(Boas Hall, 1991; Hunter, 1989). 왕립학회 설립 전에도 옥스퍼드에는 로버트 보일, 크리스토퍼 렌, 로버트 후크 같은 인물들이 참여한 비공식 모임이 있었지만, 공인된 공적 조직체로 통합됨으로써 왕립학회는 높은 지위를 부여받을 수 있었다. 비록 찰스 2세는 자금도 지원하지 않았고 새로운 학문을 미심쩍게 여겼지만 말이다. 토머스 스프랫이 『왕립학회의 역사(History of the Royal Society, 1667)』에서 선언했듯이 왕립학회는 프랜시스 베이컨의 경험철학이 스콜라철학의 대안이라고 강조했으며, 그들의 논의에 철학적·정치적인 분열이 끼어들어서는 안 된다고 주장했다(그림 14.1). 왕립학회는 실험을 시연하기 위해 후크를 비롯한 실험관리인(curator)을 고용했다. 그러나 가장 중요한 것은 관찰과 발견을 보고하는 과정에서 학회가 수행한 기능이었다. 학회 간사인 헨리 올덴버그는 과학자들과 국제적인 서신을 계속 교환했으며, 최초의 과학 학술지인 《철학회보(Philosophical Transactions)》가 출간되기 시작했다.

학회의 구성원들은 이른바 '새로운 과학'의 중재인으로서 자신들의 지위를 규정하기 위해 노심초사했다. 모든 사람들이 직접 실험을 수행할 수는 없었으므로, 보고서의 신뢰성은 매우 중요했고, 그러한 신뢰성은 오직 신사들에 의해서만 보증되었다. 예컨대 보일의 공기펌프를 실제로 작동시켰던 장인들은 보일의 보고서에 한 번도 언급되지 않는다. 실험철학의 철학적 기반에 도전하거나, 실험철학의 가치를 새로운 과학에 강제하는 왕립학회 중추세력의 방식에 회의적이었던 사람들은 학회에서 엄격히 배제되었다(Shapin·Shaffer, 1985). 따라서 새로운 학회는 과학활동에 참여하기에 사회적으로나 철학적으로 부적당하다고 간주되는 사람들을 차단하는 문지기 역할을 했다. 왕립학회의 구성원들은 종교적으로 또는 이데올로기적으로 중립적이기보다는 매우 뚜렷한 사회적 의제를 지니고 있었다. 몇몇 학자들이 주장했듯이 그들이 전부 청교도였던 것은 아니지만, 그들은 자신들이 자유주의적 국교도임을 공언했으며 왕정복고 체제, 그리고 부를

그림 14.1 토머스 스프랫이 쓴 『왕립학회의 역사』(London)의 권두화. 학회의 후원자 찰스 2세의 흉상 오른쪽에 앉아 있는 프랜시스 베이컨이 보이는데, 그의 경험주의 철학은 새로운 과학의 기반으로 이상화되었다. 로버트 보일의 공기펌프를 비롯한 다양한 과학기구들이 배경에 놓여 있다.

축적하기 위한 새로운 중상주의적 체제를 지지했다(15장 "과학과 종교" 참조). 다만 왕립학회는 정부의 자금을 지원받을 수 없었으며, 이는 학회가 대개 과학에 피상적인 관심만을 갖고 있던 더 부유한 사람들에 의해 좌지우지되는 결과를 초래했다. 찰스 2세는 천문학 분야에서만 '새로운 과학'을 진지하게 받아들였다. 영국의 해외무역에 중요했던 항해기술이 천문학을 통해 개선되리라는 희망을 주었기 때문이다. 렌과 후크를 포함한 위원회의 조언으로 1675~76년에 그리니치 왕립 천문대가 건설되었고 존 플램스티드가 초대 왕립 천문학자로 취임했다. 그럼에도 플램스티드는 장비를 마련하는 데 상당한 액수의 자비를 들여야만 했다.

고도로 중앙집권적인 정부가 들어서 있던 루이 14세 휘하의 프랑스는 상황이 크게 달랐다. 몇몇 지방학회들이 실패하고 난 후, 과학자들은 루이 14세의 재상인 콜베르에게 국가의 지원을 청원했고, 이에 따라 1666년, 왕립도서관에서 왕립 과학아카데미의 첫 회합이 열렸다(그림 14.2; Hahn, 1971 참조). 천문학을 포함한 수학과, 물리과학에 중점을 둔 자연철학 분야에 유급 직책이 생겼다. 크리스티안 호이겐스 같은 유명인사가 파리에 와서 이런 직책을 맡았다. 주로 항해술과 같은 분야에서 유용한 결과를 산출해주길 기대한 것이었다 하더라도, 왕립 과학아카데미에 대한 국가적 지원은 막대했다. 왕립 과학아카데미는 천문대가 건설되던 해인 1699년에 재편되었다. 그러나 자금이 충분히 지원되는 만큼 학회 회원들의 활동에 대한 규제도 심해서 독창적인 연구를 추구할 자유가 언제나 허용되지는 않았고 루이 14세가 경제적 곤궁에 빠지면서 자금 지원 자체도 크게 제약을 받았다. 그렇다 하더라도 왕립 과학아카데미는 유럽 타 지역의 군주들이 본받을 만한 모델을 제공했으며, 반면 왕립학회는 그 구조와 관심사가 과학자들 스스로에 의해 규정되는 더 자유롭고 느슨한 종류의 조직으로 발전했다.

그림 14.2 왕립 과학아카데미를 방문 중인 루이 14세. 드니 도다르의 『식물사에 관한 정리 (Mémoire pour servir a l'historie des plantes, 1676)』(Paris)의 속표지. 파리 아카데미는 프랑스 왕의 후원에 의존했으며 따라서 왕에게 자신들의 활동이 국가에 유용하다는 점을 납득시켜야만 했다. 아카데미 회원들이 왕에게 다양한 과학기구를 보여주고 있다.

■ 18세기

18세기에는 과학교육이 어느 정도 발전했지만 그 정도는 지역에 따라 차이가 있었다. 네덜란드와 독일의 대학은 연구와 교육이 활발하게 이루어지는 중심지가 되었으며, 그 중에서도 물리과학 분야가 두드러졌다. 레이덴 대학은 특히 전기 연구에서 중요한 곳이었으며, 바로 여기서 페트루스 반 뮈센브루크가 1746년 레이덴병이라 불리는 축전기를 발명했다(Heilbron, 1979). 스코틀랜드의 대학에서는 의학 교육이 활발히 이루어졌고 1776년에는 에든버러 대학에 자연철학 교수직이 마련되었다. 린네는 웁살라 대학에 있던 그의 식물원에서 새로운 종 분류체계를 발전시켰으나, 당시에는 자연사를 가르칠 만한 체제가 갖추어져 있지 않았기 때문에 여전히 의학부에 속해 있었다. 다른 곳에서는 '새로운 과학'을 교과과정으로 편성하려는 노력이 별로 이루어지지 않았으며, 옥스퍼드 대학이나 케임브리지 대학은 19세기에 들어서기까지 과학교육을 거의 실시하지 않은 대학의 대표적인 사례였다. 그러나 그레셤 칼리지가 제창했던 과학교육에 대한 실용적인 접근만은 더욱 널리 확산되었다. 독일의 대다수 독립영방국가들은 광업을 통해 많은 수익을 얻었고 지질학과 공학을 가르치는 광산학교를 설립하기 시작했다. 베르너는 프라이부르크의 광산학교에 있으면서 대지 수성설(Neptunist theory: 지구상의 모든 암석이 바다 속에서 퇴적과정을 통해 생성되었다는 학설―옮긴이)을 발표하여 유럽 전역의 학생들을 끌어모았다.

프랑스의 대학에서는 과학교육이 거의 이루어지지 않았으며, 정부가 공병을 양성하기 위해 기술학교인 토목학교를 설립했을 따름이다. 왕립 과학 아카데미는 여전히 정부의 지원을 받는 연구의 중심지였고, 왕의 수집물을 모아놓기 위해 왕립 식물동물원인 왕실정원이 만들어졌다(그림 14.3). 뷔

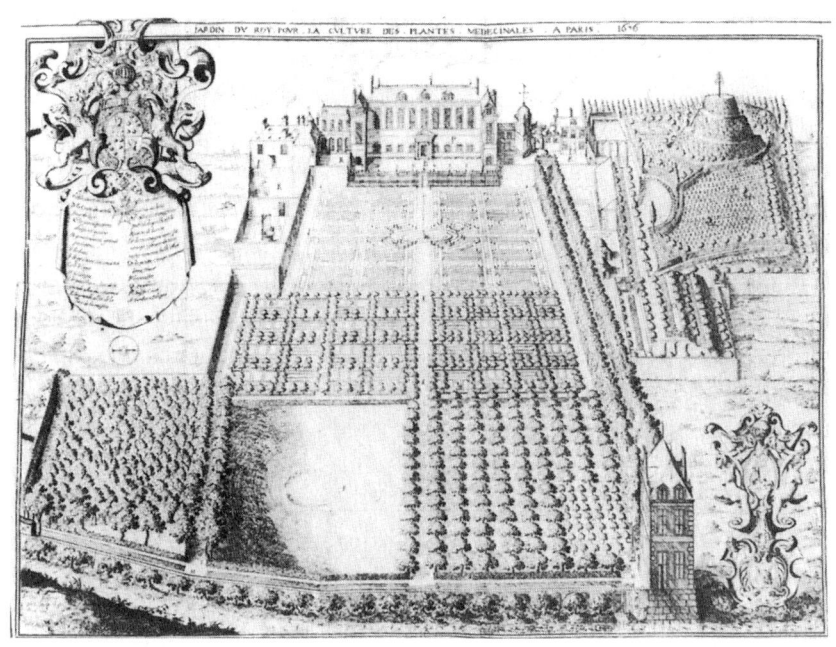

그림 14.3 파리식물원. 프레데릭 스칼베르주의 『왕실정원(Le Jardin du Roi, 1636)』(Paris)에서 전재. 식물원은 의사들에게 약물 추출용 식물을 가르치는 데 식물원을 중요하게 활용했던 중세의 대학에 기원을 두고 있다. 식물원은 세계 각지의 새로운 식물이 유럽으로 반입되던 17세기와 18세기에도 여전히 과학의 중심지였다. 사람들은 뷔퐁과 라마르크의 조각상과 퀴비에가 일했던 건물을 찾아 오늘날에도 여전히 파리식물원을 방문하고 있다.

뷔퐁 백작은, 그곳의 감독관이었다는 점에서 백과사전적인 『자연사(Histoire Naturelle)』를 서술해 나가기에 아주 유리한 위치에 있었으며, 자신의 이론이 공공연히 정통 교리에 도전할 때에 교회의 공격으로부터 보호받을 수도 있었다(『현대과학의 풍경1』 5장과 6장 참조). 열성적인 창립자들이 죽고 과학에 일시적인 흥미만을 가진 신사들이 그 자리를 대신하면서 런던 왕립학회는 어느 정도 쇠락하였다. 그러나 왕립학회는 조지프 뱅크스 경이 의장을 맡게 되면서 18세기 후반에도 명맥을 유지했는데, 그는 해군에 닿아 있던 연줄을 이용해 예전에 쿡 선장과 함께 했던 자신의 탐험을 모델로 하여 세계적 차원의 과학 탐사 프로그램을 조정해냈다(Makay, 1985). 과학자 사회가 확대되면서 더욱 전문적인 학회 설립의 필요성이 대두되었지만 영국 과학의 중심지로서 왕립학회가 지니던 위치를 지키고 싶었던 뱅크스는 그러한 시도들을 적극적으로 차단했다. 단, 1788년에 뱅크스의 유복한 제자 중 한 사람이었던 제임스 스미스가 린네 사후에 손에 넣은 린네의 동식물 수집물을 바탕으로 설립한 린네 학회만은 예외적인 경우에 속한다. 린네 학회는 영국에서 자연사 분야의 연구와 출간을 선도하는 중심지가 되었지만, 이 학회가 부유한 수집가의 후원을 바탕으로 설립됐다는 사실은 그런 기관이 여전히 신사 전문인들만의 클럽이었음을 말해준다. 이후 수십 년 동안 자연사에 대한 대중들의 관심이 커지면서 나라 전역의 마을마다 지방학회가 세워졌고, 이들 지방학회는 과학과의 관계를 이용하여 문화의 중재자로서 자신의 권위를 드높이고자 했던 지방 유지들에게 의존했다.

영국 과학을 다루는 역사학자들은 1760년대 신흥 산업도시인 버밍엄에서 나타난 전혀 새로운 종류의 학회에 주목해왔다. 루나 협회가 그것으로, 과학을 산업기술에 적용하는 일에 호의적이었던 여러 저명인사들이 이곳에서 아이디어를 공유했다. 구성원들 중에는 당시 증기기관을 제작하기 위해 협력했던 제임스 와트와 매슈 볼턴, 초기 산업혁명의 성공신화로 꼽힐 만큼 도기 사업에서 큰 성공을 거둔 조사이어 웨지우드, 의학과 생명과학에 더하여 기계 개량에도 큰 관심을 보였던 이래즈머스 다윈이 포함되어 있었다. 화학자 조지프 프리스틀리 또한 1780년 버밍엄으로 이사한 후 루나 협회에 참여했다. 이들은 부유했지만 실용적인 사람들이어서, 함께 모여 과학을 유용한 지식의 기반으로 활용하자는 그들 공동의 관심사를 발전시켰으며, 이미 런던의 사회적 엘리트들이 모이는 클럽이 되어버린 왕립학회의 옛 원칙을 실질적으로 되살렸다. 루나 협회는 오래 유지되지는 못했지만, 다음 세기에 '새로운 과학'을 실제로 이용하려는 사람들의 세력이 과학을 취미로 삼았던 사람들의 세력을 누르고 커짐에 따라 뚜렷해질 긴장을 확연히 드러내주었다.

■ 19세기

19세기는 과학이 산업 및 정부와 깊이 관련을 맺게 되고 그 결과 과학자 사회의 팽창 및 전문화가 이어지면서, 오늘날 우리가 당연하게 여기는 기관들이 만들어진 시기였다. 하지만 이러한 상호 작용이 효과적으로 이루어지는 데 필요한 발전을 가로막는 강력한 사회적 힘이 작동하고 있었기 때문에 이 과정은 하루아침에 이루어지지 않았다. 과학을 사회 엘리트의 영역으로 여기는 분위기는 전문직업화 과정 및 공적 자금 지원의 추구를 억제했다. 오랫동안 고전학 분야의 엘리트들을 양성해온 대학은 과학교육과 연구를 대학 교과과정 내에 편입시키려는 움직임에 저항했다. 자유방임 이데올로기가 팽배해 있던 영국과 미국에서는 새로운 유형의 출세한 산업가들조차 과학에 대한 정부의 지원을 미심쩍어했다. 자유기업 사회에서는 연구를 통해 이득을 얻는 사람이 연구비용을 감수해야 한다는 생각이 널리 받아들여지고 있었다. 그러나 산업가들은 즉각적으로 유용한 연구에만 재정 지원을 하고 싶어했고, 따라서 한 세대 후에도 이윤을 낳지 못할 순수 연구에는 관심을 두지 않았다. 프랑스와 독일의 중앙집권 정부가 일찍부터 과학에 공적 자금을 지원했던 데 비해 영국과 미국에서는 19세기 후반부에 가서야 이러한 지원이 이루어진 것도 그 때문이다. 그러나 결국 과학이 국가의 부와 위신을 증진하는 역할을 한다는 점이 인정되었고, 교육체계와 과학자 사회 내부의 활동 모두 새로운 현실에 적응하기 시작했다.

　1789년의 혁명 이후 프랑스는 교육 및 과학제도 면에서 급격한 변화를 경험했다. 1793년경 새로운 정부는 예전의 왕실정원을 전시, 교육, 연구를 목적으로 하는 자연사 박물관으로 대체했다. 라마르크와 퀴비에, 조프루아 생틸레르와 같은 영향력 있는 교수들 덕분에 자연사 박물관은 유럽 전역에서 자연사 분야의 연구 및 교육의 모델이 되었다. 왕립 과학아카데미 또한 과학적 업적의 공적 승인에 적합한, 새롭지만 여전히 중앙집권적인 체계로 완전히 재조직되었다(Crosland, 1992). 에콜 폴리테크니크, 고등사범학교 등의 새로운 기관이 기술적 연구 및 교육을 위해 설립되었고 많은 저명인사들이 이곳에서 교수로 재직했다. 나폴레옹은 이러한 토대를 발판으로 삼아 과학이 국가에 이바지하는 실용적인 활동이라는 이미지를 확고히 했다. 다른 국가들이 산업발전을 이루어나가는 동안 고도로 중앙집권적인 프랑스의 체계는 지나친 경직성 탓에 세계적 강대국으로서 자신들의 위상이 점차 추락해가는 상황에 제대로 대처하지 못했지만, 19세기 초 수십 년간 이러한 기관들은 파리를 과학계의 메카로 만들었다.

　몇몇 독일 대학은 18세기에 의욕적으로 활동했으나 일부는 나폴레옹의 점령기간에 문을 닫았고 그에 따라 19세기 초에 이르러서야 대학을 새로 설립하거나 재건하려는 물결이 일었다. 독일어권 지역은 여러 영방국가로 분할되어 있었기 때문에, 각 영방국가들이 과학적·학문적으로 유능한 인재를 끌어오기 위해 서로 경쟁하는 상황이 벌어졌다(Ben-David, 1971). 바로 이런 지역적 상황에서, 교수들이 자신의 연구를 진행하면서 동시에 대학원생들을 당당한 연구자로 양성하는 역할도 담당하는, 현대적인 연구대학이 등장했다. 박사학위는 학생이 독립적인 연구를 할 능력이 있다는 것을 증명하는 상징이 되었다. 기센 대학에 있었던 유스투스 폰 리비히가 이끌던 화학과는 1820년대에 이런 체계를 정립하였으며 이는 금세 다른 분야 및 다른 대학으로 확산되었다. 19세기 중반에 이르자 독일이 프랑스 대신 유럽 과학을 선도하기에 이르렀으며, 특히 과학연구를 통해 화학염료 생산과 같은 영역에서 새로운 기술적 가능성이 열림에 따라 독일의 산업체계가 팽창하기 시작했다.

영국의 경우, 스코틀랜드의 대학에서는 지속적으로 과학 분야가 활기를 띠었으나 옥스퍼드 대학과 케임브리지 대학과 같은 오래된 대학은 여전히 과학을 교과과정에 도입하려 하지 않았다. 케임브리지 대학은 수학에서 엄밀한 훈련을 시행하였고, 비록 학부생들을 가르치지는 않았지만 지질학자 애덤 세즈윅과 윌리엄 버클랜드 같은 뛰어난 교수들도 보유하고 있었다. 1850년대가 되어서야 이들 대학은 과학교육을 학위 프로그램의 일부로 포함시키라는 정부 위원회의 요구를 억지로나마 수용했다. 그러나 1870년대의 추가적 개혁으로 케임브리지 대학의 캐번디시 연구소가 물리학 연구의 선도적 중심지가 되기까지, 진전은 매우 더뎠다. 한편, 비국교도들을 위한 런던 유니버시티 칼리지(훗날 런던 킹스 칼리지와 합쳐져 런던 대학(University of London)이 됨—옮긴이)가 설립되었고(옥스퍼드 대학과 케임브리지 대학에는 오직 국교도만이 들어갈 수 있었다) 이 대학 또한 과학교육에서 어느 정도 명성을 떨치게 되었다. 영국 정부는 리비히의 학생들로부터 영감을 얻어 1845년 왕립화학학교를 세웠다. 1851년에는 왕립광업학교가 앞으로 논의될 지질조사국 창설의 영향을 받아 부분적으로 그 부산물로서 설립되었으며, 청년 토머스 헉슬리는 이곳에서 자신의 첫 일자리를 얻었다(Desmond, 1994; 1997). 1870년대 헉슬리는 그의 젊은 제자들을 시연자로 삼아 학교 교사들을 위한 유명한 생물학 강의를 시작했다. 나중에 이들 기관은 임페리얼 칼리지로 합병되었다.

19세기 후반이 되자 미국 역시 과학교육에서 이루어진 최신의 발전을 매우 빠르게 따라잡기 시작했다. 볼티모어의 존스홉킨스 대학이 독일식

노선을 모방하여 연구대학으로 설립되었으며, 곧 비슷한 모델을 따르는 사립대학들이 많이 생겨났다. 동시에 중서부 주(州)의 토지부여대학(land-grant college: 교육기관의 설립을 위해 연방 소유 토지를 주에 불하할 수 있다고 명시한 1862년 모릴 토지법[Morrill Act]에 따라 설립된 주립 대학—옮긴이)들은 공적 자금을 지원해 과학을 비롯한 교육을 제공했고, 농업적 이득과 관련이 있는 생물학 분야의 연구를 후원하였다. 이처럼 19세기 말 선진국 곳곳의 대학과 상급 기술 칼리지에서 과학연구와 교육이 결합되어 갔다. 과학과 관련된 일자리도 크게 늘어나, 헉슬리처럼 낮은 사회계층에서 과학계에 진입하기를 원하며 보수를 지급하는 일자리를 필요로 했던 젊은 세대들이 혜택을 누릴 수 있었다. 급격한 팽창이 이루어지던 시기에 대학은 새로운 연구 프로그램을 수립할 기회도 제공했으며, 교수직과 학과의 신설을 허가함으로써 더욱 전문적인 과학 분야의 공인을 장려하였다. 그러나 처음에 여성들이 과학교육을 접하기 어려웠다는 것은 주목해보아야 할 대목이다. 헉슬리마저도 여성을 의대에 입학시키는 것에 반대했다. 그러나 대개 이런 장벽은 여학생을 위한 전문 칼리지가 처음 만들어지면서 차차 무너졌다(Rossiter, 1982).

고도로 중앙집권적인 프랑스와 독일 정부는 지배 엘리트의 승인을 받아 국가의 자금을 과학연구와 교육에 지원하는 체제를 구축했다. 그러나 떠오르는 산업가 계층이 자유기업 체계를 널리 받아들였던 영국과 미국에서는 과학자들이 국가에 재원을 요구하기가 훨씬 어려웠다. 이러한 정부 모델에서는 국가가 그런 활동을 할 의무가 없었다. 재미 삼아 순수 연구를 하고 싶은 사람이라면 스스로 연구비를 감당할 수 있을 만큼 부유해야 하며, 연구가 실용적인 함의를 가지고 있다면 그로부터 이득을 얻는 기업이 자금을 지원해야 한다고 여겨졌다. 이런 식의 철학은 대다수의 연구가 어느 정도의 탐색을 거친 뒤라야 유용한 것으로 판명된다는 사실을 염두에 둘 때 매우 근시안적인 것이었다. 과학자들은 어떤 수준의 순수 연구는 잠재적 이익은 막대하나 개별 기업이 자금을 대기에는 그 이익이 너무 불확실하기 때문에 국가가 자금을 지원해야 한다고 주장하기 시작했다. 찰스 배비지는 『영국에서 과학의 쇠락에 대한 성찰(Reflections on the Decline of Science in England, 1830)』에서 과학에 대한 영국 정부의 무관심을 개탄하고, 과학이 적절히 발전하려면 급여를 받고 적절한 자금을 지원받는 연구자들로 이루어진 과학 직종이 만들어져야 한다고 주장했다. 대영제국 지질조사국의 설립과정은 배비지가 강조한 방향으로 나아가려 한 사람들이 직면했던 어려움을 보여주는 사례다. 1830년대에 헨리 드 라 비치가 지질조사국이 광업에 가져다주는 이득을 강조하자, 정부는 광산회사가 이에 대한 자금을 지불해야 한다고 주장했다. 하지만 광산회사들은 채굴 가능한 광산을 즉각 발견하는 데 도움을 주지 않는다면 그 어떤 것에도 전혀 관심을 보이지 않았다. 지속적인 로비 덕택에 드 라 비치는 간신히 국가의 일시적인 지원을 얻어냈고, 지질조사국은 점차 상설기관으로 정착되었다. 그러나 19세기의 나머지 기간 내내 영국 정부는 매우 주저하면서 마지못해 과학에 자금을 지원했다. 1851년 만국박람회의 여파로 영국 정부의 자금 지원은 얼마간 가속되었으며, 만국박람회로 얻은 이윤은 사우스 켄싱턴(당시 사우스 켄싱턴은 아직 런던 근교로 여겨졌다)에 다수의 과학기관을 만드는 데 사용되었다.

　미국에도 비슷한 문제가 있었다(Dupree, 1957). 몇몇 주는 독자적인 지질조사에 착수했고 그중 일부는 중요한 지질학적 연구를 수행했지만, 대다수는 지역산업에 즉각적이고 실용적인 이득을 가져다주길 바라는 인색한 주 의회 때문에 곤혹스러운 상황에 처했다. 미국 지질조사국은 서부에 잠재되어 있는 자원을 조사하려는 목적으로 1879년 군 내부에 설립되어 주목할 만한 성과를 이끌어냈는데, 특히 두 번째 감독 존 웨슬리 파월의 재임기간에는 그랜드 캐넌을 탐사하기도 했다. 하지만 연방정부 차원에서도 예산을 아끼라는 압력이 지속되었으며, 화석연구처럼 '순수' 과학으로 인식되던 분야에는 당연히 자금 지원이 제대로 이루어지지 않았다. 1886년, 연방의회는 앨리슨 위원회를 조직하여 지질조사국 등의 활동을 비판하고 자금 지원을 대폭 줄일 것을 권고했다. 그러나 그 다음 20년간 여전히 종합적으로 조정된 과학정책이 없었음에도 불구하고 정부에는 많은 과학 관련 부서가 생겨났다. 대부분의 부서는 조사 및 환경업무 또는 의학과 관련이 있었으나 표준국에서는 물리실험실을 건립하기도 했다.

과학자들은 과학 분야가 지니는 잠재적 성장 가능성을 스스로 잘 알고 있었고 정부와 산업계, 교육단체가 제공하는 자원을 끌어들이기 위해 전전긍긍했다. 그들은 과학의 다양한 측면이 지닌 실용적 가치를 알고 있었을 뿐만 아니라, 스스로를 현대사회를 이끌어나가는 동력이라고도 생각했다. 예전에는 사람들이 교회로부터 사회적 이슈에 관한 조언을 구했다면, 이제는 과학이 전문적인 지식의 원천으로서 적절한 해답을 제공해주리라는 것이었다. 어쨌든 더욱 전문화된 학회와 저널의 확산이 말해주듯이 과학은 팽창하고 있었다. 폭넓게 사용되기까지는 약간의 시간이 필요했지만, 1833년에 윌리엄 휴얼이 '과학자'라는 용어를 고안해냈다는 점은 주목할 만하다. 많은 과학자들은 사회가 과학 분야의 확장을 더욱 진지하게 받아들이도록 설득하면서 여기에 적절한 자금을 지원해준다면 과학이 더욱 급속하게 팽창할 것이라고 믿었다. 따라서 자금 지원을 목적으로 정부와 산업계에 로비를 하고 과학자들 스스로 자금의 운용을 통제하기 위해서는 국가적 차원의 단체가 필요했다. 동시에 이러한 팽창은 과학자 사회의 성격을 바꾸었다. 종합적인 조정이 필요해짐에 따라 개인적인 활동으로서의 과학은 점차 줄어들었고, 아무리 부유한 사람도 '거대 과학'에 들어가는 비용을 혼자서 부담할 수 있는 수준을 넘어설 날이 다가오고 있었다.

19세기 초의 수십 년간, 과학은 여전히 신사 아마추어가 장악하고 있었다. 많은 과학연구는 이전과 마찬가지로 사적인 지원에 의존했으며, 정부가 자금을 지원할 때조차도 신사 아마추어는 자신의 통제권을 유지하고 싶어 했다. 그러나 이를 통제하고 싶어했던 과학 엘리트의 본성은 바뀌고 있었다. 사회 엘리트 출신이 아닌 유능한 사람들은 교육을 받기 위해 고군분투했으며 자신과 가족들을 부양하면서 동시에 연구도 계속할 수 있는 직업을 찾아 나섰다. 과학 엘리트가 근대적인 의미의 전문직업인, 즉 더 이상 신사 아마추어가 아니라 국가와 사회로부터 급여를 받는 고용인이 되어갔던 것이다.

19세기 초반에 이루어진 과학의 발전에 대해서는 광범위한 연구가 이루어져 있다. 영국에서 과학자 사회의 팽창은 공통의 연구 관심을 가진 사람들의 이해관계에 봉사하는 전문학회 및 학술지의 출현에서 확인할 수 있다 (Cannon, 1978; Cardwell, 1972; MacLeod, 2000). 뱅크스 사후에 런던 왕립학회는 쇠락했으며 대신 일군의 전문학회들이 영국 과학을 이끌게 되었다. 그중에서도 1807년 설립된 런던 지질학회가 가장 활발하게 활동했는데, 지질학회는 여러 해에 걸쳐 런던에서 가장 활기찬 논쟁을 주도한 것으로 알려져 있다. 1830년대 후반에 지질학회의 간사로 활동한 찰스 다윈은 심사를 통해 출판 여부를 결정하기 위해 논문을 우편으로 배포하는 놀라우리 만치 현대적인 체계를 수립했다. 런던 지질학회는 러드윅이 말한 신사 전문인들이 이끌어나가는 집단이었으며, 다윈처럼 그들 각각은 모두 부유했고 사회 엘리트에 속했다(다만 드 라 비치는 가산을 잃는 바람에 국가가 지원하는 지질조사를 창설하기 위해 노력했다). 1826년에 설립된 동물학회도 신사들의 클럽이었다. 이 학회에서는 곧 런던동물원으로 바뀌는 동물학 공원에 대중들의 입장을 허용할지를 두고 신랄한 논쟁이 벌어졌다. 화학회가 1840년에 그 뒤를 이었으며, 여기서는 과학의 실제적인 응용에 많은 관심을 보였던 사람들의 이해관계가 중요한 역할을 하곤 했다.

이런 실용적 차원은 과학자 사회가 대중적 홍보활동에 관심을 갖게 하는 데도 영향을 주었다. 영국에서는 기술 진보의 동력으로서 과학에 흥미를 느낀 부유한 후원자가 1799년 왕립연구소(Royal Institution: 과학교육과 연구를 목적으로 런던에 세워진 연구소—옮긴이)를 설립했다(Berman, 1978). 험프리 데이비는 그곳에서 화학과 전기 실험자로, 그리고 대중 강사로 명성을 날렸다. 한 세대 이후 왕립연구소는 사회를 공리주의적 노선에 맞추어 개조하려는 엘리트 급진주의자들의 통제 아래에 놓였다. 왕립연구소는 여전히 연구 실험실을 지원했으며, 여기서 마이클 패러데이는 데이비의 뒤를 이어 전자기 연구에서 명성을 쌓았고, 지속적으로 대중강연을 함으로써 과학적 발견을 대중화하고 상류 계층에게 사회 문제는 기술적으로 해결될 수 있다는 믿음을 심어주는 데 중요한 역할을 수행했다(그림 14.4). 그러나 영국 전역의 과학자들은 런던의 엘리트들뿐만 아니라 전국적인 규모로 과학에 대한 관심을 장려하고자 노력하고 있었다. 배비지가 영국 과학의 쇠락에 대해 불만을 토로한 것은 분리된 여러 독일 영방국가의 과학자들을 결속하기 위해 1822년 설립된 독일 과학자 및 의사협회의 회의에 참가한 뒤였다. 배비지의 불평에 자극받은 신사 전문인들은 과학의 위신을 드높이기 위해서 영국에 독일 과학자 및 의사협회에 필적할 만한 협회가 필요하다는 결론을 내렸으며, 그 후 1831년 요크에서 영국과학진흥협회(BAAS)의 첫 회의가 열렸다(Morell · Thackray, 1981). 과학진흥협회는 과학자들의 교류를 위한 포럼을 열고 정부에 압력을 가해 자금과 기타 지원을 촉구하는 계획을 세우고자, 처음에는 런던을 의도적으로 피하면서 매해 다른 지방도시에서 모임을 개최했다. 또 과학에 대한 지방의 관심을 장려하고 지방 연구자들이 전국적으로 유명한 인물들과 한데 어울리도록 해주는 포럼을 열기도 했다. 결국 과학진흥협회는 정부로부터 선임 회원이 이

그림 14.4 《도판 런던 뉴스(Illustrated London News)》(1897년 1월 2일판)에 실린 1897년 왕립연구소 데이비-패러데이 실험실의 개관식. 이 기관 출신 중 가장 유명한 두 초기 과학자의 이름을 딴 이 새로운 실험실은 화학자이자 산업가인 루트비히 몬드 교수의 기금으로 운영되었다. 세간의 이목을 끈 예식에서 영국 왕세자가 공식적으로 실험실을 개관했으며, 가스의 액화를 연구하고 그 과정에서 진공 플라스크를 발명했던 제임스 듀어가 실험을 시연했다.

그는 개별 연구 프로젝트에 대해 얼마간의 자금을 지원받는 데 성공했다.

그러나 협회의 지도적 엘리트로 활약했던 신사들이 사사건건 영향력을 행사하려 한 바람에, 협회의 활동은 대부분 막후에서 이루어졌다. 중추세력들의 비공식 집단인 레드 라이언(Red Lion)이 있었고, 19세기 후반에는 역시 비공식 집단이었던 엑스 클럽(X Club)이 영국 과학의 발전을 일구어 나갔다. 헉슬리와 그의 동료 전문가들은 충실한 과학자들이 엑스 클럽에서 영향력 있는 자리를 확보할 수 있도록 정부와 학계의 임용을 좌지우지하고자 했다(Barton, 1990; 1998; MacLeod, 2000). 이 집단은 1870년대에 학술지 《네이처》를 창간하는 데도 큰 공을 세웠다. 이 당시에는 엘리트 계층이, 과학이 사회의 운영에서 지식과 전문적 식견의 새로운 원천이 되었음을 확신하고 그러한 전문적 식견이 국가의 재정 지원 형태로 공인되기를 열망하는 새로운 전문가들로 대체되고 있었다. 헉슬리와 같은 인물은 과도한 연구와 강의, 대중연설, 정부위원회 업무로 꽉 짜인 스케줄 속에서 일하느라 늘 신경쇠약에 시달렸다(Desmond, 1994; 1997).

미국에서도 비슷한 발전이 이루어졌다. 미국은 도시들이 지리적으로 더욱 멀리 떨어져 있어서 과학진흥을 위한 지역적인 학회들이 출현하기에 좋았다. 전국적인 차원의 조정을 위하여 1848년에 미국과학진흥협회(AAAS)가 설립되었다(Oleson · Brown, 1976). 가장 뛰어난 과학자들 사이에는 심각한 분열도 일어났다. 라자로니(Lazzaroni)라는 집단은 영국의 엑스 클럽에 해당하는 위상을 갖고 있었는데, 그들이 행사하던 영향력은 이 네트워크 안에 소속되지 않았던 다수의 주요 인물들로부터 원성을 샀다. 남북전쟁 기간에 스미소니언 박물관의 조지프 헨리와 연안측지청(Coast Survey)의 베이시를 비롯한 라자로니의 일원들은 주요인물들이 조언을 할 수 있는 창구로 활용하고자 정부를 설득해 국립과학아카데미(NAS)를 설립했다. 종전 후 정부의 자금 지원은 급감했지만 국립과학아카데미는 더욱 광범위한 엘리트 집단으로 변화함으로써 살아남았다. 19세기의 나머지 기간 동안 국립과학아카데미는 정부정책에 별다른 영향을 미치지 못했고 정부정책은 개별적인 연구 프로그램이나 조사를 통해 정해지는 경우가 더욱 흔했지만, 아카데미 자체는 계속 유지되어 20세기에 미국 과학을 재구성하는 데 중요한 역할을 수행했다(그림 14.5).

■■ 결론 : 과학과 근대세계

20세기 초반의 수십 년 사이에, 우리가 현재 알고 있는 과학자 사회의 초기 형태가 출현했다. 그 무렵 대다수의 과학자들은 대학이나 정부 연구시설, 산업계에 근무하며 급여를 받는 전문가들이었다. 교육체계는 순수 연구와 응용 연구를 포괄하는 동시에 과학의 팽창을 계속해서 이어나갈 훈련된 졸업생들을 배출할 정도로 확대되었다. 20세기 초반 이래 과학자 중에 '선진' 세계 바깥의 유능한 인재들이 차지하는 비중이 점차 높아졌는데, 이들은 양질의 교육 및 연구시설을 갖춘 유럽이나 미국을 선망했다. 과학을 팽창시키는 데 들어가는 자금은 정부와 산업계가 지원했고, 자금 지원은 흔히 사회에 실용적인 이익을 가져다주리라 생각되는 연구에 집중되었다. 실업가 앤드루 카네기가 1902년 설립한 카네기 재단이 유전학이라는 새로운 과학을 지원했던 것처럼, 부유한 개인이 사적으로 자금을 댄 연구재단이 연구에 영향을 미치게 되었고, 그럼으로써 연구방향을 실제로 결정할 수 있었다. 하지만 앞으로는 과학연구가 점점 더 정부와 응용산업 연구에 의해 좌지우지되는 상황에 이를 것이다.

과학연구는 늘어났지만, 그 대부분은 창의성이라는 측면에서 볼 때 상당히 수준이 낮았다. 이는 그 당시의 연구가 대부분 산업계의 당면 문제를 해

그림 14.5 20세기 초엽 미국 과학은 거대하게 팽창했다. 이것은 1937년 토론토에서 열린 미국해부학회 회의의 공식 사진이다(캐나다 과학자들은 보통 미국 학회에 가입하는 것을 편하게 생각했다). 이 사진에서 남성의 수는 1백 명이 훌쩍 넘지만, 여성의 수는 손에 꼽을 정도다.

결하려는 연구였던 상황에서 불가피한 일이었을 것이다. 평범한 과학자들의 수는 정말 창의적인 과학자들의 수의 제곱에 비례해 증가했던 것으로 추정된다(Price, 1963, 『현대과학의 풍경1』 2장 참조). 동시에 협동연구가 크게 늘어난 관계로 공동저술 논문의 비중이 커져서, 이제는 한 논문에 12명 이상의 이름이 올라 있는 경우도 심심치 않게 목격할 수 있다. 새로운 전문 분야들이 점점 빠른 속도로 만들어지고 있는데, 이들은 종종 자신들만의 작은 학회와 학술지를 갖추거나, 소속 기관에서의 활동보다 새로운 형태의 협력을 더욱 소중히 하는 연구자들의 비공식적 네트워크 형태를 띠기도 한다.

현대과학자 사회의 발전을 이룬 중요한 추진력 중 하나가 군대 및 군 관

련 산업과의 연결 확대였던 것은 분명하다(20장 "과학과 전쟁" 참조). 제1차 세계대전이 발발하기 몇 년 전만 하더라도 과학에 대한 정부의 지원은 대다수의 나라에서 여전히 제한적이고 종합적으로 조정되지 않았는데, 전쟁이 발발하자 이를 문제 삼으면서 정부가 국가의 과학적 자원을 낭비하고 있다는 거센 비판이 쏟아졌다. 전쟁이 진행되는 와중에도 과학의 군사적 응용은 여전히 매우 제한적이었지만, 일정 수준의 협력을 보증하기 위하여 새로운 기관들이 설립되었다. 제2차 세계대전을 거치며 특히 미국에서 상황은 완전히 바뀌었다. 정부와 산업계가 과학자들을 레이더와 원자폭탄 개발과 같은 중요한 프로젝트에 참여시키면서 마침내 거대 과학은 명백히 그 모습을 드러냈다. 종전 후에 과학자 출신의 과학고문 버니버 부시는 미국 정부가 과학지원을 지속할 필요성을 역설하였으며, 그 결과 1950년에 국립과학재단(NSF)이 창설되었다. 냉전 시기의 지속적 긴장 때문에 20세기 후반에 이르기까지 군산복합체에 참여하는 과학자들의 수는 꾸준히 높은 비율로 유지되었으며, 상당히 많은 수의 물리학자들이 직간접적으로 군산복합체로부터 자금을 지원받는 프로젝트에 소속되었다. 중요 연구집단의 장(長)으로 자신의 경력을 마치는 선임 과학자들은 과학자뿐 아니라 행정가도 되어야 하고 자금을 지원해주는 정부와 성공적으로 소통하는 데 필수적인 정치적 능력도 갖추어야 했다.

산업과 정부에 과학이 주는 효용을 증진하고자 협력했던 19세기 초 과학자들의 기대는 이루어졌지만 분명 그들이 꿈꾸었던 방식대로는 아니었다. 과학자 사회는 팽창했고, 그 구조는 종종 정부와 대기업이나 제공할 수 있을 만한 수준의 자원을 이용해야만 과학을 행할 수 있는 세상에서 그들이 제 역할을 다하는 데 적합한 형태로 발전했다. 19세기의 과학자들이 20세기의 과학을 목격한다면, 그들은 아마도 전쟁의 압력 아래서 비로소 협력적 구조가 만들어졌다는 점, 그리고 과학의 상당 부분이 군사기술의 개량에 몰두하고 있다는 점을 알아채고 당황할 것이다. 그러나 어떤 측면에서 보자면, 19세기 과학자들의 관심은 과학이 군산복합체의 손아귀에 들어갔다는 대중의 의심이 비등함에 따라 현대 세계에서 다시 출현하였다. 과학의 전문직업화가 가져온 결과 중 하나는, 과학자들이 지적인 엘리트의 일원이며 비전문적인 글쓰기와 공적인 발언을 통해 영향을 미치고자 하는 19세기적 이상을 포기했다는 점이다. 20세기 초 많은 연구 과학자들은 공적인 논쟁에 뛰어드는 것이 그들이 지닌 과학적 객관성과 모순된다고 생각했다. 그러나 과학의 권위에 도전하는 움직임이 점점 더 영향력을 획득하면서 이제 상황은 변화하고 있다. 미국과 영국의 과학진흥협회 같은 국가적 차원의 단체는 다시 과학에 대한 대중의 관심과 신뢰를 유지하는 것이 자신들이 해야 하는 중요한 역할이라고 생각하기에 이르렀다. 잠시 동안 전문적 영역으로 후퇴하여 고립되는 길을 택했던 과학자들은 이제 일반인들에게 메시지를 전하는 일이 앞으로 과학 직종의 활력에 지극히 중요하리라는 점을 인정한다. 이런 점에서 볼 때 현대의 과학자들은 이전의 세대가 얻은 교훈을 다시금 배울 필요가 있다. **(김준수 옮김)**

15 Making Modern Science

■■ 과학과 종교

■■ 과학과 종교를 함께 언급하면 바로 충돌과 대결의 이미지가 떠오른다. 사람들은 종교재판소의 갈릴레오 재판이나 아직도 이어지고 있는 다윈의 진화론을 둘러싼 격렬한 소동을 기억한다. 그러나 잠깐만 생각해보면 이들 사이에는 충돌의 이미지만 있었던 것이 아님을 알 수 있다. 과거 상당수의 위대한 과학자들은 신실한 종교인이었고, 종교적 믿음이 과학의 새로운 발견을 수용할 만큼 충분히 유연해야 한다고 주장하는 신학자들도 늘 존재했다. 1979년에 제임스 무어가 다윈주의 논쟁을 분석하며 지적했듯이, 과학과 종교의 끊임없는 '전쟁'이라는 이미지는 19세기 말 합리주의자들에 의해 의도적으로 고안된 것이었다. 합리주의자들은 모든 종교적 믿음을 구시대의 유산으로 쓸어버리려는 운동에 과학을 동맹군으로 끌어들이려 했다. 존 드레이퍼의 『과학과 종교의 충돌의 역사(History of the

Conflict between Religion and Science, 1874)』는 이런 전통의 시발점이 된 저작이었다. 불가지론자(사실 이 용어는 헉슬리 자신이 만든 것이다)였던 토머스 헉슬리는 과학이 창조주의 존재를 반증할 수 없음을 인정하면서도, 과학을 조직화된 종교의 교의를 꾸준히 침식하는 힘으로 묘사했다. 그러나 다윈주의 논쟁에 대한 무어의 연구가 보여주듯, 신앙 때문에 새로운 이론을 신중히 고찰한 과학자들도 많았고, 진화가 신의 창조계획을 펼쳐 보인다고 생각했던 자유주의 신학자들도 많았다. 이와 같은 자유주의적 경향의 신학 전통은 오늘날까지 이어져 내려와 존 템플턴 재단과 같은 단체에 의해 활발히 촉진되고 있다.

과학에는 다양한 영역이 있고, 이들 중 어떤 영역은 다른 영역보다 종교적 믿음을 갖고 있는 사람들에게 문제를 야기할 가능성이 더 크다. 그러나 종교적 믿음의 형태도 다양해서 어떤 믿음은 우주의 본질을 규명하는 새로운 이론과 별 어려움 없이 조화되기도 한다. 가령, 불교나 힌두교 같은 동양의 종교와 연계된 우주론은, 성경에 내포돼 있는 종류의 창조설, 즉 우주가 최근에야 창조됐다는 교리를 필요로 하지 않는다. 또한 동양의 종교는 인간과 나머지 자연 사이의 영적인 분리를 요구하지도 않는다. 그러나 유대교, 기독교, 이슬람교처럼 인격신을 섬기는 종교는 창조물에 깊이 관여하는 유일신을 전제하며, 그들의 신성한 기록은 과학이 발견한 것과 조화되기 어려운 우주론을 담고 있다. 이러한 기록들에 따르면 신은 세계를 창조하고 설계했을 뿐만 아니라, 자신의 목표를 성취하기 위해 그 세계에 초자연적인 방식으로 개입한다. 그러나 과학자들 중에는, 이신론(Deism, 理神論: 기적이나 계시 등을 믿지 않고 이성을 통해 종교적 진리를 구하려는 합리주의적 기독교 사상—옮긴이)자로서 신은 우주를 설계하였을 뿐 우주에서 일어나는 모든 일에 세세하게 관여하지는 않는다고 믿는 사람들도 있었다. 심지어 기독교 안에도 주의 깊게 검토된 신앙 전통에 의지하는 로마 가톨릭과, 성경의 원문을 중시하는 프로테스탄트 근본주의, 그리고 위에서 언급한 자유주의 전통 사이에는 상당히 큰 차이가 있다. 특정 이론과 특정 종교 전통 간에 충돌이 일어날 수도 있지만, 이러한 충돌지점의 바깥에서는 훨씬 건설적인 대화가 진행되기도 한다. 물론 두 영역이 별다른 상호작용 없이 공존하는 경우도 있다. 그러나 이런 '공존' 모델을 표준으로 삼는 것은 기독교가 신과 창조물의 관계에 대해, 그리고 인간 본성에 대해 특정한 주장을 한다는 사실을 무시하는 것이다. 성경의 텍스트를 문자 그대로 읽지 않더라도 이런 주장은 과학의 어떤 영역과 불가피하게 긴장을 낳을 것이며, 이 긴장을 풀어 나가기 위해서는 오랜 대화가 필요할 것이다. 이런 쟁점에서 드러나는 중요한 점은, 역사학자들이 과학과 종교의 관계를 특정한 맥락 속에서 고찰하는 입장을 취해 서로 다른 시기, 다른 장소에서 이루어진 상이한 상호 작용의 양상을 살펴보아야 한다는 것이다 (포괄적인 연구로는 Brooke, 1991; Lindberg · Numbers, 1986; 2003 참조).

신학적 문제는 과학이론이 다른 과학자들과 일반 대중에게 어떻게 수용되는지를 결정하는 데 분명 영향을 미친다. 그러나 역사학자들은 과학자들의 종교적 믿음이 실제 그들이 행하는 과학에 영향을 미쳤을 가능성도 염두에 두어야 한다. 스탠리 재키(1978)는 신을 입법자로 보는 기독교적 관념이, 자연법칙이 이성적 분석으로 이해될 수 있다는 개념을 성립시키는 데 결정적 역할을 했다고 주장한 바 있다. 행성 운동에서 수학적 조화를 찾으려 했던 케플러의 시도는 분명 세계에 이성적 질서를 부여하는 신에 대한 믿음을 근거로 한 것이었다. 이러한 예는 종교가 부정적인 영향 못지않게 긍정적인 영향을 미칠 수도 있다는 것을 보여주며, 종교적 믿음을 수호하는 데 사용되는 과학은 반드시 나쁜 과학이라는 추측이 지나친 단순화임을 깨닫게 해준다. 한때 역사학자들은 특히 지구과학 분야의 많은 이론들을 과학의 진보를 저해한 사례로 치부하면서, 이런 이론들이 인기를 얻었던 것은 전적으로 특정한 종교적 믿음을 지키려는 신봉자들의 열망 때문이었다고 설명했다. 그러나 최근의 연구는 이렇게 '신학적으로 왜곡된' 이론이 실제로 오늘날까지 인정되는 입장을 발전시키는 데 긍정적인 역할을 해왔다는 것을 드물지 않게 보여주었다.

 이 장에서 우리는 과학사학자들이 관심을 갖는 몇몇 주제를 집중적으로 다룰 것이다. 성서 문자주의(biblical literalism: 성서의 모든 표현을 글자 하나하나 그대로 해석해야 한다는 주장—옮긴이)는 분명 중요한 문제지만, 텍스트와 이론 사이의 단순한 충돌만을 끄집어내는 방식으로 그 문제에 접근해서는 안 된다. 또한 우리는 특정한 사회 가치와 종종 연결되는 어떤 신앙이 다른 신앙에 비해 과학에 더 협력적이라는 견해도 검토해야 한다. 좀더 관심을 두고 보아야 할 문제는, 과학이 신의 창조물을 연구해 신을 이해하고자 하는 '자연신학'에 공헌했을 가능성과, 그런 전망에 대해 몇몇 과학이론들이 제기했을 법한 반론들이다. 이 점에서 다윈의 이론이 중요한데, 진화가 설사 신의 창조방식처럼 보인다 하더라도, 무작위적 변이에 의한 자연선택은 오히려 사전에 계획되지 않은 시행착오로 여겨지기 십상이기 때문이다. 결국 다윈의 이론은 인간 본성에 대한 우리의 관점에 영향을 끼침으로써 문제를 일으킨 수많은 이론들 중 하나일 뿐이다. 만약 인간의 심성이 뇌의 기계적 작동의 산물에 불과하다면, 도덕적 책임이라는 전체 개념은 원죄 개념과 더불어 위협받을 것이다. 물리학의 발전이 기계적 관점을 지지한다는 주장도 있지만, 20세기에는 그런 관점에 직접적으로 도전하는 새로운 이론이 출현했다. 종교 사상가들은 이런 새 이론을 환영하며, 과학적 유물론이 이제 쇠락 국면에 들어섰다는 신호로 받아들였다.

▰ 문자주의의 문제 : 우주론

많은 다른 종교와 마찬가지로, 기독교에도 신성한 영감 아래 씌어졌다는 경전이 있다. 바로 성서다. 그러나 다른 일부 경전들과 달리 성서는 심오한 영적 의미를 지닌 역사적 이야기를 전한다. 성서는 신도들을 참된 신앙과 올바른 행실로 이끄는 데 목적을 두지만, 때론 명시적으로 때론 부수적으로 과학과 관련된 문제들을 언급하기도 한다. 성서가 전하는 사건들에는 종종 초자연적 힘에 의해 자연의 법칙이 깨지는 것처럼 보이는 기적들이 포함돼 있다. 이런 기적들만 정상적인 규칙의 예외로 둔다면, 그 외의 모든 경우에 과학자들은 작용을 멈추지 않는 자연법칙을 탐구할 수 있었다. 그러나 과학자들이 자연법칙의 통일성에 대해 더욱 확신하게 되면서 좀더 급진적인 과학자들은 성서에 언급된 예외적 현상을 의심하게 되었다. 공정하게 말하자면 일부 자유주의 종교 사상가들 역시 창조주가 어떤 이유에서인지 현대로 올수록 세계에 점차 간섭하지 않으려 한다는 가정을 못마땅하게 여겼다. 이런 이유로 기적의 개연성을 둘러싼 직접적인 충돌은 많은 과학논쟁의 주변부에 머물러 있었다.

더욱 심각한 것은 성서에 기록된 우주의 구조와 기원에 관한 직접적인 언급들이다. 이런 언급들은 어떻게 해석하느냐에 따라 관련된 과학 분야와 충돌을 일으킬 가능성이 있다. 요즘 사람은 초기 기독교 학자들이 성서의 구절을 문자 그대로 해석하느라 세계와 그 기원에 관한 특정한 모형에서 벗어나지 못했을 것이라고 생각하기 쉽다. 그러나 사실 가톨릭교회는 수백 년 동안 축적된 학문적 이해를 바탕으로 항상 성서에 접근해왔다. 상당수의 초기 교부들은 문자주의자가 아니었다. 그들은 수백, 수천 년 전에 씌어진 성서의 구절들이란 보통 사람들에게 읽힐 것을 의도로 작성된 것이며, 학자들에 의해 좀더 유연하게 해석되어야 한다는 것을 알고 있었다. 물론, 갈릴레오의 쓰라린 경험이 보여주는 것처럼 과학이 문자주의를 비판한다고 해서 텍스트에 대한 해석이 쉽사리 변했다는 것은 아니다. 그러나 교회에 새로운 해석의 필요성을 납득시킬 수만 있다면 재해석의 가능성은 언제나 열려 있었다. 이런 주해의 전통을 거부하고, 더욱 엄격하게 신의 말씀에만 주의를 집중했던 사람들이 프로테스탄트 종교개혁을 이끌던 신학자들이었다. 이들에게 신의 말씀은 모든 사람들이 스스로 읽어내야 하는 것이므로, 훨씬 더 진지하게, 즉 문자 그대로 받아들여야 하는 것이었다.

갈등의 소지가 있는 첫 번째 영역은, 중세의 지구중심 세계관이 코페르니쿠스의 태양중심설로 전환되는 과정에서 부각됐다(『현대과학의 풍경1』 2장 "과학혁명" 참조). 갈릴레오의 재판은 이러한 전환의 진통을 상징하게 되었고, 많은 사람들에게 이는 과학의 진보에 대항하여 전통 교리를 수호하고자 하는 교회의 결의를 상징하는 것처럼 보였다(그림 15.1; De Santillana, 1958 참조). 여기에는 분명 성서 문자주의의 영향이 나타났는데, 보수적인 신학자들은 여호수아가 태양에게 멈춰 있으라고 말한 〈여호수아 10장 13절〉과 같은 부분에서 지구가 정지해 있다는 암시가 제시돼 있다고 주장했기 때문이다. 이런 주장에 대해 갈릴레오는 『크리스티나 대공비에게 보낸 편지(Letter to the Grand Duchess Christina, 1615: 대공비 크리스티나에게 보낸 편지를 확장하여 작성한 에세이. 이 글에서 갈릴레오는 성서 해석과 자연 탐구의 관계에 대한 자신의 신념을 피력했으며, 이는 미출간 원고의 형태로 사람들 사이에서 널리 읽혔다—옮긴이)』에서 성서는 천문학 교과서가 아니며, 보통 사람을 위해 상식적인 언어로 쓰어졌다고 응수했다. 사실, 갈릴레오는 과학이 성서를 해석하는 데 중요한 역할을 해야 한다는 주장을 넌지시 내비쳤고, 보수적 적대자들에게 이는 분명 받아들이기 힘든 일이

그림 15.1 바티칸 의회 앞에 선 갈릴레오. 로버트 플루리의 유화(Réunion des Musées Nationaux, Lauvre, Paris/ Art Resource, New York). 전제적 교회에 굴복하는 갈릴레오의 이미지는 사상의 자유와 과학의 연결을 상징하게 된 그의 재판을 둘러싼 신화를 반영한다.

었다. 그러나 갈릴레오에게 표출된 적대감은 옹졸한 문자주의 그 이상의 산물이었다. 지난 수세기 동안, 교회는 지구가 위계적인 우주의 중심에 있고 우리를 둘러싼 천체는 완벽한 질서에 의해 움직인다는 아리스토텔레스의 세계관을 받아들이고 있었다. 지구를 태양 주위를 돌고 있는 다른 행성들과 마찬가지로 취급하는 것은 인간을 신의 창조의 중심으로 보는 기존의 이미지를 위협하는 것이었다. 이는 또한 다른 행성들이 지구와 동등하다면, 그곳에도 이성을 가진 또 다른 존재들이 살고 있을지도 모른다는 불온한 관점을 불러일으켰는데, 다른 행성에 사는 존재의 영적 지위와 그들의 구세주와의 관계는 커다란 논란을 일으켰을 것이다. 피에트로 르돈디의 논쟁적인 연구(1988)는, 사실 이 재판이 갈릴레오의 물리적 세계관에 대한 훨씬 더 심각한 비판을 무마하기 위한 것이었다고 주장했다. 갈릴레오와 코페르니쿠스주의자들이 우주에 대한 새로운 이론을 수용해야 한다고 신학자들을 설득하고자 했을 때, 여기에는 단순히 성서의 몇 구절을 재해석하는 것 이상의 문제가 걸려 있던 것이다.

현대의 논평가들은 갈릴레오에 대한 재판을 단순히 과학적 객관성과 종교적 몽매주의 충돌로 이해해서는 안 된다고 입을 모은다. 교회에는 다양한 파벌이 있었으며, 일부는 갈릴레오를 지지했고 일부는 그를 적대시했다. 갈릴레오는 코페르니쿠스의 이론을 행성의 운동을 예측하기 위한 수학적 장치로, 즉 '가설'로 가르칠 수는 있지만 물리적인 실재로 제시해서는 안 된다는 통보를 받았다. 그는 『두 가지 주요한 우주 체계에 관한 대화(Dialogue on the Two Chief World Systems, 1632)』에서 이 지령에 불복했을 뿐 아니라 교황을 비웃는 듯한 구절까지 첨가했다. 이런 상황에서, 관계당국이 취할 수 있는 조치란 주장을 철회하라고 강요하는 정도였다. 갈릴레오는 고문을 당할 수도 있다는 경고를 받았지만 실제로 그런 일은 벌어지지 않았고, 뒤이어진 수감도 가택연금이었다. 그러므로 그의 처벌에 대한 끔찍한 이야기는 과장이 더해졌으리라는 점을 감안해서 들어야 한다. 많은 역사가들은 갈릴레오가 조금만 더 정치적이었다면 교회를 설득해서 적대감을 해소하고 새로운 과학과 교회가 더욱 긍정적인 관계를 맺게 했을 수도 있었을 것이라고 믿는다.

코페르니쿠스의 체계에 반대하기는 프로테스탄트도 마찬가지였다. 마틴 루터와 장 칼뱅 모두 코페르니쿠스 이론을 비웃는 듯한 발언을 하기는 했지만, 이론을 체계적으로 반박한 것은 아니었다. 프로테스탄트들은 자유롭게 의사를 결정할 수 있었고, 그 결과 점차 그들은 새로운 우주론으로 입장을 바꿔야 하는 이유를 깨닫게 되었다. 신을 합리적인 우주의 설계자로 보았던 케플러(그는 프로테스탄트였다)는 코페르니쿠스 체계의 설득력을 높이는 데 일조했다. 그러나 우리는 가톨릭교회도, 특히 논쟁적 함의를 지니지 않는 영역에서는, 과학을 장려했다는 사실을 잊어서는 안 된다. 비록 옛 우주론을 선호하기는 했어도, 예수회는 천문학과 기타 여러 과학의 영역에서 적극적으로 활동했다. 그렇지만 한 세기 이상을 걸쳐 과학의 중심이 남유럽에서 북유럽으로, 즉 프로테스탄티즘이 우세했던 지역으로 이동했다는 견해는 여전히 널리 받아들여지고 있다. 심지어 프랑스에서조차 과학자 사회가 다수의 가톨릭보다는 소수의 프로테스탄트로부터 충원되었다는 주장이 제기되고 있다. 이처럼 프로테스탄티즘이 과학이 발전하기에 더 적합한 문화를 제공했다는 판단은 17세기 영국의 사례에서 가장 분명하게 표명된 바 있다.

■ 청교도주의와 과학

영국은 프로테스탄트 개혁이 가져온 사회 변화의 실례를 명확히 보여준다. 17세기는 무역에 종사하면서 성장한 중간계급이 점차 왕과 귀족의 권위에 도전하려 한 시기였다. 이러한 대립은 자유주의자들이 일시적으로 크롬웰 아래 집결하고 찰스 왕이 처형된 영국 내전에서 정점에 이르렀다. 이 내전은 종교와도 관련이 있었는데, 보수적 정치세력은 종교에도 보수적이어서 알게 모르게 가톨릭에 우호적이었던 반면, 중간계급은 프로테스탄트로서 그중에서도 청교도주의(Puritanism)라 불리던 복음주의적 종파에 속해 있었기 때문이었다. 오래전부터 프로테스탄티즘은 프로테스탄트 노동윤리와 부분적으로 연계되어 자본주의의 형성에 우호적이었던 것으로 알려져 왔다. 이러한 생각은 로버트 머튼에 의해 과학으로까지 확장되었다. 그는 영국 청교도들이 새로운 과학을 지지하는 경향이 강했으며, 훗날 이들이 '보이지 않는 대학(invisible college)'이라 불리던, 왕립학회의 설립으로 명성을 획득하게 되는 집단의 핵심을 이루었다고 주장했다(Merton, 1938; Cohen, 1990; Webster, 1975; Westfall, 1958). 머튼의 분석은 기독교와 과학, 기술의 관련성에 대한 한층 더 확장된 견해와도 연계될 수 있었는데, 이러한 견해에 따르면 아담과 이브의 원죄 이후 인류가 잃어버린, 자연에 대한 통제력을 과학을 이용해 되찾을 수 있다는 생각이 널리 퍼져 있었다(Noble 1997; 17장 "과학과 기술" 참조).

'머튼 명제'는 과학사학자들 사이에서 숱하게 논의되었고, 오늘날에는 기껏해야 완화된 형태로만 받아들여지고 있다. 이 주장은, 청교도들이 자연에 대한 연구를 창조주의 작업을 이해하는 길이자 산업과 사회 진보에 필요한 기술 발전의 원천으로 간주하면서 과학을 지지하는 성향을 보였다고 가정하고 있다. 물론 이러한 동기가 새로운 과학을 지원하는 중요한 요소 중 하나였던 것은 분명하다. 그러나 역사학자들은 상당수의 왕립학회 초기 회원들이 실제로 청교도가 아니었음을 지적하면서, 과연 머튼 명제가 17세기 영국의 상황에 정확히 적용되는지에 대해 의문을 제기했다. 이는 때때로 개인의 의견을 너무 공개적으로 표현하지 않는 것이 안전했던 이 시기에 정확히 무엇을 청교도주의로 볼 것인가에 대한 판단의 문제이기도 하다. 일부 역사학자들은 더 일반적인 의미에서 프로테스탄트의 가치가 과학 중에서도 특히 실용과학이 번성할 수 있는 문화를 창조하는 데 일조했다는 주장에만 제한적으로 힘을 실어주고 있다. 찰스 2세가 왕정을 복구한 이후 개인의 진취성을 허용할 정도로 유연한 사회 위계를 세우고자 할 때, 세계질서의 기초로 뉴턴주의를 장려한 이들은 다름 아닌 온건과 국교도들이었다.

■ 또 한 차례의 문자주의 : 창세기와 지질학

그러나 프로테스탄트 학자들은 창세기 창조설이 문자 그대로의 진실이라는 점을 강조함으로써 과학적 이론화의 범위를 제한하는 데 막대한 노력을 기울였던 장본인이기도 했다. 창세기의 창조설을 강조하는 이런 관점은 지질학의 성장, 궁극적으로는 진화론에 대한 반응에 중대한 영향을 끼쳤다(『현대과학의 풍경1』 5장 "지구의 나이" 참조). 17세기 중반 제임스 어셔 대주교는 지구가 기원전 4004년에 창조되었다는 계산결과를 책으로 출간했다. 이것은 우주의 창조부터 아담의 창조까지 7일밖에 걸리지 않았다는 창세기의 기록을 문자 그대로 해석한 결과였다. 지금은 세상의 비웃음거리가 되었지만, 그 당시에는 고대 연대기에 대한 어셔의 연구가 실질적인 학문적 논쟁에 중요한 공헌을 한 것으로 평가받았다. 또한 우주가 최근에 창조됐다는 그의 관념 역시 매우 진지하게 받아들여졌다. 이렇게 한정된 시간의 장벽은 다음 백년을 거치며 점차 사라졌지만, 우리는 1700년 무렵 제기된 지구에 대한 대부분의 이론들이 이러한 한정된 시간을 넘기지 않도록 다양하게 고안된 방식을 이미 살펴본 바 있다(Greene, 1959).

문자주의자들은 또한 노아의 홍수가 실제 발생한 사건이라고 생각했는데, 지표면에서 일어났던 분명한 변화를 설명하려는 이론들이 이러한 가정에 근거를 두었다. 토머스 버넷, 윌리엄 휘스턴, 존 우드워드는 모두 산의 기원과 화석을 담은 암석의 기원을 노아의 홍수로 설명했다(그림 5.1 참조). 그러나 종교 사상가의 관점에서 볼 때, 그들 사이에는 중요한 차이가 있었다. 우드워드는 노아의 홍수가 초자연적 수단에 의해 일어난 신의 징벌이라는 전통적 가정을 따랐다. 그러나 버넷과 휘스턴은 유물론적인 접근을 채택하여 홍수가 우주 내에서 일어나는 물리적 변화의 자연스런 귀결이라고 설명했다. 이는 그들의 이론이 창세기의 이야기와 정확하게 부합하지는 않는다는 것을 의미했고, 버넷은 성서와 특정 이론을 너무 밀접하게 연관 지으려는 시도를 경계했다. 그는 이런 시도가 틀린 것으로 판명날 수 있다고 보았는데, 예컨대 "성서의 권위를 자연세계에 대한 논쟁과 결부시켜 이성의 반대편에 서게 하는 것은 위험한 일이다. 모든 것이 밝혀지는 시간에, 성경이 주장하는 바가 완벽한 거짓으로 드러나는 상황이 벌어질까 두렵다"(Bernet, 〔1691〕 1965, 16)고 말했다. 신학자들은 재난이 자연적 원인으로 일어난 게 분명하다면 어떻게 재난이 인간의 죄에 대한 벌이 될 수 있겠느냐며 버넷을 비판했다. 이에 대해 버넷은 전능한 신은 인간의 역사를 예견할 수 있으며 자연법칙에 따라 정확한 시점에 지구에 이변이 일어나도록 물리적 세계를 고안했다고 응수했다. 그러나 이런 기교는 이 이론의 확실성을 높이는 데 전혀 도움이 되지 못했고, 다음 세기 내내 홍수는 지질학적인 사고에서 예전만큼 중요한 역할을 하지 못하게 되었다. 18세기 계몽주의 시대에 뷔퐁을 비롯한 다른 자연철학자들은 자신들의 연구과제 속에 창세기에 나타난 사건을 확인하는 일을 포함시키지 않았다.

그러나 노아의 홍수 이야기는 1800년경 특히 프랑스혁명을 촉진한 이데올로기로 인식되던 급진적 계몽주의에 대한 보수적 반동의 맥락에서 다시 나타났다. 영국에서는 성경의 창조설로부터 무언가를 찾아내기 위해 과학을 이용하던 보수적 집단들 사이에서 홍수 이야기가 다시 한 번 유행하게 되었다. 지구의 역사에서 창조와 함께 어떤 대이변도 부정하는 동일과정설에 입각한 제임스 허턴의 지질학은 비판의 주된 표적이 되었다. 특히 장-앙드레 델뤽과 리처드 커원은 경쟁이론인 수성설의 입장을 일부 수정하여 허턴에게 맞섰다(Gillispie, 1951). 델뤽과 커원은 해양후퇴설이 지구에 창조라 할 만한 시작이 있었다는 믿음과 양립할 수 있다고 보았고, 해양후퇴설이 비교적 얼마 되지 않은 과거에 있었던 지구 대홍수를 설명할 수 있음을 보이고자 했다. 특히 델뤽은 원시 해양이 퇴각해서 생긴 동굴을 덮고 있는 땅이 붕괴함으로써 홍수가 일어났을 뿐 아니라 지각이 완전히 재구성됐다고 주장했다. 그의 주장을 과학적 지질학의 발전을 저지하기 위한 광적인 노력으로 치부해버리는 사람들도 있지만, 허턴이 설명하지 못했고 훗날에야 지질학자들이 빙하기를 통해 설명하게 되는 몇몇 현상을 그가 밝혀낸 것만은 분명하다. 델뤽의 입장이 주류 수성설의 관점을 대표하지 않았다는 점도 중요하다. 베르너와 그 추종자들이 발전시킨 주류 수성설에서는 일단 사라졌던 해양의 재출현이 고려되지 않았다.

지질학자로서 지구 대홍수라는 발상을 마지막으로 진지하게 지지했던 윌리엄 버클랜드의 『홍수의 흔적들(Reliquiae diluvianae, 1823)』을 평가할 때도 마찬가지의 주의가 필요하다. 버클랜드는 보수적이기로 유명한 옥스퍼드 대학의 지질학 강사로서, 자신의 과학이 종교에 아무런 위협도 되지 않음을 보여주어야 했다. 델뤽과 마찬가지로, 버클랜드는 동일과정론자의 입장에서는 설명할 수 없던 현상들, 예컨대 높은 언덕의 동굴이 어떻게 진흙으로 채워질 수 있는지를 연구했다(그림 5.6 참조). 버클랜드는 이 과정에서 그 영향이 성서의 홍수처럼 전 지구적이었다고 가정하는 실수를 저지르는데, 그 후 10년간 버클랜드 스스로도 이 점에 대하여 도가 지나쳤다는 사실을 인정했다. 그렇지만 그는 커크데일의 동굴에 묻혀 있는 하이에나의 잔해를 연구함으로써 비교해부학의 새로운 모델을 제시했다. 그리고 그의 지구 역사 모형에 따르면, 홍수가 일어난 것은 성서에 언급되지 않은 광대하고 연속적인 지질학적 변형이 끝나고 난 뒤였다. 바로 이 점 때문에 그는 더욱 보수적인 사상가들로부터 공공연히 비판을 받았다. 1830년대가 되어서야 지구가 엄청난 역사를 지니고 있다는 사실이 널리 인정되었다. 창세기와의 조화를 꾀했던 사람들은 종종 창조의 '날' 들이 지질학적 세(世)에 대응한다는 한 세기 전 뷔퐁의 제안을 따랐다. 1859년

다윈이 진화론을 출판했을 때, 지질학의 혁명은 창세기를 문자 그대로 해석한 반대 의견이 거의 지지되기 어렵다는 것을 확증했다. 이후 1920년대에 이르자 '젊은 지구(young earth)' 창조론이 다윈주의에 대한 지속적인 저항의 근거로 다시 출현했다.

■ 자연신학

성서 문자주의는 언제나 과학의 걸림돌이 되는 요소로 묘사되곤 한다. 그러나 피터 해리슨(1998)은 성서 문자주의가 다른 측면에서 해석될 수 있음을 지적했다. 프로테스탄트는 모든 사람이 성서를 스스로 읽기 원했고, 이를 위해 의도적으로 가톨릭교회가 제공했던 해석적 주해를 성서에서 제거했다. 이는 성서에 기록되어 있는 이야기와 이미지를 해석하는 데 사용된 상징적이고 우화적인 의미들을 제거하는 결과를 낳았다. 이제 단어는 정확히 그것이 전달하는 바만을 의미하는 것으로 해석되어야 했다. 그 귀결 중 하나가 창세기의 창조 이야기를 문자 그대로 해석하는 경향이었다. 해리슨은 이것이 또 하나의 효과를 낳았다고 주장했는데, 그것은 자연 그 자체와, 그것과 연관돼 있던 상징이 분리된 것이었다. 중세에는 하나의 동물이 그 동물 종의 예언적·점성술적 중요성, 신화 및 전설에 등장하는 일화, 그리고 사람들이 꾸며낸 다른 허구와 함께 기술되었지만, 이제는 더 이상 그런 유행이 계속될 수 없었다. 따라서 성서 문자주의는 자연학자들이 각각의 동물 종을 자연에 나타난 그대로 기술하는 데 주의를 집중하도록 함으로써 과학적 자연사의 출현이라는 굉장한 결과를 낳았을 수도 있었던 것이다.

그러나 이것이 성서에 기술된 자연물에 종교적 함의가 없음을 의미하지는 않았다. 세계는 여전히 이성적이고 자애로운 신에 의해 창조되고 고안된 신성한 발명품으로 여겨졌기 때문이다. 신의 피조물을 조사함으로써 신에 대해 연구하는 자연신학에 대한 관심도 커지기 시작했다. 우주론으로부터 생명의 미시적 형태에 대한 연구까지, 과학의 모든 분야들이 이 자연신학 안에 포함될 수 있었다. 뉴턴도 우주를 신성한 구조물로 보았지만, 행성궤도에서 이성적인 패턴을 발견하려 했던 케플러의 노력은 우주론에서 이루어진 이런 움직임의 중요성을 가장 잘 보여주는 사례다. 그러나 설계에 대한 탐구가 본격적으로 이루어진 분야는 자연사였다. 현미경을 이용한 해부학에서의 새로운 연구는 생명체의 복잡한 구조를 그려냈고, 기계적 철학은 자연학자들이 그 구조를 기계로 묘사하도록 고무했다. 아득히 먼 지질학적 시간 개념이 없었으므로, 우리가 진화론적이라고 부를 만한 용어를 생각해내는 것은 불가능했다. 어떤 경우든 창세기가 문자 그대로 받아들여져야 한다는 주장은, 생물 종들이 오늘날 우리가 보는 모습 그대로 신에 의해 창조되었다는 믿음을 고무시켰다. 이런 환경에서, 유기체 조직의 복잡성과 유용성을 기술하는 것은 곧 창조주의 자애로움과 지혜를 보여주는 것이었다.

17세기 천문학자들은 우주가 수학적 규칙에 의해 지배되는 질서 있는 체계라는 믿음을 계속 이어갔다. 코페르니쿠스는 자신의 태양중심 체계가 신성한 질서를 더 잘 표상함을 보여주려 했고, 그 체계를 물리적 실재로 받아들인 사람들은 이 체계가 창조의 패턴을 더욱 잘 이해하게 해준다는 것을 입증해야 했다. 갈릴레오는 태양중심설을 지지하기 위한 물리적 논증을 추구했지만, 요하네스 케플러가 생각하는 천문학자의 가장 중요한 의무는 그 안에 숨겨진 법칙을 드러내기 위하여 행성궤도를 수학적으로 정교하게 연구하는 것이었다. 프로테스탄트였던 케플러는 신이 우주의 설계자라는 관점을 매우 진지하게 받아들였고, 또한 플라톤주의자로서 신성한 질서가 수학적 용어로 표현될 수 있다고 여겼다. 행성운동의 법칙을 찾기 위한 오랜 연구의 동기가 된 이런 믿음은 분명 중요했다. 그러나 케플러의 연구에서 가장 두드러지는 측면은 현대 천문학자들이 환상이라고 무시할 만한 어떤 패턴을 '발견'했다는 점이다. 『우주의 신비(Mysterium cosmographicum, 1596)』에서 케플러는 행성궤도를 지나는 구가 플라톤의 정다면체 다섯 개로 구획된다고 지적하면서, 이를 통해 코페르니쿠스 체계에서 여섯 행성궤도 사이의 간격을 설명할 수 있음을 제시했다(정사면체, 정육면체 등 모든 면이 같은 모양으로 구성될 수 있는 다면체는 다섯 개다. 그림 15.2 참조). 비록 케플러가 행성이 궤도를 따라 움직이게 하는 물리적 힘을 상정하지 않으려 한 것은 아니었지만, 행성궤도의 간격 패턴이 이렇게 되는 데 어떤 물리적 이유가 있는 것은 아니었다. 그 패턴은 우리가 우주에 대한 창조주의 합리적 계획을 발견하고 이에 경이를 느끼도록 창조주가 의도한 설계라고밖에는 설명될 수 없었다. 케플러는 이 모형에 관해 결코 흥미를 잃지 않았고, 이는 신앙체계가 행성운동의 법칙을 찾는 과정에 동기를 부여한 좋은 실례가 된다.

  케플러가 생각한 기하학적 태양계는 행성들이 무작위로 태양의 소용돌이로 휘말려 들어갈 뿐이라고 본 데카르트의 우주론에서는 아무런 의미를 지닐 수 없었다. 그러나 뉴턴은 전체 시스템이 신성한 구조물이라는 가정 안에서 행성궤도를 지배하는 힘을 찾으려 했다. 뉴턴은 행성이 현재의 궤도에 이르는 물리적 과정을 설명하는 것은 불가능하다고 생각했다. 따라서 뉴턴은 궤도에서 누적되는 편차를 수정하기 위해서 이따금 기적이 필요함을 기꺼이 인정했고, 그 구조는 신의 방식으로 계획된 것이 분명하다고 보았다. 그러나 18세기 중반, 물리적인 우주생성론, 즉 우리가 오늘날 보고 있는 우주가 만들어지는 물리적 과정을 찾고자 했던 데카르트의 프로그램은 이미 두 가지 가능한 설명을 낳아놓았다. 하나는 행성이 혜성의 충돌에 의해 태양으로부터 떨어져 나왔다는, 1749년에 발표된 뷔퐁의 이론이

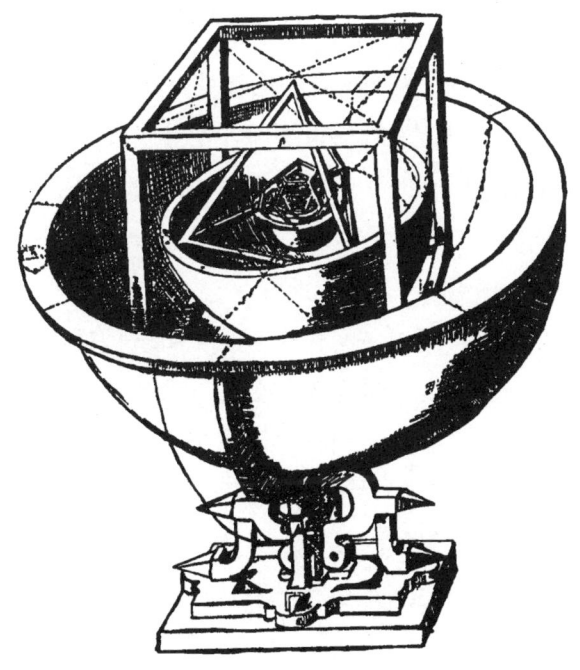

그림 15.2 케플러가 『우주의 신비』에서 제시한 태양계의 기하학적 모형. 케플러는 지구를 포함하여 육안으로 볼 수 있는 여섯 개의 행성만을 알고 있었고, 이를 모든 면이 같은 모양으로 된 '완전한' 입체는 다섯 개뿐이라는 사실과 연결했다. 그는 합리적인 신이 이 완전한 입체를 이용하여 행성궤도 간의 간격을 결정했다고 주장했으며, 이 그림에서는 어떻게 토성(6면체), 목성(4면체), 화성(12면체), 지구(20면체), 금성(8면체)과 수성 궤도를 나타내는 구들이 저 입체들에 의해 구획될 수 있는지를 보이고 있다. 가장 안쪽의 궤도와 도형은 너무 작아서 이 그림에서는 보이지 않는다.

다. 다른 하나는 임마누엘 칸트가 제시하고 피에르 시몽 라플라스가 가다듬은 '성운가설'인데, 이 가설은 태양과 행성은 회전하는 거대한 먼지구름이 중력에 의해 붕괴하면서 생겨났다고 보았다. 각각의 경우마다 중력 붕괴의 과정을 지배하는 법칙은 수학적이지만, 행성궤도의 패턴은 본래 구름의 크기와 밀도에 따라 달라지기 때문에 기하학적 추상으로는 예단할 수 없었다. 기껏해야 자연신학자들은 생명체가 살기에 딱 맞는 기후를 보장하는 지구와 태양의 정교한 거리에 경탄할 뿐이었다. 그러나 더욱 급진적인 사상가들은 이미 그 전부터 다른 형태의 생명이 다른 행성에 살지도 모른다고 추측해왔으며, 이러한 추측은 복수 창조를 받아들일 만큼 자유주의적인 신학을 따르는 사람들에게는 반가웠을지 몰라도 다수의 기독교인들의 심기를 매우 불편하게 했다.

그러므로 자연신학자들이 자신들의 관심을 어느 때보다도 우주가 아닌 지구에 두기 시작한 것은 당연한 일이었다. 새로운 과학은 로버트 보일과 존 레이 같은 17세기 사상가들에게 세계가 단지 무작위로 돌아다니는 입자들의 무질서한 집합에 불과하다는 유물론자들의 주장을 거부할 수 있는 근거를 충분히 제공해주었다. 보일은 영국에서 새로운 과학을 선전한 탁월한 거장 중 한 명이었고, 물리학과 화학에 상당한 공헌을 했다. 기계적 철학의 열렬한 옹호자였던 보일은 자연 사물에 마술적 힘이 깃들어 있다는 전통적 세계관을 의심하곤 했다. 보일은 이런 전통적 세계관이 신의 진정한 창조력을 부정한다고 보았다. 만약 물질이 불활성이고 입자들이 오직 운동법칙에 의해서만 움직인다면 물질은 스스로 아무것도 만들어내지 못하며, 세상의 모든 의미 있는 구조물들은 신에 의해 창조되고 설계된 것이어야 했다. 보일은 기독교가 성서에 기록된 기적적인 사건을 기반으로 한다는 점에서 전능자가 때때로 기적을 통해 세계에 개입한다는 것을 마지못해 인정하기는 했지만, 이러한 예외는 드문 일이며, 세계를 지배하는 것은 자연법칙이라고 주장했다. 이 법칙은 초기의 초자연적 창조에 의해 형성된 구조를 보존할 수 있을 뿐, 그 자체로는 아무것도 창조할 수 없는 것이었다. 보일은 자연사 분야에서는 거의 업적을 남기지 않았지만, 조물주의 창조물에 대한 가장 분명한 증거를 찾아볼 수 있는 분야가 생물 연구임은 인정했다.

자연사에서 설계논증을 가장 상세히 서술한 사람은 존 레이였다(『현대과학의 풍경1』 6장 "다윈 혁명"; Greene, 1959 참조). 그는 『창조 작업에서 나타나는 신의 지혜(Wisdom of God Manifested in the Works of Creation, 1659)』에서 인간과 동물체의 구조를 수없이 예로 들어, 오직 지적 존재의 설계를 통해서만 이런 구조들이 그토록 효과적으로 작동하는 방식을 설명할 수 있다고 주장했다. 인간의 삶에서 너무나 중요한 눈과 손이 좋은 예였다. 레이는 말과 같은 몇몇 종은 분명 인간의 혜택을 위해 설계되었음을 인정했지만, 다른 모든 종들까지 인간을 위해 설계되었다고 보지는 않았다. 각각의 종은 고유한 환경에 맞게 작동하도록 설계되었고, 우리는 그것을 통해 창조주의 자애로움과 지혜를 확인할 수 있다는 것이었다. 구조의 통일성과 유용성에 대한 이러한 강조는 자연을 대하는 태도를 형성하는 데 중요한 역할을 했고, 비록 상당히 변형되긴 했지만, 다윈 이론에서 되살아날 적응에 대한 관심을 불러일으켰다. 그러나 또한 우리는 창조의 신성한 계획이 존재한다는 레이의 믿음이 엄청나게 다양한 종들을 분류할 수 있는 이성적 체계를 탐구하는 동기로 작용했음을 살펴본 바 있다. 현대 분류학의 기초는 인간의 심성이 창조의 신성한 계획에 함의된 질서를 이해하고 표현할 수 있다는 믿음에서 비롯되었다.

18세기 동안, 급진 계몽사상가들은 세계가 맹목적인 자연법칙에 따라 계획 없이 만들어졌다는 유물론적 관점을 부활시켜 설계논증에 도전했다. 물론 모든 사람들이 이렇게 본 것은 아니었다. 이래즈머스 다윈의 진화론은 법칙 자체를 창조적인 것으로 보았고, 따라서 우주 전체는 더 높은 상태를 향한 진보를 통해 목적을 달성하도록 설계되어 있다고 주장했다. 그러나 이 이론도 프랑스혁명으로 인해 정신적 충격을 받은 보수주의자들이 볼 때는 지나친 감이 있었다. 설계논증은 특히 영국에서 지구의 역사를 더욱 성서적으로 파악하려는 관점과 함께 부활했다. 윌리엄 페일리는 설계논증을 모범적으로 재진술한 『자연신학(Natural Theology, 1802)』에서 이래즈머스 다윈을 공격대상 중 하나로 삼았다. 논증의 기계론적 기초는 시계와 시계공의 비유에서 확고해졌다. 어떤 목적에 맞춰진 복잡한 기계적 체계는 지적 설계를 필요로 했던 것이다.

그 결과 나타난 설계논증 열풍은 때때로 과학의 발전과정에서 맞닥뜨리게 되는 막다른 길로 무시되곤 했다. 이런 열풍에 힘입어, 1830년대 『브리지워터 논고(The Bridgewater Treatises)』에 기고된 여덟 편의 논문이 그랬듯이, 무비판적으로 설계의 증거로 제시된 적응의 예가 무수히 축적되었다. 그러나 우리가 다윈 혁명에 대한 논의에서 살펴보았듯이, 자연신학이 완전히 정체되었던 것은 아니다. 버클랜드와 같은 고생물학자들은 적응의 개념을 사용하여 자신들이 묘사한 화석 종들의 생활양식과 환경을 이해했으며, 특정 지질시기의 기후에 맞춰진 개별적 창조의 연쇄를 가정하기도 했다. 루이 아가시와 리처드 오언 같은 자연학자들은 설계논증을 더욱 풍부하게 사용했다. 이들은 창조 전체를 하나의 포괄적인 전체 속으로 통합하는 패턴을 찾고자 했다. 오언은 원형(archetype)을 다양하게 특화된 형태로 펼쳐질 수 있는 것으로 개념화했고, 이 개념은 다윈에게 유용한 증거를 제공했을 뿐 아니라 오언 자신이 진화라는 개념에 접근하는 데도 도움을 주었다. 로버트 체임버스가 익명으로 쓴 『창조 자연사의 흔적들(Vestiges of the Natural History of Creation, 1844)』은 신의 계획이 점진적으로 펼쳐진다는 진화의 개념을 대중들에게 확고하게 각인했다. 체임버스는 성운가설에서부터 인간 뇌의 확장에 이르는 모든 것을 연결하여 장대한 법칙에 묶인 진보의 체계를 구축했다. 그 안에서는 모든 것이 우주가 시작될 때 창조주가 자연에 새겨 넣은 법칙에 의해 발생했다.

■ 다윈주의의 도전

다윈의 이론은 달랐다(『현대과학의 풍경1』 6장 "다윈 혁명" 참조). 분명 다윈의 이론은 법칙으로 묶인 과정들의 복잡한 상호 작용에 의존하고 있지만, 이 이론을 통해서는 그 전체를 어떻게 신의 의도의 표현으로 볼 수 있는지 상상하기 어려웠다. 그의 이론은 설계논증에 대한 옛 유물론자들의 도전을 부활시키는 듯했는데, 특히 자연선택에 의한 변이가 명확한 목적 없이 다양한 변형을 만들어낸다는 점에서, 결국 '무작위적'으로 이루어진다고 여겨진 이유가 컸다. 자연선택 자체를 창조주가 품은 의도의 원천으로 볼 수 있을까? 자연선택이 셀 수 없이 많은 불완전한 개체들의 소멸과 고난을 통해 작용한다는 점에서 그렇게 보기는 어려웠다. 결국, 많은 사람들은 진화가 체임버스가 제시한 노선을 따라 작용한다고 믿는 쪽을 택했다. 진화가 올바른 방향으로 나아가도록 해주는 변이의 법칙에는 분명 어떠한 패턴이 들어 있다는 것이었다. 그러나 진화가 진보를 향해 나아가는 이유를 신의 설계로만 설명하는 것은 점차 세계를 자연법칙으로만 이해하고자 하는 과학자들에게는 시대에 뒤떨어진 방식으로 보였다. 초자연적인 것을 법칙 그 자체에 끼워 넣기보다는, 법칙을 따르는 복잡한 상호 작용의 간접적 산물이면서 동시에 신성한 계획의 표현으로도 간주할 수 있는 진화의 지배적인 성향을 찾는 편이 더 바람직할 수도 있었다. 설계의 요소는 더욱 불분명해졌고, 그 결과로 나온 이론들은 우주가 필연적으로 진보를 낳는다고 생각했다는 점에서 대다수 유물론자들의 이론과 종종 구분하기 어려웠다.

다윈은 원래 페일리의 『자연신학(Natural Theology)』에 매료된 신실한 사람이었다. 처음 자연선택이론을 생각해냈을 때도 다윈은 소수의 고난을 통해 적응이 일어나고 이로 인해 세대가 지날수록 종 전체가 행복해질 것이기에, 자연선택은 신의 자애로움과 모순되지 않는 과정이라고 생각했던 듯하다(Ospovat, 1981; Gillespie, 1979). 그러나 종들이 이미 잘 적응했다 하더라도 결국 사멸하고 말 것이라는 맬서스의 『인구론(Essay on the Principle of Population)』에 담긴 의미를 완전히 깨닫기 시작하면서 그의 생각은 바뀌었다. 다윈은 점차 자연의 잔혹함을 깨닫게 되었다. 노골적인 무신론자가 된 것은 아니지만, 그는 결국 선택이 신의 섭리를 행하는 것이라고 보는 관점에서 점차 멀어졌다. 또한 그는 오랜 기간 진화가 진행되면서 많은 막다른 길에 부딪쳤을지라도 결국은 인간을 비롯한 고등 생명체를 낳았을 것이라고 확신했다. 『종의 기원(Origin of Species)』 말미에 그는 고난을 통한 진보를 찬송하면서 이 모두가 창조주의 의도임을 암시했는데, 이 말이 반드시 비꼬려는 의도였던 것만은 아니었다.

   이런 조화의 노력에도 불구하고, 진화론에는 분명 유물론적 함의가 포함되어 있었고, 이로 인해 초기에는 매우 감정적인 논란이 일었다. 가장 고전적인 충돌 가운데 하나가 1860년 영국과학진흥협회(BAAS) 모임에서 '다윈의 불독'이라 불리던 토머스 헨리 헉슬리와 새뮤얼 윌버포스 주교 사이에 일었던 논란이다(그림 15.3). 오늘날 이 논쟁은 헉슬리의 승리로 끝났다고 알려져 있지만, 이제 우리는 이것이 확정적인 결론을 맺은 논쟁은 아니었음을 알게 되었다. 다음 10여 년 동안 많은 지식인들이 진화론으로 전향했지만, 그럼에도 자연선택을 타당한 설명으로 받아들인 사람은 거의 없었다(Durant, 1985; Ellegård, 1958; Moore, 1979). 많은 사람들이 다윈의 이론을 설계와 조화시키는 데 상당한 어려움을 느꼈고, 공정하게 말해 헉슬리와 허버트 스펜서의 지지는 그들의 두려움을 더욱 자극했다. 두 사람은 모두 '과학적 자연주의'의 지지자였는데, 과학적 자연주의는 세계를 오직 법칙의 지배를 받는 과정만으로 설명했으며, 초자연적인 요소는 창조에 부여된 본래의 계획이라는 형식으로도 고려하지 않았다. 순수하게 자연적

그림 15.3 새뮤얼 윌버포스 대주교(왼쪽)와 토머스 헉슬리(오른쪽)의 풍자화. 1860년 영국과학진흥협회에서 다윈주의를 둘러싸고 일어난 두 맞수의 충돌. 잡지 《배니티 페어(Vanity Fair)》 1869, 1871년 판에서 발췌. 훗날 과학에 호의적이었던 사람들은 이 사건을 두고 헉슬리가 대중적 감상에 호소했던 대주교의 천박함을 폭로하여 그를 패배시켰다는 신화를 만들어냈다.

인 진화론은 이 철학의 핵심 요소였고, 헉슬리와 스펜서는 자연선택의 타당성에 단서를 달았을지언정, 자연선택을 그들의 철학이 요구하는 이론의 한 가지 사례로서 받아들일 수밖에 없었다. 윌버포스와 같이 더욱 보수적인 사상가들이 보기에는 설계를 전면 거부한다는 점이야말로 그 이론을 받아들일 수 없는 핵심적인 이유였다. 존경받는 천문학자였던 존 허셜 경은 진화론을 '엉망진창의 법칙'이라고 치부하며, 진화는 반드시 신의 감독 아래에서 작동하는 과정이어야 한다고 주장했다.『종의 기원』에 대한 비판적 리뷰를 썼기 때문에 노골적인 진화 반대자로 여겨지곤 하는 리처드 오언도 그의 제자였던 가톨릭 해부학자 성 조지 잭슨 미바트와 함께 허셜과 비슷한 입장을 취했다. 그들은 때때로 '유신론적 진화주의(theistic evolutionism)'라고 불리던 입장에 호소했는데, 이것은 진화란, 진화법칙 안에 새겨진 채 그 법칙을 따라 작동하는 초자연적 설계의 요소와 함께 작용하며, 그 초자연적 설계의 요소가 진화의 과정을 예정된 목적을 행해 나아갈 수 있도록 보장해준다는 주장이었다.

진화론에 의해 생겨난 긴장은 겉으로는 자칭 다윈의 지지자였던 한 인물의 반응에서 살펴볼 수 있다. 미국의 식물학자였던 에이서 그레이가 바로 그 인물인데, 그는 신앙이 돈독했음에도 불구하고 적응과정에 근거를 둔 이론이 과학자들에게 가져다주는 이점을 알아보았다. 1876년에『다위니아나(Darwiniana)』라는 책으로 편찬된 논문들에서 그는 자연선택이 복잡한 적응구조를 이끌어내도록 설계된 신성한 과정으로 받아들여질 수 있는가 하는 문제를 제기했다. 그는 최종 목표가 이뤄지는 한 신의 의도는 실현되는 것이므로 그것이 어떻게 성취되는지는 중요하지 않다고 주장했다. 그러나 문제를 더욱 진지하게 고찰할수록 그는 쓸모없는 변이들, 즉 그의 적나라한 표현에 따르면 소멸하기 위해 태어난 '창조의 찌꺼기'를 끊임없이 생산하는 과정은 어려움에 부딪친다는 것을 시인할 수밖에 없었다. 결국, 그는 다윈에게 변이가 무작위적이라기보다는 어떤 "유익한 경로를 따라 진행"되는 것임을 가정하라고 충고했다(Gray, 1876, 147~148), 다윈 스스로도 이의를 제기했듯이, 이것은 자연선택을 불필요하게 만드는 가정이었다. 더욱 심각한 것은 이 가정이 과학자들을 당황하게 할 초자연적인 것을 재도입한다는 대목이었는데, 그럴 경우 초자연적인 효과는 자연법칙에 침투하여 서로 구별될 수 없었던 것이다.

그레이의 딜레마를 벗어나는 길은 적응진화의 메커니즘을 다루는 유일한 대안인, 오늘날 라마르크주의라고 알려진 획득형질의 유전을 선택하는 것이었다. 19세기 말 라마르크주의가 그처럼 열렬히 지지를 받은 것은 부분적으로는 자연선택이론의 귀결에 대한 종교적이고 도덕적인 우려 때문이었는데, 이는 다윈주의의 실추를 이끈 중요한 요소로 작용했다. 라마르크주의에 따르면, 생물 종은 기린이 나뭇잎을 따먹는 것과 같은 새로운 습성에 맞춰 종의 구성원 전체가 집합적인 노력을 기울임으로써 환경변화에 적응할 수 있었다. 이것은 완벽하게 자연적인 과정이었고, 멘델주의 유전학이 출현하기 전까지는 꽤 설득력 있게 받아들여졌다. 종의 모든 구성원이 새로운 습성을 배우면서 새로운 생활양식에 적응하기 때문에 부적합한 개체를 제거할 필요도 없었다. 신라마르크주의 고인류학자였던 코프는 『진화 신학(Theology of Evolution, 1887)』에서 동물들이 자신들의 노력을 통해 진화를 지휘할 수 있는 것은, 신이 창조력을 발휘하여 동물들이 살 수 있도록 생명력을 부여해주었기 때문이라고 주장했다. 다윈의 주요 반대자였던 소설가 새뮤얼 버틀러는 신학적이기보다는 도덕적 관점에서 비슷한 견해를 표명했다. 버틀러가 보기에, 자연선택은 동물이 운에 따라 살고 죽는 영혼 없는 유물론을 표방할 따름이었다. 따라서 획득형질이 실제로 유전됨을 입증하는 직접적 증거가 부족함에도 불구하고, 라마르크주의는 자연선택이론에 대해 유보적이던 많은 사람들이 선호하는 대안이 되었다.

진화를 신성한 의도의 표현으로 보고자 했던 사람들은 진화가 진보적 특성을 지니며, 인간의 정신이나 영혼은 진화의 예정된 산물이라는 함의를 강조했다. 이런 식의 해석은 20세기 초까지도 유행했고, 이를 근거로 일부 과학자와 신학자들은 서로 협력하면서 빅토리아시대의 적의가 이제 극복되었다고 주장하기도 했다(Bowler, 2001; Livingstone, 1987; Turner, 1974). 1920년대 영국의 생물학자였던 존 아서 톰슨은 『진화의 복음(The Gospel of Evolution)』이라는 대중서를 쓴 바 있다. 많은 동시대인들과 마찬가지로, 톰슨은 프랑스 철학자 앙리 베르그송의 '창조적 진화(creative evolution)', 즉 생명력이 물질의 한계를 극복하기 위해 분투하면서 창조적 진화가 일어난다는 설명에서 영감을 얻었다. 베르그송의 설명에 따르면 진화의 정확한 과정은 예정되어 있지 않으며, 진보로 간주되는 전반적인 특성, 즉 정신을 향한 상승만이 예정되어 있었다. 심리학자 콘위 로이드 모건은 '창발적 진화(emergent evolution)'라는 개념을 발전시켰는데, 이것은 생명·마음·정신과 같은 새로운 성질이 복잡성이 점차 증가하는 오르막의 임계점에 이르러 갑자기 나타난다는 것이었다. 이런 설명들은 다수의 자유주의 기독교인들이 진화의 기본 개념을 받아들일 수 있게 만드는 듯했다. 물론 이러한 통합 시도에 스며들어 있는 다윈의 선택주의와 생명의 기계적 관점에 강력히 반대할 만한 여지도 있었다. 그러나 20세기 이후 시간이 경과하면서 다윈주의와 기계론이 점차 생물학의 지배적인 세력이 되어간 것만은 분명했다. 현대의 신학자들은 여전히 이러한 발전의 함의를 이해하려 노력하고 있다.

라마르크주의에 의해 다윈주의가 한창 위협받고 있을 때조차, 진화의 본성이 목적론적이라는 가정에 근거한 타협안을 여전히 미심쩍어하던 보수적 기독교인들이 있었다. 진보 개념은 전통적 믿음, 즉 인간이 기독교를 통해 구원받아야 하는 타락하고 죄 많은 창조물이라는 믿음을 약화하는 문제가 있다는 것이었다. 이런 우려는 20세기 초 미국에서 좀더 강력히 드러나기 시작했고, 특히 미국 남부에서는 근대적 사상과 가치가 기독교 사회의 기반을 침식하고 있다는 목소리가 터져나왔다. 《근본(The Fundamentals)》이라는 연속 간행물의 이름을 딴 근본주의 운동은 상당한 지지를 얻었고, 근대주의자들의 기반을 떠받치는 핵심적 기둥이라는 이유로 다윈주의의 교육을 제한하려는 요구들이 증대되었다. 일부 주(州)에서는 진화론을 가

그림 15.4 1925년 스코프스 재판. 열기 때문에 셔츠 차림으로 배심원들 앞에서 사건 변호를 하고 있는 클레런스 대로.

르치는 것을 금지하는 법안이 통과되기 시작했고, 급기야 1925년에는 신을 모욕했다는 이유로 테네시에서 기소된 스코프스의 '원숭이 재판(monkey trial)'과 같은 악명 높은 사건도 일어났다(그림 15.4). 이 재판은 흔히 어리석은 창조론자가 전 세계 언론 앞에서 스스로를 바보로 만든 사건으로 묘사되지만, 실상은 좀더 복잡하다(Larson, 1998; Numbers, 1998). 근본주의자들은 성서 문자주의자가 아니었으며, 심지어 이들 중 일부는 일종의 진화론을 받아들이고 있었다. 그리고 그들은 다윈주의의 유물론적 함의를 진심으로 걱정하고 있었다. 이때는 '젊은 지구 창조론

(young earth creationism)'이 부활한 시기였는데, 이를테면 조지 매크레디 프라이스를 비롯한 몇몇 사람들은 화석을 포함하고 있는 모든 암석은 노아의 홍수 때 쌓인 것이라는 오래된 개념을 새롭게 만들었다(Numbers, 2002). 그러나 이 운동은 1960년대 현대적 다윈주의의 종합(Darwinian synthesis)이 성공하여 이에 대한 두려움으로 근본주의의 입장을 지지하는 물결이 일기 전까지는 대개 고립된 채로 남아 있었다. 근본주의 형태의 '창조과학'을 공립학교에서 가르치려는 노력은 차단되었는데 이는 부분적으로 젊은 지구 창조론자들의 입장이 너무나 명백하게 창세기 신화와 연계되어 있기 때문이었다. 창조주의자들의 관심은 오늘날 '지적 설계(intelligent design)'라고 일컬어지는 이론에 집중되어 있는데, 이 이론은 일부 생물학적 과정이 너무도 복잡하기 때문에, 이것들이 점진적 진화에 의해서 형성되었을 리 없다고 주장했던 페일리의 설계논쟁을 부활시킨 것이다.

■ 유물론과 인간 본성

근본주의자들의 대응은 우리에게 진화의 문제에 또 다른 측면이 있다는 점을 상기시킨다. 즉 진화는 신이 어떻게 우주를 통치하느냐라는 질문을 던질 뿐 아니라, 인간의 영혼이라는 전통적 개념을 위협하기도 한다. 기독교는 인간이 창조주의 심판을 받는 불멸의 영혼을 가지고 있다는 점에서 동물과는 분명 다르다고 가정해왔다. 자연적 과정을 통해 동물로부터 인간이 생겨났다는 진화론은 이런 믿음을 위협하고, 우리로 하여금 인간 본성이 단지 동물도 이미 지니고 있는 정신력의 확장일 뿐이라고 생각하게 만든다. 그 때문에 진화론은 정신이 기껏해야 단지 뇌의 물리적 활동의 부산물일 뿐이라는 더욱 일반적인 유물론 철학과 연계되어 있다. 뇌가 클수록 정신능력도 높지만, 이런 정신능력은 여전히 자연법칙의 지배를 받는 물질적 체계에 의해 생산된다는 것이다. 정신능력은 완전히 결정되어 있으므로 자유의지라는 개념은 약화되며, 죽음의 순간 뇌가 파괴되면 정신능력 역시 사라진다. 종교 사상가들은 이런 결과에 대해 심각한 우려를 표했다. 많은 사람들은 인간 정신이 진화의 산물이라고 확신했지만, 그러면서도 유물론자의 입장을 거부하고 진화가 동물 자신의 의지력이라 할 수 있는 정신에 의해 진행된다고 주장하는 경향을 보였다.

데카르트는 기계적 철학을 동물에 적용하여 동물들이 단지 복잡한 기계일 뿐이라고 단언했지만, 인간은 물질적인 육신과 비물질적 영혼이 결합되어 있는 존재라고 주장했다. 인간 정신이 뇌의 물리적 과정의 소산이라는 주장을 대담하게 발전시킨 이들은 계몽주의 시대의 유물론자들이었다. 라메트리가 쓴 『인간, 하나의 기계(Man a Machine, 1748)』는 그 점을 분명히 했다. 19세기 초, 골상학으로 알려진 운동은 여러 정신적 기능이 각각 뇌의 특정 부분에서 이루어진다고 가르쳤으며, 개개인의 두개골 모양으로부터 그들의 특성을 추정할 수 있다고 주장했다. 그 당시 골상학은 사이비 과학이라고 무시당했지만, 19세기 말 뇌와 신경계의 기능을 연구하는 신경생리학에서 중요한 발전이 이루어짐에 따라 정신기능이 나타나려면 실제로 뇌가 적절히 작동해야 한다는 사실이 밝혀졌다. 이렇게 마음이 완전히 자연주의적으로 설명될 수 있으리라는 전망은 많은 종교 사상가들에게 심각한 문제를 안겨주었다(18장 "생물학과 이데올로기" 참조).

체임버스는 『창조 자연사의 흔적들』에서 골상학을 활용하여 진보적 진화의 산물인 뇌의 확장으로 인해 정신적 힘이 증대하고 그 결과 인간의 정신이 나타나게 된다고 주장했다. 다윈은 정신에 관한 유물론적 관점을 당연하게 여기고, 자신의 이론을 사용하여 인간의 진화과정에서 특정 정신

기능이 어떻게 그리고 왜 발생하는지를 설명했다. 다윈이 보기에, 우리가 지닌 도덕적 가치는 자연선택에 의해 우리 안에 생겨난 사회적 본능으로부터 만들어진 결과였다. 헉슬리는 여기서 더 나아갔다. 그는 인간의 진화과정에는 관심을 두지 않았지만, 동물이 본질적으로 자동기계라는 주장을 지지했고, 인간의 정신이 자동기계와 비슷한 방식으로 설명될 수 있다는 자신의 생각을 전혀 감추려 하지 않았다. 유물론적 입장은 독일에서 널리 유행했고, 에른스트 헤켈에 의해 진화주의(evolutionism)와 연결되었다. 헤켈은 겉으로 보기에는 일원론자로서, 마음과 물질이 하나의 근원물질에 대한 대등한 표현일 뿐이라는 생각을 견지했다. 그러나 그는 전통적 영혼관을 대놓고 멸시했다. 헤켈에 따르면 인간은 그저 자연의 일부일 뿐이며, 다른 만물과 마찬가지로 자연법칙의 지배를 받는다. 마음은 뇌의 산물이며, 죽음의 순간 사라지므로 불멸의 영혼 따위는 있을 수 없다. 헤켈의 『우주의 수수께끼(Riddle of the Universe, 1900년에 영어로 번역됨)』는 이러한 그의 철학을 표명한 책으로 널리 읽혔으며, 종교에 대한 강력한 도전으로 비쳤다. 그러나 중요한 것은, 헤켈이 초자연적 창조주를 부정했다 하더라도 그것이 진화는 필연적으로 진보적이라는 그의 믿음을 방해하지는 않았다는 점이다. 그가 생각하기에 인류에 이르는 길을 보증하는 것은 신성한 계획이 아닌 자연의 법칙이었다.

많은 종교적 인사들은 유물론적 입장에 반대를 표명하면서 생명과 정신에 대한 대안적 관점을 제공하는 것처럼 보이는 과학이론과 철학적 개념에 호의적인 태도를 보였다. 라마르크주의 이론이 지지를 받은 것도, 만약 그것이 사실이라면 생명체는 새로운 습성을 선택할 힘이 있고 따라서 자신들의 진화를 지휘할 수 있다고 여겨졌기 때문이었다. 베르그송의 창조적 진화 역시 반유물론적 관점에 토대를 두고 있었다. 19세기 말, 한스 드리슈를 필두로 생리학에서 기계주의에 대한 반대의 물결이 일시적으로 일어났다. 이 물결은 복잡한 체계가 구성 부위의 거동만으로는 연역될 수 없는 특성을 보일 수 있다는 전체론적이고 유기체적인 이론을 지지하는 물결로 이어졌다. 그러나 과학에서의 이런 운동을 지지했던 신학자들은, 인간과 동물 사이에 어떤 분명한 차이도 없다고 보았던 유물론자들과 스스로 비슷해지는 위험을 감수해야 했다. 이런 위험으로 인해 창발적 진화론이 유행하게 되었는데, 이를 주창한 콘위 로이드 모건은 생명·정신·영혼이 발생하는 것처럼 새로운 특성이 나타나는 몇몇 분명한 단계를 가정하고, 맨 마지막 인간 진화의 단계에서만 영혼이 발생한다고 보았다.

■ 유물론에 저항하는 물리학

20세기 초에는 반기계론적 생물학을 장려하려는 노력이 성공을 거두지 못했다. 신경생리학과 인지과학의 발달은 전통적 영혼관을 수호하고자 하는 사람들에게 심각한 문제만을 안겨주었다. 그러나 예기치 못한 부분에서 지원군이 생겨났다. 이제 물리학 자체가 기계적 자연관에서 등을 돌렸고, 일부 철학자와 신학자들은 마음이 다시 독립적인 실재가 될 수 있다는 희망을 갖게 되었던 것이다. 유물론자들이 생각한 것처럼 물리학자들이 실재를 단순한 당구공 모형으로 진지하게 인정한 적이 있었는지도 의문이다. 예컨대 뉴턴주의는 원거리에서 물질에 작용하는 신비로운 인력을 부여했다. 그러나 19세기 말에 이르면 기계론에 대한 자각적인 대안이 에테르 이론에서 나타나게 되었다. 에테르는 우주에 골고루 퍼져 빛과 기타 복사를 전달하는 매질로 작동한다고 추정되던 희박한 유체였다. 어쩌면 에테르는 마음이 조잡한 형태의 물질과 상호 작용하는 수단을 제공할지도 몰랐다. 20세기를 특징짓는 물리학의 혁명은 에테르의 존재를 불신하게 만들었지만, 이와 동시에 양자역학이 출현하여 우주가 자기 충족적이고 전적으로 법칙에 의해 지배되며, 그것을 인식하는 마음과는 별도로 존재한다는 전통적인 유물론자들의 관점을 약화하는 듯했다.

에테르는 레일리 경과 J. J. 톰슨을 포함한 19세기 말 가장 창조적인 물리학자들의 이론적 견해를 지배했다. 이들은 에테르만이 에너지 전달의 수단이 된다고 보았기 때문에, 이 희박한 매질의 존재를 의심하지 않았다. 그러나 그들의 사고 속에서 에테르는 더욱 넓은 철학적·신학적 그리고 궁극적으로는 이데올로기적 역할을 수행했다. 에테르는 세계가 공간 속을 무작위로 움직이는 원자의 집합이 아닌, 통일되고 맞물려 있는 우주라고 제안함으로써 유물론자들에게 도전했고, 다시금 물리학을 자연신학의 연장선상에 놓았다. 그러나 올리버 로지에 의해, 에테르는 다시 한 번 정신과 영혼을 실재하는 것으로 만들기도 했다. 왜냐하면 에테르는 마음과 정신의 활동이 물질적 신체와는 독립적이면서도 연관된 채 일어난다고 이해될 수 있는 여지를 제공했기 때문이다. 로지는 유심론(唯心論)과 초자연적 현상을 진지하게 연구하던 소그룹의 저명한 과학자 중 한 명이었고, 일련의 책을 저술하여 물질인 육체가 죽어도 정신은 에테르계에서 살아남는다고 주장했다(Oppenheim, 1985). 그는 또한 유기적이고 영적인 세계에서 진보적 진화사상을 개척했다.

1920년대에 와서 상대성 이론이 로지의 에테르 물리학을 구식으로 만들어버렸지만, 또 다른 물리학 혁명은 이 과학 분야를 유물론에서 더 먼 곳으로 몰고 가는 것 같았다. 양자역학과 불확정성 원리는 입자의 행동이 통계 법칙의 지배를 받으며, 결코 절대적으로 정확하게 예측될 수 없다는 것을 입증함으로써 기계론적 견해를 약화했다(『현대과학의 풍경1』 11장 "20세기 물리학" 참조). 정신이 뇌의 물리적 활동의 산물이라 할지라도, 그 활동은 엄격히 예측될 수 없었다. 이런 사실을 바탕으로 종교 사상가들은 이제 자유의지는 손상되지 않는다고 주장할 수 있었다. 더욱이 한 계(系)의 최종 상태는 그것이 실제로 관찰되었을 때만 결정될 수 있으므로, 의식적인 관찰자는 단순히 수동적인 구경꾼이 아니라 실재의 창조에 중요한 역할을 하는 것처럼 보였다. 이것은 인간의 마음이 물리학자들의 새로운 실재관에 통합되었음을 의미했으며, 어떤 의미에서는 우주 전체가 어떤 식으로든 모든 개인적 관찰행위를 초월하는 어떤 정신(Mind)을 기반으로 하고 있는 게 아닌가 하는 기대를 불러일으켰다. 엄청난 인기를 끈 『물리 세계의 본성(The Nature of the Physical World)』에서 에딩턴이 진술한 대로, "1927년경에 와서야 처음으로 종교는 합리적인 과학자에게도 어울릴 만한 것이 되었다"(1928, 350). 제임스 진스는 더 나아가 『신비로운 우주(Mysterious Universe, 1930)』에서 새로운 물리학 아래서 우주는 수학적인 조물주의 정신 속에 있는 사상으로 가장 잘 묘사될 수 있다고 선언했다. 마치 자연신학에 대한 케플러의 플라톤적 관점이 부활한 듯했다. 모든 물리학자들이 이러한 해석을 환영했던 것은 아니지만, 신학자들은 새로운 물리학을 과학과 종교의 새로운 조화의 기초로서 열렬히 환영했다.

물리학자이자 우주론자였던, 진스와 에딩턴은 모두 최근 발전한 우주론이 우리 은하가 유일하지 않음을 보여준다는 것을 잘 알고 있었다. 우주는 거의 인간의 이해력을 넘어설 만큼 광대하다. 그러나 이것이 생명체가 살고 있는 또 다른 행성이 존재해야 함을 의미하는가? 진스는 성운가설을 주도적으로 비판하면서, 행성물질은 한 별이 태양 근처를 스쳐 지나갈 때 태양으로부터 떨어져 나온 것이라고 주장했다. 이것은 거의 뷔퐁 이론이 부활한 것과 다름없었다. 그는 이런 근접 충돌이 일어날 가능성이 극히 적기 때문에, 우리 행성계는 전 우주에 존재하는 매우 극소수의 행성계 중 하나라고 주장했다. 이것은, 아마도 우리가 창조의 체계를 의식적으로 관찰한 유일한 존재일 것이라는 의미에서, 인류가 다시 한 번 모든 창조의 중심이 되었다는 것을 뜻했다. 또한 우주론자들은 우주의 광대한 나이를 깨닫게 되었고, 우주가 근원적인 한 점에서부터 밖으로 확장했다는, 훗날 '대폭발우주론(Big Bang)'이라고 불리게 될 견해의 증거들을 인지하게 되었다. 자유주의 신학자들은 이런 모형과 최초의 창조행위에 대한 이야기 사이에 유사성이 있음을 간과하지 않았다. 우주대폭발의 본성을 이해하려는 노력은, 지적 생명체의 진화를 가능케 하는 우주가 출현할 수 있도록 애초부터 우주대폭발이 '잘 조율되어(fine tuned)' 있었다는 주장으로까지 이어졌다. 생물학 분야의 다윈주의가 새로운 위협을 제기한 까닭에 우주론과 지질학을 세계 역사의 안내자로 받아들이기를 거부하던 근본주의자들과 달리, 자유주의 신학자들은 물리학과 우주론에서 비옥한 영감의 원천을 발견했던 것이다.

■ 결론

과학과 종교의 관계에 대한 역사적 개관은 이들이 본디 동지도 적도 아니라는 것을 보여준다. 자연신학의 오랜 전통과, 이런 신학이 종종 과학자들의 사고에 긍정적 영향을 미쳤다는 명백한 사실에 비추어볼 때, 과학과 종교의 '전쟁' 모형은 붕괴될 수밖에 없다. 그러나 과학이 언제나 종교와 조화될 수 있다는 주장 또한, 종교가 과학적 발전 앞에서도 결코 양보하지 않을 핵심 교리를 완강히 고수하던 사례들과 충돌한다. 최신 과학의 경향에 자신들의 생각을 맞추려는 종교적 자유주의자가 있는가 하면, 자연과 인간 본성에 대한 특정한 믿음을 포기할 수 없는 교의로 생각하는 보수주의자들도 있다. 종교와 과학의 관계에 단일하고 자연적인 형태는 없다. 세상에는 다양한 형태의 기독교를 비롯한 많은 종교와 다수의 상이한 과학 영역이 있으며, 각각은 모두

고유의 문제를 제기하고 있기 때문이다. 심지어 같은 논쟁 안에서도 하나의 이론이나 하나의 신학적 원칙에 다양한 해석이 제기됨으로써 화해 혹은 충돌을 일으킬 가능성이 종종 있다. 역사학자들이 관심을 두는 질문은 "누가, 어떤 방침을, 왜 선택하는가?"이다.

과학사는 우호적인 또는 적대적인 단일 정책을 요구하는 사람들의 편에 서기보다는, 과학과 종교의 상호 작용이 우연적이고 국지적이어서, 다양한 국가와 공동체마다 상이할 뿐 아니라, 시간에 따라 항상 변화한다는 것을 보여준다. 역사학자들의 직무는 각 상황의 결과를 결정하는 과학적·신학적·문화적 요소들을 이해하는 것이다. 이런 연구들을 통해 우리는 현대 신앙체계의 다양성을 인식할 필요가 있다는 점과, 충돌하는 분파들이 과거를 해석하는 데 사용한 각각의 전략들에 각인된 가치들을 인식해야 한다는 점을 배워야 할 것이다. 주의 깊게 선별한 사례들을 강조함으로써, 양편은 자신의 입장이 역사적 경향과 잘 부합하는 것처럼 보이게 만들 수 있다. 포괄적인 연구는 독단적이지 않으면서 더욱 미묘한 접근이 요구된다는 것을 말해준다. **(김지원 옮김)**

■■ 16 Making Modern Science

■ 대중과학

■■ 과학이 흔히 대중의 안티테제, 즉 고도로 비전적(秘傳的)이고 수년간의 특별훈련을 필요로 하는 전문적 활동으로 여겨지는 오늘날, '과학'과 '대중'이라는 두 단어는 서로 그다지 어울리지 않아 보인다. 대중적인 과학이라고 해봐야, 우리가 떠올릴 수 있는 것은 대개 〈호기심 천국〉과 같은 TV 과학 프로그램이나 〈스타트렉〉의 에피소드 정도일 것이다. 여기서 볼 수 있는 최신 기계장치에 대한 탄성은, 우리가 알고 있는 실제 과학활동과는 오히려 동떨어져 있는 듯 보인다. 이런 점에서 만약 대중과학이라는 것이 있다면 그것은 진정한 과학이라기보다는, 실제 과학자들의 활동에 비해 다소 주변적인 것, 즉 비전문가의 수준에 맞게 희석한 사실·이론·응용을 수동적인 대중에게 전파하는 데 불과한 문제로 보일 수 있다. 과학과 과학자들 역시 종종 대중으로부터 다소 분리되어 있는 듯하다. 과학의 대

변자들은 공공연히 '대중의 과학 이해(public understanding of science)'를 놓고 고민하지만, 그것은 그 둘을 연계하려는 진지한 시도라기보다는 단지 진짜 과학자들이 자신들의 연구를 잘 진척할 수 있도록 대중들도 과학에 대해 충분히 알고 있어야 한다는 것 이상을 뜻하지는 않는 듯하다. 과학이 대중문화의 일부가 되고 있다는 생각이 들 때면 과학이 하찮은 것으로 전락했다는 혹평이 종종 가해진다. 과학자가 대중과 관계를 맺는 일은 그들의 본업에서 벗어난 부가적인 활동으로 여겨지는 것이다.

역사적인 견지에서 조망해보면, 과학이 대중문화와 완전히 분리되어 있다는 이런 시각에는 심각한 결함이 있다. 예나 지금이나 과학에는 언제나 대중적인 측면이 있다. 과학자들은 자신들의 전문 영역을 지키기 위해서라도 동료 혹은 동시대의 연구자들과의 직접적인 관계를 넘어 항상 대중들과 관계를 맺으려 했다. 과학이 고도로 훈련된 전문가들로 이루어진 비교적 작고 문화적으로 고립된 집단의 특수한 영역이라는, 혹은 그래야 한다는 인식은 분명 비교적 최근에 나타났다. 적어도 19세기가 상당히 흐르기까지는, 최신 과학에 대한 식견을 갖거나 그것에 어느 정도 관여하는 것이 널리 교양의 표식으로 여겨졌다. 문학잡지와 저널들이 최신 과학 발견에 대한 기사나 베스트셀러 과학서적에 대한 논평을 싣는 것은 찰스 디킨스나 도스토예프스키를 논하는 것만큼이나 일상적인 일이었다. 널리 알려진 것처럼 문화비평가 C. P. 스노는 논란을 일으킨 저서 『두 문화(The Two Cultures, 1959)』에서 이러한 공통의 문화적 배경이 붕괴되었음을 훌륭하게 기술한 바 있다. 그러나 이와 같은 공통의 문화적 배경의 범위에 대한 설명은 여전히 조심스럽게 받아들여야 한다. 대중이 과학과 관계를 맺은 것은 결코 대규모의 활동이 아니었다. 또한 우리는 스노가 말하는 공통의 문화라는 것이, 과학이 무엇이며 어떻게 실행돼야 하는지, 또한 과학과 대중문화의 관계가 어때해야 하는지에 대한 서로 다른 다양한 견해들을 감춰

버린다는 점을 염두에 둘 필요가 있다.

  역사학자들은 종종 대중과학이 마치 진정한 과학의 외부에 있는 무엇인 것처럼 생각했다. 대중과학은 일반적으로 '과학의 전파'라는 모형을 통해 설명되었다. 이에 따르면 전문가들은 과학지식을 생산하고, 이 지식은 책, 강의, 박물관 전시, 최근에는 텔레비전과 같은 다양한 매체를 통해 대중에게 전파된다. 이런 시각에 따르면 과학의 전파과정은 과학 그 자체, 혹은 과학이 실행되는 방식에 아무런 영향을 끼치지 않는다. 그러나 최근의 역사학자들은 과학과 대중문화, 과학자와 그 청중들 사이의 관계를 재고하기 시작했다. 우리는 이제 대중이 과학지식의 생산과 맺는 관계가 단순히 수동적인 관계가 아니라 능동적인 관계라고 생각한다. 과학자들이 자신의 연구를 다양한 청중들에게 소개할 때 택하는 방식과 그 연구가 대중에게 제시되는 맥락은 대중들이 과학을 이해하는 방식에 중요한 영향력을 행사하며, 대중들 역시 자신이 찬성하여 받아들인 지식을 적극적으로 해석하고 재정의한다. 이러한 시각에서 보면, 대중과학을 연구하기 위해서는 과학의 실제 내용 및 지식 생산과정에 깊이 천착할 필요가 있다.

  역사학자들은 다양한 맥락 속에 있는 대중과학을 연구한다. 그들은 강연장, 전시관과 같이 과학이 공개적으로 행해지는 장소의 성격과, 책·저널·TV쇼와 같이 과학의 소통이 이루어지는 다양한 매체들을 연구한다. 그리고 과학지식이 대중에게 전달되는 서로 다른 방식들과 다양한 대중이 그것을 수용하는 방식 역시 그들의 연구 대상이 된다. 또한 역사학자들은 서로 다른 시기의 특정한 과학들이 어떤 다양한 방식으로 대중적 인기를 끌게 되었는지도 연구한다. 여기서 우리가 더욱 깊이 살펴볼 사례들은 19세기 초반의 메스머주의(mesmerism: 18세기 의사 메스머로부터 유래한 메스머주의는 인체에 흐르는 자기류를 조절하여 병을 치료하려는 활동이었다. 이러한 치료과정에서 나타난 최면효과는 현대적인 최면술의 토대가 되었다―옮긴이)와 골상학을 포함한다. 현대적인 관점에서는 메스머주의나 골상학의 활동이 진짜 과학이 아닌 사이비 과학으로 보이기도 하지만, 사실 이들 분야가 한창 연구되던 시기에는 대다수의 사람들이 이들을 매우 진지하게 받아들였다. 메스머주의와 골상학의 옹호자들은 이것들이 진정한 과학활동이며 그것들의 과학적 지위를 거부하는 사람들은 과학을 일반인들이 건드릴 수 없는 영역에 두려는 의도를 품고 있다고 소리 높여 주장했다. 우리는 대중과학의 다양한 면모를 살펴봄으로써, 과학이 문화의 다른 측면들로부터 분리되기에 이른 과정과, 서로 다른 시대와 장소에서 과학과 문화의 경계선이 상이하게 그려진 양상을 이해하게 될 것이다.

■ 대중강연장의 문화

앞의 장에서 살펴보았듯이, 16~17세기에 일어난 이른바 과학혁명의 중요한 특징 중 하나는 대부분의 자연철학 활동의 초점이 대학에서 좀더 시민적이면서도 고상한 교양을 중시하기도 하는 맥락으로 옮겨갔다는 점이다. 프랜시스 베이컨과 같은 철학자는 자연철학자들이 은둔하는 학자가 아니라 세상 물정에 밝은 사람이어야 한다고 주장했다(『현대과학의 풍경1』 2장 "과학혁명" 참조). 과학을 시민 문화의 일부로 보는 에토스를 간직한 자연철학자들은 자신들의 활동에 귀기울여줄 새로운 청중들을 적극적으로 찾아 나섰다. 과학을 시민 사회에 통합하려는 목표를 내걸고 영국의 런던 왕립학회, 프랑스의 과학아카데미, 이탈리아의 린체이 아카데미 같은 과학단체들이 설립되었다(14장 "과학단체" 참조). 신분 높은 증인들이 출석한 가운데 진행된 공개 실험은 새로운 실험적 사실을 공고히 하기 위한 관례적인 과정에서 중요한 부분을 차지했다. 중간계급 가운데 자연철학의 새로운 청중들이 나타나면서, 대중강연은 새로운 세대의 자연철학자들에게 잠재적인 소득과 명성을 안겨줄 새로운 원천으로 부상했다. 뉴턴주의 전통의 영국 자연철학자들은 자신들을 뉴턴주의의 복음을 널리 퍼뜨릴 의무가 있는 '자연의 사도(priests of nature)'라고 명시적으로 표현했다. 이러한 과학지식인(men of science)들에게 강연은 재정적 필요와 도덕적인 책임을 모두 충족하는 수단이 되었다.

18세기 초반에 자연철학 강연이 주로 개최된 곳은 도처에 즐비하던 커피하우스였다. 한 조사에 따르면 1739년 런던에는 551개의 커피하우스가 있었다. 커피하우스는 17세기 후반에 금융 소식을 비롯한 다양한 정보가 비공식적이지만 신속하게 유포되고 교환되던 중심지로 발달했다. 커피하우스의 단골 고객은 은행가와 상인에서부터 모든 종류의 기업가, 당시 빠르게 성장하던 하청작가(literary hacks)까지 그 범위가 다양했다. 그들은 최신 뉴스와 금융계의 소문을 듣기 위해, 혹은 후원자가 되어줄 만한 사람들에게 새로운 발명품이나 새로운 고안품들의 상품가치를 선전하기 위해 커피하우스를 찾았다. 노동자들은 신문을 읽기 위해 잠시 들르기도 했을 것이다. 각종 새로운 정보를 열망하는 가지각색의 커피하우스 고객들은 과학강연이라는 새로운 유행에 가장 적합한 청중으로 성장했다(Porter, 2000). 순회강연을 하는 자연철학자들은 보통 뉴턴주의와 기계적 철학의 기초에 대한 강연을 12회에서 24회로 나누어 진행했으며, 공기펌프와 전기기구 같은 최신 철학적 기구들을 사용한 시연과 실험들로 강연에 활기를 더했다. 기계적 철학에 대한 강연을 하고 시연을 통해 자신의 실험 솜씨를 발휘하는 것은, 잠재적인 후원자의 신임을 얻고 새로운 발명이나 연구계획에 대한 재정적인 지원을 획득하는 좋은 방법이 되기도 했다(Stewart, 1992).

존 티오필러스 데자글리에는 대중강연으로 이름을 떨친 실험적 자연철학자 중 가장 대표적인 인물이었다. 의욕적인 뉴턴주의자였던 데자글리에는 전기를 비롯한 자연의 힘이 바로 뉴턴이 주장한 신과 자연의 관계를 뒷받침하는 증거라는 내용으로 강연을 했다. 자연의 힘을 가시화하는 것은 신이 우주에 내재해 있음을 가시화하는 방법 중 하나였다. 데자글리에는 전기충격을 만들어내고, 전기적 인력과 척력을 눈앞에 보여주고, 전기기구에서 불꽃을 발생시키는 등, 최신 실험기술을 최대한 활용하여 커피하우스의 청중들에게 깊은 인상을 남겼다. 이런 종류의 화려한 연출은 데자글리에에게 자연철학자로서의 명성을 안겨주었을 뿐만 아니라 샨도스 공작과 같이 장래에 그를 후원해줄 만한 사람들의 이목을 집중시키는 데도 도움을 주었다. 유럽 전역의 강연가들은 자연의 힘을 더욱 화려하고 스릴 넘치게 연출하기 위해 경쟁을 벌였다. 프랑스에서는 파리의 저명한 공개강연가인 장 앙투안 놀레가 레이덴병(Leyden jar)으로 만든 전기충격을 전달하여, 줄지어 서 있는 카르투지오 수도회 수사들과 궁정 근위병들이 일제히 뛰어오르게 만드는 장관을 연출하기도 했다. 영국의 커피하우스 강연가 벤저민 랙스트로와 독일의 전기학자 게오르크 마티아스 보스는 그들이 '축복받기(beatification)'라고 부른 효과, 즉 말 그대로 청중들 중 한 명이 어둠 속에서 빛을 발하게 하는 효과를 만들어낼 수 있다고 공언했다. 이러한 연출은 모든 유럽 도시에서 청중들을 과학강연으로 끌어모았다(Heilbron, 1979).

    영국제도에서 대중과학강연의 유행은 빠르게 런던 외부로 퍼져 나갔다. 바스(Bath)와 같은 상류층 마을에서 개최된 강연에 부유한 관객들이 운집하자 대도시의 인기 강연가들이 몰려왔고, 곧이어 그 지역만을 담당하는 과학강연가층이 형성되었다. 인기 공연가 제임스 그레이엄은 그곳에서 전기의 신비로운 힘을 화려하게 시연해 보이는 강연가이자 철학적 흥행사로서 경력을 쌓기 시작했다. 1780년대에 그는 런던에서 가장 유명한 철학적 공연가들 중 한 명이었고, 그가 만든 '건강과 결혼의 사원(Temple of

Health and Hymen)'에 있는 '천상의 침대(celestial bed)'의 하룻밤 이용료는 무려 50파운드였다. 뉴캐슬에서는 지역 그래머스쿨(grammerschool)의 교장이자, 후에 왕립학회의 서기관이 된 제임스 주린이 1712년부터 그 지방의 실업가들을 대상으로 자신의 자연철학 강의를 선전하고 있었다. 1740년대에는 데자글리에도 그곳에서 비슷한 청중을 위한 강연을 선전했다. 벤저민 마틴과 같은 순회강연가들은 이 마을 저 마을을 여행하며, 지역신문에 강연 광고를 냈고 강연 내용을 각 지역의 수요에 맞게 구성했다. 1730년대에 데자글리에가 네덜란드까지 가서 강연한 사실에서 알 수 있듯이, 데자글리에를 비롯한 순회강연의 진정한 스타들에게는 해외 강연의 기회까지 주어졌다. 새로운 청중을 찾으려는 노력들로 인해 18세기 동안 강연가들의 언변은 더욱 화려해졌고 그들의 시연은 더욱 현란해졌다. 또한 자연철학의 유용성이 점차 강조되었는데, 실용을 추구하는 북부의 실업가들을 대상으로 한 대중강연에서 이런 점이 특히 두드러졌다(17장 "과학과 기술" 참조).

제임스 그레이엄과 그의 천상의 침대가 예증하듯이, 18세기 끝 무렵의 대중강연가들은 청중을 끌기 위해서라면 어떤 일도 불사했다. 또 다른 사례는, 1770년대부터 런던의 헤이마켓 극장에서 강연한 사교계의 천문 강연가 애덤 워커이다. 1780년대에 그의 강연이 제공한 주된 흥밋거리는 태양계 행성들을 표현한 거대한 설치물인 '에우도래니언(Eudouranion)' 이라는 빛을 내는 공으로, 그 크기가 약 6미터에 달했다. 19세기 초가 되면 런던과 같은 곳에서는 순회강연이 안정적으로 자리 잡고 있었다. 서리 연구소나 런던 연구소를 비롯해 당시 생겨나던 많은 과학시설들이 유료로 대중강연을 제공했다. 지방에서도 새로이 문학단체나 철학단체가 유행하면서 강연의 기회가 많아졌다. 혁명 전후 18세기의 미국에서도 이와 비슷한 현상이 나타났다. 미국철학회는 1749년에 벤저민 프랭클린 주변에서 철학에 열의를 가진 이들이 자임하여 만든 모임으로부터 발달했다. 1824년 설립된 필라델피아의 프랭클린 연구소는 노동자들을 위한 대중강연을 마련했다. 영국제도 전역에서도, 막 싹트기 시작한 직공강습소 운동(Mechanics' Institutes movement: 직공강습소 운동은 직공이나 기술공들에게 기초적인 과학원리를 가르치려는 목적으로 1799년에 시작되었으며 노동자들에게 무료 강의를 제공했다―옮긴이)과 함께 이와 유사한 단체들이 나타났다. 이러한 시설은 과학강연에 대한 대중의 욕구를 채워주었을 뿐만 아니라 가난한 과학지식인들에게 기본적인 소득을 제공하기도 했다(Hays, 1983).

영국에서 가장 권위 있는 대중과학기관은 피커딜리 근처의 앨버말 가에 위치한 상류인사들의 왕립연구소로, 미국으로 망명한 왕당파 럼포드 백작, 벤저민 톰슨에 의해 1799년에 설립되었다. 왕립연구소는 스타 공연가 험프리 데이비, 좀더 이후에는 마이클 패러데이의 영향 아래, 과학지식의 전달자로서 부유층과 유명인사들 사이에서 엄청난 명성을 쌓았다. 데이비는 왕립연구소에서 열린 화려한 강연에서 새로 발명된 볼타전지를 뛰어난 솜씨로 선보여 유명세를 얻었으며, 현란한 불꽃 쇼와 전기화재 쇼로 청중들에게 깊은 인상을 남겼다(Golinski, 1992). 패러데이는 스승인 데이비의 강연을 전승했다. 그는 1820년대에 왕립연구소에서 어린이를 위한 크리스마스 강연 시리즈를 만들었고, 이는 현재까지 지속되고 있다(그림 16.1). 왕립연구소에서 그는 유명한 금요일 밤의 담화(Friday evening discourses)를 시작하기도 했는데, 이것은 곧 런던 시즌(London season: 크리스마스 이후의 어떤 시점부터 6월 무렵까지 이어지는 런던 상류사회의 사교계절―옮긴이)의 특색 있는 행사로 자리 잡았다. 런던 시즌 동안 매주 금요일이면 패러데이나 다른 초청 강연자가 최신의 과학적 발견과 발명에 대한 강연과 시연으로 수많은 런던 명사들의 넋을 빼놓곤 했던 것이다(Berman, 1978).

그림 16.1 왕립연구소에서 아이들에게 크리스마스 강연을 하고 있는 마이클 패러데이(Wellcome Medical Library, London). 패러데이의 맞은편에 앉은 청중들의 첫 번째 열에는 여왕의 배우자인 앨버트와 어린 영국 왕세자가 앉아 있다. 청중들 중에 여성도 다수라는 점을 주목하라.

지방에서는 1831년부터 매년 다른 지방도시에서 개최된 영국과학진흥협회의 회합에서 강연을 마련하여 수천 명의 군중을 매료시켰다(Morrell · Thackray, 1981).

19세기 동안 대중과학 강연가는 유명 인사였다. 예를 들어 패러데이는 전기이론뿐만 아니라 화려하고 웅장한 강연을 통해 명성을 날렸다. 또 다른 좋은 예는, 1860년 영국과학진흥협회의 회합에서 '말주변의 달인 샘(Soapy Sam)'이라 불린 윌버포스 옥스퍼드 주교와 열띤 논쟁을 벌인 것으로 잘 알려져 있는 '다윈의 불독' 토머스 헉슬리다(『현대과학의 풍경1』 6장

"다윈 혁명" 참조). 헉슬리는 특히 노동계급을 대상으로 한 논쟁적인 강연으로 매우 유명했다. 헉슬리는 지질학자 헨리 드 라 비치가 피커딜리 거리에 있는 경제지질학박물관에서 시작한 전통을 이어받아, 1850년대부터 노동자들을 겨냥한 정기 강연을 시작했다. 1860년대에 그는 밤마다 수백, 수천의 군중을 자신의 강연으로 끌어들였다(Desmond, 1994). 헉슬리는 자신의 활동 영역을 대도시로 한정하지 않았다. 그는 전국을 여행하면서 직공강습소와 노동자 회관에서 급진적인 강연을 했다. 1868년에 헉슬리는 런던 남부에 노동자 칼리지(working men's college)를 설립하여 교장으로 재직했다. 헉슬리의 강연은 대중을 대상으로 하고 있었지만, 진지한 정치적 의제도 담고 있었다. 그는 청중들에게 그들이 의지해야 할 권위는 종교가 아닌 과학이라고 설득하려 했던 것이다(15장 "과학과 종교" 참조).

헉슬리의 강연활동은 영국이라는 국가에 국한되지도 않았다. 1876년에 미국을 여행한 그는 대중강연의 유행에 맞춰 미국을 순회한 많은 영국 대중과학 강연자들 중 마지막 대열에 섰다. 1840년대에는 지질학자 찰스 라이엘이 미 전역에서 강연했다. 나중에 켈빈 경으로 일컬어진 물리학자 윌리엄 톰슨은 1884년에 미국에서 강연을 했다. 대중과학강연은 영국에서만 유행한 것이 아니었다. 다른 유럽 국가들과 미국에서도 이러한 행사에 많은 군중들이 모여들었고 가장 잘 알려진 강연가들은 중요 유명 인사였다. 헉슬리와 톰슨은 아마도 19세기 후반, 영국에서 가장 유명한 대중과학 강연자였을 것이다. 독일과 프랑스에서는 각각 헤르만 폰 헬름홀츠와, 루이 파스퇴르가 이와 비슷한 능력을 발휘하여 일반 대중들에게 영국의 인사들 못지않은 인지도를 얻었던 듯하다. 이러한 사실들은 과학이 그 경계를 넘어 문화의 다른 영역으로 나아갈 수 있는 가능성이 얼마나 큰지를 보여준다. 17, 18세기 이후로 현장에서 활동하던 자연철학자들은 이런 종류의 대중강연이 자신들이 수행하는 과학활동의 본질적인 부분이라고 생각했다.

대중강연은 자연철학자와 과학자, 그리고 청중 사이에서 중요한 소통 수단의 역할을 했다. 과학지식인들에게 대중강연은 단순한 생계 수단이 아니었다. 물론 생계가 문제가 되긴 했지만 대중강연은 그들의 직무로서 더욱 중요했다.

■ 박람회에서

과학기구와 인공물 수집의 역사는 매우 길다. 르네상스 이후에는 기물(奇物) 진열실의 인기가 점점 높아졌다. 부유한 후원자들은 기이하고 특이한 자연물이나 인공물 표본을 수집하고 이를 공개하여 사람들에게 놀라움과 감명을 선사했다(『현대과학의 풍경1』 2장 "과학혁명" 참조). 현존하는 17~18세기의 현미경이나 망원경의 화려한 외양이 생생히 보여주듯이, 과학기구는 종종 순전히 전시를 위해서 고안되기도 했다(Morton, 1993). 19세기 초에는 표본과 인공물을 수집하고 전시하는 사업이 점차 상업화되었다. 진열실은 더 이상 그것이 구비된 사택이나 시설에 들어갈 수 있는 특권층만의 공간이 아니었다. 입구에서 약간의 돈만 내면 누구나 진열실에 들어갈 수 있었다. 19세기 중반부터는 과학박물관과 과학박람회를 도처에서 볼 수 있었다. 이런 종류의 전시는 사람들이 과학과 자연세계를 바라보는 방식에 중대한 영향을 미쳤으며, 이것은 지금도 마찬가지다. 공룡 화석, 과학기구, 증기기관 등의 사물이 박물관에 진열되는 방식은 그것을 이해하는 방식에도 많은 영향을 끼친다. 빅토리아시대를 지나면서부터 대중들은 이런 종류의 전시를 통해 과학의 많은 부분을 이해하게 되었다.

19세기 초, 화가 찰스 윌슨 필이 설립한 필라델피아 박물관은 이미 진기하고 환상적인 물건에 매료되어 있던 미국인들의 취향을 만족시켰다. 필의 박물관에서 특히 눈에 띈 것은 뉴욕 주에서 발굴한 매스토돈(mastodon: 코끼리와 유사한 포유동물로, 약 1만 년 전에 멸종했으며 그 화석은 여러 대륙에서 발견되었다―옮긴이)의 뼈를 비롯한 자연사적 기물과 그의 역사적 회화, 특이한 골동품, 그리고 새로운 기계적 발명품과 고안물들이었다. 흥행사 피니어스 바넘은 과학에 매료된 대중의 심리를 이용하여, 이국적인 사물들을 가지고 터무니없이 사치스러운 전시회를 개최했다. 여러 점에서 그의 성공 비결은 진품과 모조품을 구별하는 대중의 능력을 시험한 그의 수완에 있었다. 필라델피아의 기업가이자 발명가였던 제이컵 퍼킨스가 1832년 런던 스트랜드의 애덜레이드 가에 국립 실용과학전시관을 개장할 때 필의 박물관을 염두에 두었다고 해서 이상할 것은 없었다. 확실히 퍼킨스의 전시관은 필의 박물관의 전시물과 유사한 각종 자연사 표본, 기계적·과학적 고안품, 외래 기물들을 포함하고 있었다. 입구에서 얼마간의 돈을 지불한 대중들은 최신 과학기술을 이용하여 만들어진 경이로운 작품을 구경할 수 있었고, 음악공연과 함께 과학강연을 들을 수 있었으며, 심지어 전기뱀장어에게 먹이를 주는 장면도 지켜볼 수 있었다. 이와 유사한 구조를 갖춘 리전트 가의 왕립 종합기술연구소가 곧 애덜레이드 전시관의 경쟁자로 등장했다(그림 16.2; Morus, 1998).

애덜레이드 전시관이나 종합기술연구소와 같은 장소는 빅토리아 초기의 런던 대중들이 과학을 이해하는 데 핵심적인 역할을 했다. 과학에 관심을 가진 대다수의 사람들은 위엄 있는 왕립연구소보다는 이런 장소에서 과학을 접했을 것이다. 전시관에서 가장 중요한 것은 과학의 이론적 함의가 아닌 과학의 물질문화였다. 전시관에서 대중들이 만나게 되는 과학은 기계, 정교한 기술, 오락거리와 관련이 있었다. 또한 이런 공간들은 대중의 환심을 사기 위해 런던의 다른 전시 산업이나 극장공연, 파노라마, 환등기 쇼 등과 경쟁을 벌였다. 이러한 전시나 공연들은 자신들의 프로그램에 자

그림 16.2 런던에 위치한 왕립 종합기술연구소 주강당의 모습. 이곳은 런던에서 대중과학을 위한 주요 중심지 중 하나였다. 배경 멀리 이곳의 주된 볼거리였던 잠수종(diving bell)과 잠수부가 보인다.

연철학을 반영하기도 했다. 리전트 공원의 콜리시엄 극장은 세계에서 가장 큰 전기기계를 보유하고 있음을 선전했다. 전시관들은 자연철학자들에게 일자리를 제공하기도 했다. 애덜레이드 전시관에서는 전기학자 윌리엄 스터전이 강연을 했고, 콜리시엄 극장에서는 화학자 윌리엄 레이테드가 거대한 전기기계를 다루며 자연마술 분과를 지휘했다. 전시관은 또한 전도유망한 발명가들의 생계 원천이 되기도 했다. 에드워드 데이비와 같이 1840년대에 전신 시스템을 매매하기 위해 경쟁을 벌이던 이들은, 발명가들의 활동에 자금을 공급하는 한편 투자자들의 관심을 끌기 위해 그들의 발명품들을 전시관에 진열했다. 전신을 처음 접한 빅토리아시대의 대중들에게 그것은 새로운 통신장치이기만 한 것이 아니라 관객을 끌기 위한 일종의 연출장치 역할을 하기도 했다(17장 "과학과 기술" 참조).

1851년 런던 하이드파크에서 개최된 만국 대박람회는 빅토리아시대 과학 쇼맨십의 분수령이었다. 왕립 예술학회와 빅토리아 여왕의 배우자인 앨버트 왕자가 중심이 되어 조직한 만국 대박람회는 영국의 산업과 기술력의 우월성을 과시하려는 목적으로 계획되었다. 박람회가 열린 건물인 수정궁(Crystal Palace)은 그 자체로 빅토리아시대 건축학과 공학 능력의 결정판이었다. 조경사 조지프 팩스턴이 설계한 수정궁은 사실상 주철 대들보와 유리판으로 만들어진 거대 온실이었다(그림 16.3). 수정궁에 몰려든 수천 명의 외국인 방문객과 영국의 대중들은 10만 개 이상의 개별 전시물을 관람하며 경탄을 금치 못했다. 특히 최신의 과학과 기술이 현저히 두드러졌다. 방문객들은 웅장한 회랑에 있는 전기 시계로 시간을 확인할 수 있었다. 경쟁 중인 다양한 전신기구들도 전시되고 있었다. 덴마크 발명가 소렌 요르트는 전자기 모터의 발명으로 상을 받았다. 엘킹턴의 버밍엄 상사는 전기 도금한 다양한 종류의 은제품을 전시했다. 영국과 외국의 기구 제작자들은 다양한 전지, 전자석, 사진과 사진장비, 망원경 등의 과학기구

그림 16.3 1851년 만국 대박람회가 열린 런던 하이드파크의 수정궁.

들을 선보였다. 여기에는 하버드 천문학자 윌리엄 크랜치 본드가 찍은 달 표면 사진처럼 아주 인상적인 사진들도 포함되어 있었다.

만국 대박람회의 성공과 과학기술 전시에 대한 대중들의 마르지 않을 것 같은 욕구는 과학박물관이라는 새로운 유행을 자극했으며 몇몇 경우에는 재정적인 도움을 제공하기도 했다. 대박람회의 수익 중 일부는 사우스켄싱턴에 새로운 '과학도시'를 건설하는 데 대거 투자되었다. 1860년대 말에 사우스켄싱턴 과학도시의 정점은 자연사 박물관이었다. 관장이었던 리처드 오언은 자연사 박물관에 고금(古今)의 자연세계에 대한 자신의 시각을 투영했다. '공룡(dinosaur)'이라는 단어를 만들어낸 오언은 고대 화석 수집품을 전시할 방식을 결정하는 위치에 있었기 때문에, 이러한 태곳적 창조물의 생김새와 거동방식에 대한 자신의 생각을 박물관의 방문객들에게 납득시킬 수 있는 너무나 큰 이점을 확보하고 있었다. 이러한 박물관은

19세기 후반에 더욱 인기를 얻었다. 도시에 좋은 박물관을 갖추는 것은 시민들이 자긍심을 찾는 중요한 근거가 되었다. 유럽과 북미 전역의 도시와 마을에 위치한 박물관들은 외관과 내부 진열 모두에서 진보적이고 과학적인 가치를 대표했으며 은연중에 진보의 행진에서 지역 공동체와 그 지도자들이 맡은 역할을 보여주었다.

또한 수정궁의 성공에 힘입어 19세기 후반과 20세기 초반에 걸쳐 일련의 국가적·국제적인 박람회들이 개최되었다. 더블린 주민들은 자신들의 식민지배자에 뒤처지지 않으려는 바람으로 1853년에 그들 스스로 만국 대박람회를 개최했다. 이어서 프랑스는 1855년에 국제 박람회를 개최하여 5백만 명 이상의 관객을 유치했다. 1862년과 1867년에도 박람회가 잇달아 개최되었는데, 당시 영국의 제조업자들은 박람회를 통해 다른 국가들이 영국의 산업을 얼마만큼이나 추격해왔는지가 드러났다면서 우려의 목소리를 점차 높이고 있었다. 런던은 만국 대박람회에 이어 1862년에도 대박람회를 개최했다. 뉴욕 또한 1853년에 국제 산업박람회 개최를 시도한 적이 있지만, 실제로 성공한 미국의 첫 박람회는 1876년에 필라델피아에서 열린 독립 1백 주년 기념 박람회였다. 이 박람회의 많은 자랑거리들 중 하나는 알렉산더 그레이엄 벨이 전화를 처음으로 공개 시연한 것이었다. 호주는 1888년에 쿡 선장의 대륙 발견 1백 주년을 기념하는 국제 박람회를 멜버른에서 개최했다. 20세기 초반에 이러한 박람회는 진정 중대한 사건이었다. 1901년 뉴욕 버팔로에서 열린 전미박람회(Pan-American Exposition)는 새로 개장한 나이아가라 폭포 발전소의 전력을 사용하여 전체 부지에 20만 개 이상의 전기등을 밝히고 나아가 전기 궁전(Palace of Electricity)의 전시품을 가동하기까지 했다(Beauchamp, 1997).

빅토리아 시대 후기의 지식인들은 19세기가 박람회의 세기였다고 평가했다. 박람회는 과학과 기술의 진취적이고 진보적인 대중적 면모를 상징하는 것으로 여겨졌다. 특히 전기와 박람회는 마치 서로를 위해 만들어진 것처럼 보였다. 버팔로 박람회에서처럼 전기를 이용한 화려한 대규모 전시는 19세기 말엽 개최된 국제 박람회의 일반적인 특징이었다. 버팔로 박람회의 설비를 담당한 미국의 웨스팅하우스나 에디슨, 유럽의 지멘스 같은 거대 전기회사들은 서로 가장 화려한 전시를 하기 위해 열성적으로 경쟁했다. 그들은 전등을 이용하여 현란한 볼거리를 선사했고, 전기 운송수단에 대한 최신 실험장비들을 부각해 소개했으며, 거대한 크기의 발전소를 자랑했다. 1893년에 시카고의 콜럼버스 박람회는 9만 개의 아크등과 백열등으로 명성을 떨쳤다. 그곳에서 최고의 영예는 전기 빌딩(Electricity Building)의 중심에 위치한 82피트 높이의 에디슨 전기탑에게 돌아갔다 (Marvin, 1988). 박람회는 빅토리아 후기의 과학과 기술이 대중에게 선전되는 진열장이었다. 이런 행사들은 단연 박람회의 가장 가시적이고 화려한 면모였으며, 수상식, 상호 교류, 국제 과학회의가 이루어지는 환경을 조성하기도 했다. 일례로 전기의 표준단위는 1880년대에 이런 모임에서 이루어진 전기회의에서 제정되었다.

   국제적인 박람회의 대규모 과학전시 전통은 20세기에 들어서도 계속 이어졌다. 이런 행사를 유치하는 것은 지역과 국가의 자긍심을 당당히 보여주는 핵심 사업이었다. 도시들은 이러한 행사를 개최할 기회를 얻기 위해 서로 경쟁했다. 시카고는 하나의 도시로 확립된 지 1백 주년이 되는 1933년에 세계 박람회를 개최하여 '진보의 한 세기'를 자축했다. 뉴욕 세계 박람회는 1939년에서 미국의 제2차 세계대전 참전 직전인 1940년까지 이어졌다. 영국은 우연치 않게 1951년 브리튼 축제에서 전후 영국의 생존 및 재건과 함께, 성공적이었던 1851년 대박람회의 1백 주년을 기념했다. 브리튼 축제에 전시된 '발견의 돔(dome of discovery)'은 진보적인 과학과 기술이 국가의 경제·사회적 회복을 뒷받침하는 추진력이 될 것이라는 당대의 희망을 담은 건축물이었다. 축제의 주최자들은 과학과 예술을 결합하기 위해 서로 힘을 합쳐 노력했다. 방문객들은 결정체 물질의 무늬를 본뜬 천으로 만들어진 셔츠와 넥타이를 구입할 수 있었다. 스미소니언 항공우주박물관이나 런던의 과학박물관에서처럼, 과학전시는 현재까지도 여전히 대형 사업으로 남아 있다. 샌프란시스코의 탐험관과 같은 혁신적인 시설들은 150년 전 애덜레이드 전시관에서 볼 수 있었던 철학적 장난감(philosophical toys)과 놀랍도록 비슷한 기술들을 여전히 사용하고 있다.

■ 과학출판

과학혁명은 인쇄술의 혁명과 거의 동시에 시작되었다(『현대과학의 풍경1』 2장 "과학혁명" 참조). 실제로 인쇄술의 혁명을 과학혁명의 전조 중 하나로 규정한 역사학자도 있다(Eisenstein, 1979). 18~19세기에는 다양한 대중들을 대상으로 자연철학을 소개한 서적과 저널들이 급격히 늘어났다. 또한 뒤에서 살펴볼 것처럼, 대중과학출판은 단지 이미 정립된 지식의 요체를 청중들에게 일방적으로 보급하는 문제만은 아니었다. 과학저술가와 출판인들은 다양한 동기와 관심에서 각종 서적과 잡지를 펴내고자 했다. 돈을 버는 것도 분명 그러한 동기 중 하나였다. 로버트 체임버스의 문제작『창조 자연사의 흔적들(Vestiges of the Natural History of Creation, 1844)』을 비롯해 19세기의 몇몇 대중과학서는 당시의 기준에서 베스트셀러였다(『현대과학의 풍경1』 6장 "다윈 혁명" 참조). 그러나 저자들은 대중들에게 제시할 특정한 과학관(科學觀) 역시 가지고 있었다. 사실 체임버스의『창조 자연사의 흔적들』과 같은 책이 잘 팔릴 수 있었던 것은, 단지 그 책이 전하는 메시지가 중간계급 독자들이 듣고 싶어하는 바와 잘 맞아떨어졌기 때문이었다(Secord, 2000). 독자들 또한 과학지식을 곧이곧대로 받아들이지만은 않았다. 예를 들어 19세기의 독자들은 좋은 과학이 어때야 하는지에 대해 나름의 견해를 가지고 있었다. 명성 있는 계간지들은 조지 엘리엇의 신작이나 매콜리의 역사서와 마찬가지로 기대에 못 미치는 최신 과학서적들에게 혹평을 퍼부었다.

17~18세기 대부분의 출판문화는 유연하고 유동적이었다(Johns, 1998). 예를 들어 세력이 막강했던 서적출판업조합(Stationers' Company)은 17세기 영국의 출판 무역을 지배했다. 서적출판업조합은 런던의 출판물 생산을 감독하고 조절하려는 튜더왕조의 정책 아래 법인화되었다. 오직 서적출판업조합과, 대학, 그리고 (흥미롭게도) 왕립학회를 비롯한 몇몇 단체들만이 출판을 할 수 있었다. 저자들은 자신들의 작업물에 대한 권리를 거의 갖지 못하거나 매우 조금밖에 갖지 못했다. 당시에는 사실상 같은 직종이었던 서적상과 출판인들은 책의 원문을 마음대로 수정할 수 있었다. 파리를 비롯한 다른 유럽의 수도에서도 상황은 마찬가지였다. 18세기 초에 그러브 가(Grub Street: 직업작가들의 밀집 거주 지역이었던 런던의 옛 지명—옮긴이) 문화가 출현한 런던과 같이 큰 도시에서는 글쓰기가 생계를 이어가는 실제적인 방법 중 하나였다. 잡지와 신문은 17세기에 나타났다. 하청작가들은 선정적인 기사글, 희곡, 철학적 에세이, 소설 등 독자들을 매료시켜 돈을 지불하게 할 만한 것이면 무엇이든 마구 쏟아냈다. 당시에 포르노(뉴턴의 책을 낸 출판인은 포르노 작가였다)와 정치적 소동을 다룬 서적은 안정적인 시장을 형성하고 있었다. 18세기 중엽에 과학은 충분히 시장성 있는 상품이었기 때문에 대중적인 과학출판물 역시 왕성하게 거래되었다.

갈릴레오의 『두 가지 주요한 우주 체계에 대한 대화(Dialogues on the Two Chief Systems of the World)』와 『새로운 두 과학(Two New Sciences)』과 같은 17세기 초 자연철학 서적의 독특한 특징 중 하나는 대학이나 교회에서 사용되던 라틴어가 아닌 자국어로 씌어졌다는 점이다. 이 사실은 그 자체로 갈릴레오가 자신의 책을 문외한들도 읽기 원했음을 암시한다. 자연철학자들은 과학이 교양과 공덕심이 있으며 재능 있는 신사들의 영역이라는 17세기의 과학 에토스는 고수하면서, 점차 과학에 전문적인 독자(이 시기에 실제로 이런 독자가 존재했다고 말할 수 있다면)를 넘어서 더 넓은 층을 겨냥하여 책을 쓰기 시작했다. 18세기 초에는 난해한 뉴턴의 수학을 이해할 수 없는 대다수의 교양인들에게 뉴턴주의의 비전(秘傳)적인 진리를 설명하고 이를 옹호하는 것을 목적으로 삼은 출판물들이 줄지어 출간되었다. 조지프 프리스틀리는 『전기의 역사와 현 단계(History and Present State of Electricity, 1767)』나 『여러 종류의 공기에 대한 실험과 관찰(Experiments and Observations on Different Kinds of Air, 1776)』과 같은 책을 통해 비국교도 중간계급 독자들에게 뉴턴주의가 던지는 의미에 대한 자신의 견해를 밝혔다. 비국교도 중간계급 독자들은 뉴턴과학이 도덕적·사회적 혁명의 길을 열었다는 프리스틀리의 주장에 열광했다. 모든 지식을 망라하여 분류한 보편적 『백과전서(encyclopédie)』를 만들겠다는 프랑스의 급진적인 철학자 디드로와 달랑베르의 원대한 계획 속에서도 과학은 그 핵심에 있었다.

과학서적뿐만 아니라 과학잡지들도 급격히 늘어났다. 심지어 왕립학회의 《철학회보(Philosophical Transactions)》와 같이 권위 있는 정기출판물들도 단순히 과학에 전문적인 독자들만을 겨냥하지는 않았다. 《철학회보》의 기고가들은 자신의 글이 유한계급의 신사들에게도 읽히기를 원했다. 유럽 전역의 과학학회들은 이와 같은 독자층을 염두에 둔 유사한 출판물들을 만들었다. 더욱 중요한 것은, 18세기 동안 번성한 새로운 장르의 잡지들이 중요하게 다룬 주제 안에는 늘 과학이 포함되어 있었다는 점이다. 《젠틀맨스 매거진(Gentleman's Magazine, 1731년 창간)》을 읽는 신사나 《레이디스 매거진(Lady's Magazine, 1770년 창간)》을 읽는 숙녀는 최신 과학과 과학적 가십을 놓치지 않고 챙겨볼 수 있었다. 이 두 저널과, 이와 비슷한 다른 출판물들은 당시 급속히 팽창하던 비교적 한가하고 교양 있으며 주로 도시에 사는 중간계급 독자들을 겨냥했으며, 독자들은 이러한 출판물을 통해 과학에 대한 지식을 얼마든지 공급받을 수 있었다. 프랑스와 미국에서도 과학은 당시의 최신 정치적·사회적 사건들을 논의하는 다소 일시적인 잡지와 저널들을 중심으로 만들어진 문예문화(literary culture)의 일부였다. 자연철학, 그리고 자연철학자들의 허세 중 일부는 조너선 스위프트의 『걸리버 여행기(Gulliver's Travels)』와 같은 소설에서 풍자의 소재가 될 정도로 일상적 문예문화의 한 부분을 이루고 있었다.

19세기에는 과학출판이 확고히 정착되었고, 이와 더불어 다양한 독자층을 대상으로 저술하는 작가들이 등장했다. 제인 마르셋 같은 작가는 어린이를 대상으로 『화학에 관한 대화(Conversations on Chemistry, 1806)』를 출간했다. 메리 서머빌의 『물리과학들의 관계(Connexions of the Physical Sciences, 1834)』는 교양 있는 중산층 독자들을 대상으로 과학지식인(gentlemen of science)의 연구결과를 충실히 그려냈다. 과학지식인들 역시 대중독자들을 겨냥하여 책을 썼다. 찰스 라이엘의 『지질학의 원리(Principles of Geology, 1830)』나 윌리엄 로버트 그로브의 『물리적 힘의 상호 관계(Correlation of Physical Forces, 1846)』는 폭넓은 독자층을 대상으로 씌어졌다. 유용한 지식 보급회(Society for the Diffusion of Useful Knowledge)와 그들의 경쟁 상대인 기독교 지식 진흥을 위한 국교회(Anglican Society for the Promotion of Christian Knowledge), 그리고 좀 더 이후에 나타난 복음주의적인 종교책자협회(Religious Tract Society) 등의 다양한 단체들은 노동계급이나 중하층을 대상으로 한 대중과학서적 시리즈를 출간했다. 로버트 체임버스가 익명으로 출간한 『창조 자연사의 흔적들』은 19세기 상반기 출판계의 중대 사건이었다. 이 책은 베스트셀러가 됨과 동시에 자연과 사회의 진보적 발전을 거침없이 변호하는 내용으로 엄청난 논쟁을 불러일으켰다(Secord, 2000). 5권으로 된 알렉산더 폰 훔볼트의 『코스모스(Cosmos, 1845~62)』는 유럽과 미국 전역에서 널리 읽혔다. 19세기의 대부분 동안 미국의 출판인들이 한 일이라곤 유럽 과학저술가들의 책을 재출간하는 정도였다. 그러나 19세기 말엽이 되면 에드워드 리빙스턴 유맨스와 같은 미국 작가들이 자신의 글로 이름을 떨치기 시작했다. 유맨스는 1870년대 초에 대중과학서적들을 모아 국제과학총서를 만드는 데 중요한 역할을 했다.

대중과학출판은 20세기를 거쳐 21세기에 들어서도 계속되었다. 천문학자 아서 에딩턴과 물리학자 제임스 진스 같은 과학자들은 아인슈타인의 상대성 이론을 일반 독자에게 소개하는 대중서적을 썼다. 에딩턴의 『물리적 세계의 본성(The Nature of the Physical World, 1928)』이나 진스의 『우리 주변의 우주(The Universe around Us, 1929)』는 새로운 물리학의 철학적 함의에 대한 대중들의 첫 인상을 형성하는 데 결정적인 역할을 했다(『현대과학의 풍경1』 11장 "20세기 물리학" 참조). 과학이 점점 전문적이고, 비전(秘傳)적인 것이 되면서 과학자들은 종종 전문적 저널에서는 내세우기 힘든 견해를 표현하거나 주장하기 위해 대중과학저술을 이용했다. 예를 들어, 과학과 종교의 관계에 관한 논의는 종종 전문적 출판물보다는 대중적 출판물을 통해서 이루어졌다(Bowler, 2001). 주류 물리학의 관점에 적대적인 시각을 가지고 있었던 올리버 로지 경과 같은 물리학자들 역시 대중언론을 자신의 생각을 표현하기 위한 도구로 삼았다. 20세기 중반에는 사회주의적 경향을 명확히 드러내는 새로운 대중과학저술 풍토도 나타났다. 랜슬롯 호그벤은 『시민을 위한 과학(Science for the Citizen, 1938)』에서 진보적인 사회에서는 과학과 과학적인 계획이 중심적인 역할을 맡아야 한다고 주장했다.

19세기 동안 과학저널은 급속히 늘어났다. 19세기 말엽이 가까워지면

프랑스의《과학아카데미 학회지(Académie's Comptes Rendus)》나 과학잡지《네이처(Nature)》와 같은 엘리트 출판물들조차 독자층을 전문적인 독자들 이상으로 확대하려는 포부를 가지고 있었다. 미국에서는《사이언티픽 아메리칸(Scientific American)》이 스스로 대중적인 과학의 대변자가 되겠다는 목표를 아주 명시적으로 밝혔다. 유럽과 북미에서는 애덜레이드 전시관의《대중과학지(Magazine of Popular Science)》를 포함하여 과학을 기초로 한 여러 잡지와 저널들이 대중과학시장에 편승하려고 했다.《인벤터스 애드버킷(Inventor's Advocate)》이나 더욱 성공적이었던《메커닉스 매거진(Mechanics' Magazine)》과 같은 출판물들은 스스로를 주류 과학적 담론에서 배제된 사람들을 위한 기관지라고 선전했다.《리터러리 가제트(Literary Gazette)》나《아테나에움(Athenaeum)》같은 중산층 대상의 영국 주간지의 칼럼에는 과학회의와 최신 과학의 가십 등이 소개되었다. 이와 비슷하게 자유주의적인 저널《에든버러 리뷰(Edinburgh Review)》나 보수주의적인 성향의 저널《쿼털리 리뷰(Quarterly Review)》같은 유명 계간지들의 지면에도 최신 과학에 대한 비평이 실렸다. 프랑스에서는 예수회 신부 무아뇨가 스스로 대중과학 주간지《코스모스(Cosmos)》를 발간하여 편집했으며,《라 프레스(La Presse)》신문의 과학 통신원으로 활동하기도 했다.《페니 사이클로피디아(Penny Cyclopaedia)》를 비롯한 대중적인 잡지들과, 자신들의 과학관(科學觀)을 독자들에게 설파하려는 종교책자협회 등의 단체에서 발행하는 정기간행물들의 레퍼토리에는 일반적으로 과학 뉴스와 정보에 대한 기사가 항상 포함돼 있었다. 19세기 내내 영국과학진흥협회의 연례회의를 비롯한 과학계의 대형 사건들이 주요 일간지의 많은 지면을 차지했다.

 과학은 또한 소설로도 영역을 넓히기 시작했다. 찰스 디킨스는『피크위크 문서(Pickwick Papers)』에서 "모든 것의 진흥을 위한 머드포그 연합

(Mudfog Association for the Advancement of Everything)"을 우스꽝스럽게 묘사했는데, 이러한 조롱에는 영국과학진흥협회의 활동에 대해 독자들이 익히 알고 있다는 전제가 깔려 있었다. 조지 엘리엇은 자신의 소설에 과학적인 농담을 늘어놓기도 했다. 19세기 후반기에 과학적 상상은 그 자체로, 후에 과학소설(science fiction), 즉 SF라고 불리게 된 하나의 문학 장르를 형성하기 시작했다. 『80일간의 세계일주(Around the World in Eighty Days, 1873)』를 비롯한 쥘 베른의 소설들은 당대의 과학과 기술의 가능성을 다루는 한편, 『지구에서 달까지(From the Earth to the Moon, 1865)』에서처럼 미래의 가능성에 대한 상상을 펼치기도 했다. 에드워드 불워 리턴의 『다가오는 인종(Coming Race, 1871)』의 선례를 따라, 허버트 조지 웰스는 『타임머신(Time Machine, 1895)』에서 가상적인 과학을 사용하여 19세기 후반의 산업화된 사회의 계급 분화를 비판했다. 이런 책들은 과학적 진보의 윤리적·사회적 귀결을 상상하여 과학적인 유토피아와 디스토피아를 그려내던, 당시 유행하던 소설들 중에서도 더욱 인기 있는 것들이었다(Fayter, 1997). 20세기 초반에는, 특히 웰스가 『우주전쟁(War of the Worlds, 1895)』과 『다가올 세상의 모습(The Shape of Things to Come, 1933)』을 써서 자신의 지위를 과학적 사색가이자 사회 예언가로 확립했다.

과학소설은 20세기 전반기에 점차 의미 있고 인기 있는 문학 장르로 성장했다. 특히 미국에서는 《어메이징 스토리즈(Amazing Stories)》를 비롯한 과학소설 잡지들이 앞다투어 단편 과학소설들을 선보이는 한편, 아이작 아시모프나 로버트 하인라인과 같은 신진 작가들에게 일거리를 마련해주었다. 1950년대에는 〈플래쉬 고든(Flash Gordon)〉과 같은 우주극이 등장하는 등, SF가 텔레비전의 새로운 장르로 부상했다. 냉전이 계속 심화되던 1950년대 동안 영화와 텔레비전 속의 SF는 외관상 탈정치화된 배경하에서 침략에 대한 두려움과 악의 제국(evil empires: 소련을 암시한다—옮긴이)을 표현하는 하나의 방식으로 자리 잡았다. 1960년대 이후에는 진 로든베리가 〈스타트렉(Star Trek)〉 시리즈에서 베트남 전쟁을 비판하고 시간적·공간적으로 멀리 떨어진 우주선 엔터프라이즈 호에서 서로 다른 인종의 인물들이 키스하는 장면을 처음으로 무사히 방영함으로써 새로운 경계들을 무너뜨렸다. 주류 문학평론가들의 기피와 조롱에도 불구하고, SF 작가들은 열광적인 독자층을 공고히 유지했으며 현재까지도 여전히 안정된 독자층을 확보하고 있다. 1970년대 말, 블록버스터 영화 〈스타워즈〉의 성공은 헐리우드 우주극에 새로운 열풍을 몰고 왔으며, 로든베리의 〈스타트렉〉 방송을 부활시켰다. 19세기 초의 많은 과학전시가 그랬듯이, 문학·영화·텔레비전 장르로서 SF의 성공은 과학에 대한 그 시대 대중의 지식과 기대에 부응하고 그것을 확장한 결과였다.

■ 대안적 과학

대중과학은, 스스로를 과학의 주류 혹은 전문적인 실행가라고 규정짓는 이들의 통제를 받지 않았다. 강연, 전시, 서적, 최근에는 텔레비전에서, 대중과학은 언제나 과학적이라고 말할 수 있는 것들을 재정의하고 이를 다시 전유하는 데 핵심적인 역할을 했다. 과학을 받아들이는 사람들이 완전히 수동적이었던 적은 한 번도 없었다. 수동적이기는커녕, 그들은 과학적인 문제와 관심거리에 지속적으로 관여하면서 자신들만의 논점과 견해를 제기했다. 이런 시각에서 볼 때, 애당초 광범위한 의미의 대중과학은 언제나 어떤 종류의 활동이 과학이라 불릴 만한지를 두고 서로 견해를 달리하는 집단들이 경쟁하는 싸움터였다. 우리가 이미 살펴보았듯이, 어떤 유형으로든 대중과학이 역사적으로 등장했을 때, 이를 제창한 이들은 늘 자신의 관념에 부합하는 대중과학을 만들어내고자 했다. 대중과학을 만든 이들 중 몇몇은 주류 과학자들이 맹렬히 거부한 형태의 과학활동을 제시하기도 했다. 많은 측면에서, 우리가 현재 믿을 만한 정설이라고 여기는 과학은 과거에 이런 종류의 논쟁이 만들어낸 결과다. 18세기 말과 19세기에는 특히 이런 종류의 '대안적' 과학이 무르익었는데, 우리는 여기서 그중 두 가지, 메스머주의와 골상학에 대해서 살펴보려 한다(그림 16.4).

메스머주의 혹은 동물자기설(animal magnetism)은 18세기 말에 빈의 의사 프란츠 안톤 메스머의 작업에서 유래했다. 메스머는 인간과 동물의 몸에 고유하게 존재하는 자기류(magnetic fluid)를 조종하여 자신의 실험대상과 환자들에게 여러 독특한 물리적 효과를 일으키는 방법을 발견했다고 믿었다. 메스머는 손으로 신체의 특정 부위를 스치거나 환자의 눈을 응시함으로써 그 대상의 어떤 영역에 육체적·정신적 감각과 행동이 일어나도록 할 수 있었다. 환자의 팔다리는 무의식적으로 움직이거나 마비됐고, 환자가 병적으로 흥분하거나 혼수상태에 빠지기도 했다. 혹은 메스머는 마음대로 환자가 의식하지 못한 채 특정한 행동을 하도록 만들 수도 있었던 것으로 보인다. 메스머는 그의 철학적·종교적 믿음에 대한 국가의 박해를 피해 비엔나를 떠나 동물자기설의 유행이 빠르게 번지고 있던 파리에 정착했다. 많은 사람들이 메스머의 최면술을 받거나 그의 제자가 되기 위해 최면술 살롱에 모여들었다. 동물자기설을 열광적으로 받아들인 이들은 그것이 마음을 다루는 혁명적이고 새로운 과학이라며 환호했다. 그러나 이를 비판하던 이들은 메스머가 돌팔이라고 비난했고, 심지어는 메스머주의와 프랑스혁명의 연관성을 들먹이기까지 했다. 과학아카데미가 벤저민 프랭클린 등을 의원으로 하여 구성한 왕립위원회는 메스머가 철저한 사기꾼이라고 가차 없이 규탄했다.

1830년대부터 메스머의 몇몇 제자들이 새로운 환경에서 자신들의 운을

그림 16.4 메스머주의와 골상학에 대한 일련의 대중강연을 선전하는 1846년의 포스터. 이런 강연들은 새로운 대중적 사상을 전파하는 데 결정적인 역할을 했다.

시험해보기 위해 런던으로 이주하면서, 메스머주의는 중요한 부흥을 맞았다. 최면술사들은 영국을 여행하며 최면술에 대한 강연과 시연을 했는데, 참석한 청중들은 무대로 올라와 자기(磁氣) 최면술을 직접 체험해볼 수 있었다. 중간계급 여성들은 자신의 집에서 몰래 최면술 집회를 열어 하인이나 딸들, 이웃 사람들에게 최면을 걸었다. 저널리스트이자 저술가인 해리엇 마르티노는 동물자기설이 만성 질병을 치료했다고 발표하여 논란을 일으켰다. 메스머주의는 1830년대에 런던 대학병원의 급진적인 의사 존 엘리엇슨의 손을 거치며 큰 반향을 일으키는 하나의 사건이 되었다. 엘리엇슨은 메스머주의가 모든 정신상태는 단순히 신체의 물리적 상태에서 야기된 결과임을 보임으로써 마음을 다루는 새로운 유물론적 과학의 기초를 제공할 것이라고 생각했다. 그는 마이클 패러데이와 같은 과학자들을 증인으로 삼아 병원의 환자들을 대상으로 최면 실험을 수행했다. 노동계급의 어린 소녀 엘리자베스 오케이에게 실행한 실험들은 특히 악명 높았다. 엘리엇슨이 메스머주의를 옹호하면서 그와 《랜싯(Lancet)》의 편집자인 토머스 웨이클리를 비롯한 그의 동료 급진주의자들 사이에는 불화가 초래되었는데, 이는 결국 그가 대학병원에서 해고당하는 결과를 낳았다(Winter, 1998). 1840년대에는 메스머주의가 마취의 일종으로서 시험되기도 했다.

엘리엇슨의 사례는 유럽과 미국에서 메스머주의의 인기가 어느 정도였는지를 보여주는 하나의 단서다. 메스머주의는 마음과 행동에 관해 다수의 정통파 과학자들과 영국 국교가 제시한 설명과는 다른 대안적인 설명을 제공한 급진적인 과학이었다(15장 "과학과 종교" 참조). 이 사실은 또한 과학에 조예가 있는 영국 국교도들이 갑자기 나타난 메스머주의자들에게 왜 그렇게까지 적의를 표했는지 이해하는 데도 도움이 된다. 메스머주의는 마음을 다루는 과학이 물리과학으로 바뀌어야 한다고 제안했다. 사람들이 행동하는 방식과 그들의 사회적 위치는 신의 섭리나 유전이 아닌, 뇌를 관통하여 흐르는 자기류를 기초로 설명할 수 있다는 것이었다. 메스머주의의 성공을 암시하는 또 다른 단서는 메스머주의의 실행이 인류 평등주의적인 성격을 지녔다는 점이다. 과학지식인들이 고도로 훈련받은 소수의 사람들만이 진짜 과학에 종사할 수 있다고 목소리를 높이던 시대에 메스머주의자들은 누구나 자신들의 일원이 될 수 있다고 주장했던 것이다. 여성과 노동계급의 남성들 역시, 중간계급의 신사들처럼 훌륭한 메스머주의자가 될 수 있을 듯 보였다. 자신들의 사회이론을 위한 유물론적 기초를 찾던 노동계급의 정치적 급진주의자들은 이러한 이유에서 메스머주의를 지지했다. 중간계급 과학자들의 필사적인 반대에도 불구하고, 다수의 중간계급 사람들은 단순히 사색과 오락을 즐기기 위해 메스머주의에 빠져들었다. 메스머주의는 적어도 어느 정도는 계급과 젠더의 경계를 넘나드는 하나의 과학이었다(21장 "과학과 젠더" 참조). 그것은 노동계급의 남성과 여성이 중간계급의 남성과 지적으로 동등한 수준에 다가갈 수 있는 길을 제공했다.

골상학도 메스머주의와 마찬가지로 18세기 후반에 마음을 다루는 유물론적인 과학을 수립하려는 노력에서 비롯했다. 골상학은 빈 출신의 또 다른 의사 프란츠 요제프 갈이 뇌의 물리적 구조와 다양한 정신적 상태의 상관관계를 이해하기 위해 노력을 기울인 결과로 등장했다. 갈의 새로운 과학은 간단하고 논쟁거리가 없어 보이는 다음의 몇몇 원리들에 기초했다.

◆ 뇌는 마음을 관장하는 기관이다.
◆ 마음은 몇몇 서로 다른 기능으로 이루어져 있다.
◆ 그 각각의 기능은 뇌의 서로 다른 기관과 관련된다.
◆ 각 기관의 크기는 그 기관에 대응하는 기능의 상대적인 능력을 결정한다.
◆ 뇌의 크기와 모양은 뇌를 이루는 각각의 기관들의 모양과 크기에 따라 결정

된다.
- ◆ 두개골의 윤곽은 뇌의 크기와 모양에 따라 결정된다.

이들은 모두 두개골의 모양과 크기로부터 뇌의 모양을 알 수 있고, 따라서 그로부터 각 기관의 크기와 그에 대응하는 기능의 능력을 알 수 있다는 것을 의미한다. 갈은 제자 요한 스푸르츠하임과 함께 19세기 초의 몇 년에 걸쳐 유럽 전역을 여행하면서 골상학과 그 함의에 대해 강연했다.

1815년, 《에든버러 리뷰》에 갈의 연구를 혹평한 논평이 실린 이후, 골상학이라는 새로운 과학은 처음으로 영국제도에서 사람들의 이목을 끌었다. 스푸르츠하임은 대부분 적대적이었던 에든버러 대학의 의사들 앞에서 스승의 업적을 열성적으로 변호함으로써 상당한 호의를 이끌어냈으며, 골상학의 기초 원리들에 대한 관심을 불러일으켰다. 골상학은 빠르게 하나의 대중과학이 되었다(Cooter, 1984). 에든버러, 나아가 영국의 가장 중요한 골상학 지지자는 조지 쿰이었는데, 골상학을 다룬 그의 저서『인간의 구성(Constitution of Man, 1828)』은 19세기 말까지 35만 부가 팔린 대형 베스트셀러였다. 쿰의 저서에서 골상학은 자연과 사회에서 인간이 차지하는 위치가 자연법칙의 작용에 따른 귀결이라고 보는 자연주의적 과학을 수립하려는 또 다른 노력의 일환으로 나타났다. 쿰은 또한 1820년에 골상학회를 세우고《골상학회지(Phrenological Journal)》를 발간하는 데도 기여했다. 1830년대 동안 이런 학회들은 영국제도, 다른 유럽 국가들, 그리고 미국에서 번성했다. 메스머주의와 마찬가지로, 대중강연가들은 강연에 참석한 청중에게 골상학에 대한 읽을거리를 제공했으며, 대중서적들은 독자들이 골상학을 '스스로 실행(do-it-yourself)' 해볼 수 있도록 길잡이를 제공했다. 미국의 골상학자 로렌조 파울러는 19세기 후반기에 미국과 유럽 전역을 돌며 골상학에 대해 강연했는데, 이는 쇠퇴하던 골상학의 인기를 부흥하는 데 중요한 역할을 했다.

  메스머주의와 마찬가지로, 골상학이 인기를 얻은 핵심적 원인 중 하나는 골상학이 추구한 만인 평등주의였다. 골상학은 누구나 실행할 수 있는 과학이었다. 골상학의 지침 원리는 비교적 간단하고 쉽게 이해할 수 있었다. 일단 그 원리들을 숙달한 초심자에게 필요한 것이란 뇌의 다양한 골상학적 기관들과 그에 대응하는 두개골 표면의 융기의 위치가 그려진 지도뿐이었고, 그런 지도는 시중에 널리 유통되고 있었다. 골상학이 암시한 유물론적 성격은 정치적 급진주의자들의 관심을 끌었다. 골상학은 심지어 메스머주의보다 더욱 평등주의적이고 반계급적인 메시지를 전달했다. 만약 인간의 성격과 기질이 뇌 기관들의 모양과 크기에 따라 결정된다면, 사회적 지위와 기회를 결정하는 것은 세습 지위와 재산이 아니라 바로 이러한 특질들이어야 했다. 이는 골상학 강연에 모여들거나 쿰의 책을 탐독한 중하층 청중들에게 상당히 매력적인 제안이었다. 골상학은 실력주의에 기반을 둔 정치적·사회적 개혁을 촉구하는 그들의 주장에 과학적인 근거를 제공하는 듯했다. 골상학에 따르면 정치적·사회적 권력은 그 일에 적합한 사람에게 주어져야 했다. 골상학 대중강연가들은 부모들에게는 자녀에게 적합한 직업 적성을 알아보는 법에 대한 책자를, 걱정 많은 가장들에게는 하인으로 고용할 사람의 신뢰도를 살펴보는 법에 대한 책자를 제공했다(그림 16.4과 18.1 참조).

■ 결론

  메스머주의나 골상학 같은 대안적 과학을 둘러싼 문화의 역학관계를 살펴보면 과학과 사회의 관계를 이해하는 데 대중과학이 실로 얼마나 중요한지 알 수 있다. 메스머주의와 골상학은 강연, 전시, 대중서적, 저널 등 역사상 존재한 모든 종류의 매체를 통해 융성했다. 여기에 빠져든 사람들은 마치 천문학이나 지질학을 장려하기 위해 단체를 만들듯, 이러한 새로운 과학을 증진하기 위한 단체들을 설립했다. 그들의 역사는 실행으로서의 과학이 역사 속에서 어떻게 정의돼왔는지를 해명하는 과정에서 대중, 그리고 과학의 대중적 측면이 얼마나 중요한지를 보여준다. 과학자들이 과학이 무엇인지를 정의하는 과정은 이처럼 동료 과학자들 사이의 상호 작용 못지않게 대중과의 폭넓은 상호 작용을 통해서 이루어졌다. 19세기 메스머주의와 골상학의 옹호자들은 자신들의 실행을 과학으로 정립하기 위해, 그리고 과학이 무엇이며 어떻게 수행되어야 하고 어떤 사람들이 이런 활동을 해야 하는지를 재규정하기 위해 고군분투했다. 이를 둘러싼 논쟁들은 바로 그 본성 때문에 대중적인 영역에서, 그리고 전문적 매체뿐만 아니라 대중적 매체를 통해서 이루어져야 했다. 적어도 이 경우에는, 과학이 무엇인지, 혹은 적어도 자신이 어떤 과학에 주의를 기울이고 싶은지를 궁극적으로 결정하는 것은 바로 대중이었기 때문이다.

하지만 과학이 대중적인 면모를 지닌다는 점은 우리가 더 정통으로 받아들이는 과학과 과학자들에게도 문제가 된다. 이 책에서 다룬 거의 모든 시기에 걸쳐, 과학자와 자연철학자들은 대중들과 관계를 구축하기 위해 노력했고, 이런 관계 맺음을 자신들의 주된 관심사에서 벗어난 부차적인 활동이 아니라 그들의 과학이 갖는 한 가지 중요한 특징으로 간주했다. 이미 살펴본 바와 같이, 그들이 이 목적을 달성하기 위해 취한 활동들은 매우 다양한 영역을 망라했다. 이 시기의 대부분 동안, 대중들 또한 자신들을 끌어들이려는 과학자들의 노력을 매우 자연스러운 일로 받아들였다. 그들은 매번 다른 형태로 나타난 과학의 열렬한 팬이었다. 이런 관점에서 문화가 '두 문화'로 쪼개진 것이 현대적 현상이라는 C. P. 스노의 말은 실로 옳았다. 그렇다고 해서 우리가 과거에 가지고 있던 것이 공통의 배경이었다는 말은 아니다. 사람들은 자신이 속한 집단, 계급, 성에 따라 대중과학 그 자체와, 그것이 어디에 이용될 수 있는지에 대해 서로 다른 경험과 기대를 가지고 있었다. 서로 다른 관심사를 가진 대중들은 서로 다른 장르를 선호했고, 과학적 실행가, 하청작가, 흥행사, 정치적·종교적 분파주의자, SF 작가, 텔레비전 프로그램 제작자와 같은 대중과학의 생산자들은 각각 서로 다른 목표와 포부, 그리고 과학이 무엇인지에 대한 경쟁적인 견해들을 가지고 있었다. **(전혜리 옮김)**

■■ 17 Making Modern Science

■■ 과학과 기술

■■ 현재의 관점에서 보면, 과학과 기술은 불가분의 관계에 있는 듯하다. 아니, 오히려 이 둘의 관계는 점점 더 긴밀해지고 있는 것 같다. 10년 전만 해도 정책 입안자들과 과학자들 스스로가 순수 연구와 응용 연구, 과학과 공학, 이론과 응용 사이의 경계를 당연시했겠지만, 오늘날 이러한 경계는 점점 더 희미해지고 있다. 이제 그들은 과학과 공학 분야의 일이 실제로 행해지는 방식을 상정함에 있어, 기껏해야 인위적이고 최악의 경우라면 명백한 오해일 수도 있는 그런 구분을 거부할 가능성이 크다. 좀더 대중적인 맥락에서도 과학과 기술은 상당히 중첩된 것으로 기술되고 있다. 예컨대 텔레비전에 나오는 과학은 대개 그 기술적 응용의 총체로 제시된다. 그러나 이러한 인식이 생겨난 것은 비교적 최근이다. 역사학적·철학적·사회학적으로 과학과 기술의 관계는 상당한 논란의 대상이었고, 이는 오늘

날에도 여전하다. 이러한 논쟁에서는 과학과 기술이 직접적인 위계관계에 있다는 철학적인 견해가 유력한 위치를 점해왔다. 과학자들이 과학적 방법에 따라 새로운 이론을 만들면, 엔지니어와 기술자들은 그러한 이론을 차용해 교량 건설이나 핵폭탄 폭발과 같은 실제적인 문제를 해결하는 데 유용한 응용법을 찾는다는 것이다. 앞으로 살펴보겠지만, 과학과 기술의 관계에 대해 이러한 관점이 형성된 데는 그럴 만한 역사가 있다.

현대의 사회학적·사회사적 관점들은 과학과 기술의 관계가 구별할 수 없을 정도는 아니더라도 매우 긴밀하게 얽혀 있다고 간주하는 경향이 있다. 예를 들어, 사회학자 브루노 라투르는 '테크노사이언스(technoscience)'라는 명칭으로 과학과 기술을 함께 묶어 그 둘을 동일하게 취급한다(Latour, 1987). 그는 과학과 기술을 이해하고자 하는 사회학자나 역사학자의 관점에서 볼 때 그 둘 사이에는 실질적인 차이가 없다고 주장한다. 여기서 분명히 할 수 있는 것은 세 가지다. 첫째, 지난 50여 년간 이루어진 과학사학자들과 기술사학자들의 연구에 따르면, 과학과 기술의 역사적 관계는 위계적 관점에서 가정하는 것보다 훨씬 더 복잡하다. 둘째, 수십 년 전에는 존재했을 법한 과학과 공학 사이의 경계에 이제는 점점 더 많은 구멍이 생기고 있다. 셋째, 과학사학자들과 과학사회학자들은 이제 과학 자체를 이론적 추상이라기보다, 최소한 부분적으로는 실제적인 활동으로 생각하는 경향이 있다. 그러므로 그들은 기술적 실행과 가장 유사한 과학의 특성에 더욱 초점을 맞출 것이다. 물론 더 일반적으로는 과학사에서 이루어진 문화적 전환 역시, 역사학자들이 과학과 다른 문화 영역들 간의 접점을 찾는 데 전보다 더 흥미를 갖게 되었음을 의미한다.

이제 역사학자들은 점차 과학과 기술의 역사적인 관계가 끊임없이 변한다는 것뿐 아니라 역사적 인물들 스스로가 그 관계가 어떠한지 혹은 어떠해야 하는지에 대해 대립하는 다양한 견해를 가지고 있었다는 것을 인식하게 되었다. 이러한 갈등을 이해하는 것은 과학과 기술의 관계를 이해하는 과정에서 중요한 부분을 차지한다. 이런 종류의 대립은 통상 과학을 누가, 어떻게 추구해야 하는가와 같은 과학의 본성을 둘러싼 더 큰 논쟁의 핵심에 놓여 있었다. 나중에 살펴보겠지만, 예컨대 과학과 산업이 밀접한 관계에 있다는 주장은 과학활동에 대한 국가의 재정 지원이 늘어나는 것을 지지하던 사람들에 의해 빅토리아시대 동안 흔히 제기됐다. 그들은 자신들의 이익을 위해 과학이 경제적 생산성에 실질적인 기여를 한다고 주장했다. 국가의 재정 지원을 늘리는 것에 반대하는 이들은 그러한 관계를 부인하는 쪽으로 기울었다. 더 이전 시기로 올라가면 과학과 효용성에 관한 주장들은 주로 자신들의 활동을 위해 후원을 물색하는 사람들에 의해 제기되었다. 직업적 이해관계뿐만 아니라 다른 정치적 관심사들도 이런 논쟁에서 문제가 될 수 있었다. 과학과 기술의 관계에 대한 주장은 종종 과학이 누구의 문화적 자산으로 간주돼야 하는가에 관한 주장의 성격을 띠고 있었다. 우리는 과학과 기술의 관계에 관한 현대의 많은 역사서술적 입장들이 그 관계에 대해 자신의 주장을 펼친 바 있는 역사상의 인물들에게서 발견될 수 있음을 알게 될 것이다.

우리는 역사상의 몇몇 인물들이 과학과 기술의 관계에 관해 주장한 바를 다루는 한편, 그 관계에 관한 오늘날의 몇 가지 역사적 관점들을 개괄하면서 이 장을 시작할 것이다. 적어도 프랜시스 베이컨 이후로, 자연철학자들은 주기적으로 과학의 효용성을 놓고 다양한 주장을 제기해왔다. 예컨대 베이컨에게 있어, 과학의 효용성은 낡은 스콜라철학과 새로운 과학을 구별하는 중요한 특징 가운데 하나였다(『현대과학의 풍경1』 2장 "과학혁명" 참조). 프랑스는 혁명기와 나폴레옹시대에 국가적 이익을 위해 과학을 이용하려는 노력을 아끼지 않았다. 찰스 배비지와 윌리엄 휴얼과 같은 영국의 논평자들은 과학과 기예(art)의 관계를 두고 논쟁했다. 버널과 같은 20세기초의 좌파 과학자들은 국가적 복리를 위해 과학을 활용하고자 했다. 그러고 나서 우리는 18~19세기 동안의 과학과 기술의 역동적 관계를 어느 정도 이해하기 위해 두 가지 사례, 즉 증기기관과 전신에 관해 살펴볼 것이다. 물론, 19세기의 화학산업이나 20세기의 전자공학과 같은 다른 사례들을 이용하여 동일한 종류의 주장을 펼 수도 있다. 마지막으로 우리는 기술이 과학의 산물인가, 아니면 과학이 기술의 산물인가라는 과학과 기술의 관계에 대한 논쟁들이 종종 과학자의 사회적 정체성에 관한 더 큰 논쟁과 어떻게 얽혀 있었는지를 살펴볼 것이다.

■ 닭과 달걀

지난 세기 대부분에 걸쳐, 대다수의 과학사 연구자들은 상대적으로 새로운 분야인 과학사가 기술사와는 완전히 다르다고 생각했다. 과학사는 기술적인 응용이 아니라 관념과 그 기원에 관한 것이어야 했다. 과학 자체가 실용적인 기술활동에 뿌리를 두고 있을지도 모른다는 생각에 공감하는 사람은 더욱 적었다. 1912년에 최초의 과학사 전문 학술지 중 하나인 《아이시스(Isis)》를 창간한 역사학자 조지 사튼은, 과학사학자들에게 기술적 응용이란 대개 별 상관도 없이 주의만 분산시키는 것이라고 생각했다. 그가 보기에, 과학은 진리를 찾는 것이지 기술을 만드는 것이 아니었다(Sarton, 1931). 과학이 실제로 유용하게 적용된 사례는 '순수한 호기심'에 의해 진리를 추구하는 과정에서 발생한 부수적인 부산물일 뿐이었다. 그것은 사튼만의 생각이 아니었다. 프랑스의 사상사학자인 알렉상드르 코아레도 유사한 주장을 내놓았다. 갈릴레오나 뉴턴과 같은 과학사상의 위대한 인물들은 엔지니어나 장인과는 거리가 멀었다. 그들의 과학은 실행보다는 이론의 산물이었다(Koyré,

1968). 비슷한 견해가 영국의 역사학자인 허버트 버터필드와 그의 제자들에 의해서도 제시되었다. 과학은 분명 기술적으로 응용되었지만, 이런 사례는 부수적인 것으로 취급되었으며, 관념에 주로 관심을 가져야 할 과학사의 범위 밖에 있는 문제였다(Butterfield, 1949).

과학사를 창시한 많은 학자들이 의식적으로 관념론을 고수한 것과 과학과 기술의 관계라는 문제에 관여하기를 꺼려한 것은 적어도 어느 정도는 과학을 경제적·기술적 발전의 파생적 결과로 여기던 마르크스주의적 역사 조류에 대한 반작용이었다. 이와 같은 마르크스주의적 입장은 소련의 경제사학자인 보리스 게센이 1931년에 발표한 에세이 「뉴턴의 『프린키피아』의 사회경제적 기원(The Social and Economic Roots of Newton's 'Principia', [1931] 1971)」에 가장 잘 표명되어 있었다. 게센에 의하면, 뉴턴과 그 시대 학자들이 만들어낸 수리과학은 경제적·기술적 활동에 종사하던 장인, 기능공, 엔지니어들이 산출한 실용적 지식을 이론적인 용어로 통합 정리한 것에 불과했다. 그것의 잠재적 효용성이야말로 바로 근대과학을 출현시킨 배경이었던 것이다. 근대과학은 탄도학, 축성술, 항해술 및 조선술에 관한 과학이었다. 이는 경제활동을 모든 역사 발전의 근원으로서 우선시하는 고전적인 마르크스주의적 주장에 따른 것이었다. 유사한 견해가 사회학자인 에드거 질셀에 의해 채택되었다(Zilsel, 1942). 질셀에 의하면, 과학의 등장은 근대 자본주의의 등장과 불가분의 관계에 있었다. 게센과 유사하게, 그는 과학의 출현을 아카데미의 학자들이 목수, 기구 제작자, 광부와 같은 육체노동자들의 숙련기술과 기술적 지식을 전유한 현상으로 이해해야 한다고 주장했다.

관념론적 전통을 따르지 않는 일부 과학사학자들은 특히 산업혁명의 결과라는 맥락에서 응용과학이 발전한 것에 초점을 맞춤으로써 흔히 내적·외적 과학사 논쟁이라고 불리는 이 논쟁을 피해가려 했다(Cardwell,

1957). 예컨대 카드웰은 16~17세기의 경제적·기술적 발전이 그 무렵의 과학혁명에 어느 정도 기여했다는 점은 인정했으나, 게센과 질셀의 주장에 담긴 묵시적이고 때로는 꽤 명시적이었던 경제적·기술적 결정론은 받아들이지 않았다. 백번 양보해도 그런 테제는 근본적으로 검증이 불가능하다고 그는 주장했다. 카드웰의 주요 관심사는 18세기 후반 이래 과학과 공학의 접점, 특히 제도적인 접점의 발전 양상을 정리하는 것이었다. 그는 과학과 기술의 특성을 '순수' 과학과 '응용' 과학으로 묘사했고 자신이 둘 모두에 소양이 있었기에 과학과 기술의 긍정적인 상호 작용이 양편 모두에게 가져올 유익한 결과를 강조하고 싶어했다. 이 점에서 그의 연구는 과학과 기술의 관계에 관한 최근의 역사서술의 전형이다. 역사학자들은 종종 그러한 범주를 당연하게 여기고, 특정한 역사적 국면에서 두 활동 사이의 관계가 어떠했는지를 밝히고자 노력해왔다. 이러한 접근에 의문을 제기하는 한 가지 방법은 역사상의 인물들 스스로가 그 관계에 대해서 뭐라고 말했는지를 살펴보는 것이다.

　근대 초의 많은 논평자들은, 효용성이 16~17세기의 새로운 과학의 결정적인 특징 중 하나라고 주장했는데, 프랜시스 베이컨도 그중 한 명이었다. 앞서 살펴본 것처럼, 베이컨은 자연철학이 은둔한 학자들보다는 속세의 신사들에 의해 육성되어야 한다고 주장했다(『현대과학의 풍경1』 2장 "과학혁명" 참조). 그는 과학이 국가에 봉사해야 한다고 믿고 있었다. 지식을 향한 체계적인 연구로부터 기대할 수 있는 이익 중 하나는 실용적인 목적을 위해 자연을 조작하는 능력이 향상된다는 것이었다(그림 17.1). 베이컨이 자신의 가장 유명한 금언에 표현했던 것처럼, "지식은 힘"이었다. 유럽 도처에서 국가의 후원이나 사적인 후원을 구하고 있던 17세기의 자연철학자들은 자신들의 잠재적 후원자들에게 베이컨의 금언을 기꺼이 반복해 말했다. 런던의 왕립학회와 프랑스의 과학아카데미가 설립된 동기 중에도

그림 17.1 프랜시스 베이컨의 『위대한 부활(Insturatio magna)』의 표지 그림. 막 출항한 탐사선이 헤라클레스의 기둥 사이를 지나 지식의 바다로 나아가려 하는 모습을 보여주고 있다. 라틴어 문구는 "많은 사람이 왕래하고 지식이 증진되리라"라고 번역된다.

그러한 기관들이 과학의 효용성을 촉진할 것이라는 기대가 담겨 있었다 (14장 "과학단체" 참조). 어떤 역사학자들은 과학혁명을 규정하는 특징 가운데 하나로 이러한 실용주의로의 전환을 꼽기도 했다(Merton, 1938; Webster, 1975). 데자글리에 같은 18세기의 대중강연자들은 청중과 후원자를 찾아 런던의 커피하우스를 돌아다니면서 자신들의 자연철학적 지식에 잠재된 기술적 가능성을 강조했다(Stewart, 1992; 16장 "대중과학" 참조).

18세기 후반 프랑스 혁명 정부는, 많은 혁명 후원자들이 과학의 자명한 기술적 잠재력이라고 간주한 것을 활용하고자 공동의 제도적 노력을 경주한 최초의 정부 가운데 하나였다. 혁명 이전에도, 많은 프랑스군 장교들은 과학을 향상된 무기 설계 및 제조에 적용하는 일에 많은 관심을 기울이고 있었다(Alder, 1997). 혁명의 직접적 결과로 프랑스의 교육기관과 과학기관들이 체계적으로 개편된 데 이어, 특히 사관생도들에게 자연철학을 가르치려는 분명한 의도하에 에콜 폴리테크니크와 같은 새로운 기관들이 설립되었다. 그런 기관들에서 자연철학은 분명 기술적·공학적 전문지식을 산출해낼 것이라는 기대를 받았다. 혁명 사령관이었던 라자르 카르노와 같이 과학교육을 지지한 사람들은 기하학적 분석을 비롯한 과학적 기법이 공학 문제를 해결하는 데 더할 나위 없이 적합하다고 주장했다. 혁명 체제하에서, 에콜의 주요 선도자였던 가스파르 몽주 역시 기하학이 공학 지식의 토대라고 주장했다. 나폴레옹 치하에서 에콜의 개혁이 이루어지고 특히 수리물리학자 피에르 시몽 라플라스의 영향력이 커짐에 따라, 물리학은 교과과정에서 그 어느 때보다 큰 비중을 차지하게 되었다. 그러나 이러한 개혁은 과학이 기술적 이익을 가져다줄 것이라는 믿음이 줄어들었음을 보여주는 것은 아니었다. 논쟁의 쟁점은 어떤 종류의 과학이 최선의 결과를 가져올 것인가 하는 것이었다.

프랑스의 나폴레옹 체제에 동조한 영국인들은 과학에 대한 프랑스 정부의 지원을 부러운 눈으로 바라보았고, 자연철학 교육이 실질적인 산업적 이익을 가져온다는 프랑스 자연철학자들의 가정에 대부분 의견을 같이했다. 배비지는 『영국 과학의 쇠퇴에 관한 고찰(Reflexions on the Decline of Science in England, 1830)』에서 왕립학회의 지도력과 과학에 대한 영국 정부의 자유방임적 태도를 통렬하게 공격했고 바로 그러한 근거에서 영국과 프랑스의 과학지원 양상을 아주 냉철하게 비교했다. 배비지와 존 허셜 같은 동료 동조자들은 과학이 산업발전에 없어서는 안 될 수단이라고 강력히 주장했다. 기술적 발명의 과정뿐 아니라 산업조직에까지 과학적 원리들을 체계적으로 적용하는 것만이 안정적인 진보를 보장할 수 있다는 것이었다(Ashworth, 1996; Shaffer, 1994). 배비지는 그의 저서 『1851년의 박람회(Exposition of 1851)』에서, 만국박람회의 기획자들이 타당하고 과학적인 원리에 따라 전시회를 계획하지 못했다고 비난하면서 공격을 재개했다. 화학이 화학산업의 필수조건이라고 확고하게 믿었던 화학자 라이언 플레이페어와 같은 이들도 배비지의 견해를 지지했다. 그러나 앞으로 살펴보겠지만, 배비지와 그의 지지자들은 장인과 기계공의 숙련기술 및 지식이 과학의 발전에 기여할지도 모른다는 생각에는 매우 회의적이었다. 오히려 반대로 기술혁신의 관건은 숙련지식을 자연과학으로 대체하는 데 있었다.

배비지는 19세기 전반의 영국 과학자들 중 나폴레옹 체제나, 프랑스 정부처럼 정부가 과학기관에 대해 적극적으로 재정을 지원하는 모델을 가장 반긴 인물이었다. 그러나 대다수 영국인들은 과학의 진보에 관해 매우 실용주의적인 경향을 보였다. 대표적인 인물로는 웨일스의 자연철학자 윌리엄 로버트 그로브가 있었는데, 그는 대영제국의 위대함이 산업과 상업에 달려 있고, 산업과 상업은 과학에 의존한다고 주장했다. 그러나 이러한 주장에 반대하는 목소리도 있었다. 케임브리지 트리니티 칼리지의 학장이었던 당대의 박식가 휴얼은 과학의 효용성에 관한 주장을 매우 미심쩍어했다. 휴얼은 과학이 산업발전의 필수조건이라는 주장을 철저히 부정했다. 산업적 기예와 과학은 각각의 내적 발전원리에 따라 진보한다고 보았기 때문이다. 둘 사이에 어떤 관계가 있다 하더라도, 그것은 배비지나 그의 동맹자들이 주장하던 것과는 전혀 다른 관계일 것이라고 휴얼은 생각했다. 그가 생각할 때 기예(art), 즉 기술과 과학의 관계는 시와 평론의 관계 같은 것이었다. 다시 말해, 기술이 먼저였던 것이다. 과학은 기술이 작동하는 자연적 과정을 이해하는 데는 도움이 되겠지만, 그렇다고 기술혁신의 안정적 원천은 아니었다. 정부가 과학발전을 위해 지원하는 것에 반대한 그의 친구 조지 에어리처럼, 휴얼도 기술적 진보가 꾸준히 이루어지기 위해서는 과학에 대한 정부의 재정 지원이 필수적이라는 배비지의 주장에서 아무런 가치도 발견하지 못했다.

다른 지역의 논평자들 역시 과학에 대한 공리주의적 주장에 대해 의혹을 품었다. 예컨대 미국의 물리학자이자 스미소니언 연구소의 초대 소장이었던 조지프 헨리는 미국 과학의 체면을 유지하고 싶어했고, 발견자보다 발명자를 선호하는 미국인들의 경향을 염려했으며, 과학과 기술의 관련성을 의심했다. 그러나 20세기 초에는 정부의 재정 지원에 찬성하는 실용주의자들이 점차 목소리를 높이고 있었다. 영국에서는 자유주의적이거나 사회주의적인 과학자들이 지속적인 경제 번영을 위해서는 과학의 발전이 반드시 필요하다고 강력히 주장했다. 이는 과학이 중앙집권화된 정부의 통제와 재정 지원을 필요로 하고 과학자들이 경제정책 수립에 적극적으로 참여할 필요가 있다는 뜻이었다. 1930년대가 되면, 마르크스주의적 과학자 버널은 게센과 함께 과학과 기술은 분명히 공생관계에 있고 경제력이 과학과 기술의 발전에 핵심적인 역할을 한다고 주장했다. 과학과 기술의 발전이 공익을 달성하기 위해서는 중앙집권적 계획이 필요했다. 버널은 "과학은 맹목적인 우연에 맡겨두기보다는 의식적으로 통제될 때 거의 무한히 생활의 물질적 기반을 바꿔놓을 수 있다"(Bernal, 1954)고 믿었다. 다른 이들도 특히 전시 과학 계획이 가시적인 성공을 거두자, 버널의 과학적·기술적 이상주의에 공감했다(20장 "과학과 전쟁" 참조). 관념주의적 과학사학자들은 버널이나 게센과 같은 마르크스주의자들과 기술결정론자들이 바로 그러한 목적에서 과학의 역사를 강탈했다고 생각했고, 사실 그들이 과학을 기술로부터 분리하려 한 것은 대체로 그와 같은 경향에 대한 일종의 맞대응이었다.

■ 증기문화

버널과 같은 사람들은 증기기관이 기술혁신을 산출하는 과정에서 과학이 수행하는 역할을 보여주는 전형적 사례라고 생각했던 것이 분명하다. 사실, 18세기 후반 이래 증기기관은 과학을 산업발전의 매체로 지지하는 사람들이 흔히 이용한 사례 중 하나였다. 19세기에 과학활동, 그중에서도 과학교육에 대한 정부의 재정 지원을 옹호한 사람들은 과학적 원리와 기술혁신이 직접 연결되어 있는 증거로 특히 제임스 와트와 증기기술의 발전에 기여한 그의 공헌을 지목했다. 그들은 와트가 증기기관을 개선한 것이 그가 열과학(science of heat)을 제대로 이해하게 되면서 도출된 직접적인 결과라고 생각했다(그림 17.2). 버널과 같은 20세기의 마르크스주의적 과학사학자들은 한 발 더 나아가 와트의 혁신은 응용과학의 산물일 뿐만 아니라 와트가 증기기관의 효율을 개선하기 위해 적용한 18세기의 열과학 자체가 증기기술의 산물이라고 주장했다. 버널에 따르면 17세기 후반과 18세기 초에 뉴커먼과 다른 사람들이 탄광에서 물을 퍼올리기 위해 증기기관의 활용방안을 발전시켰고 동시에 열과 관련된 산업활동의 규모가 커졌는데, 바로 이러한 경향 때문

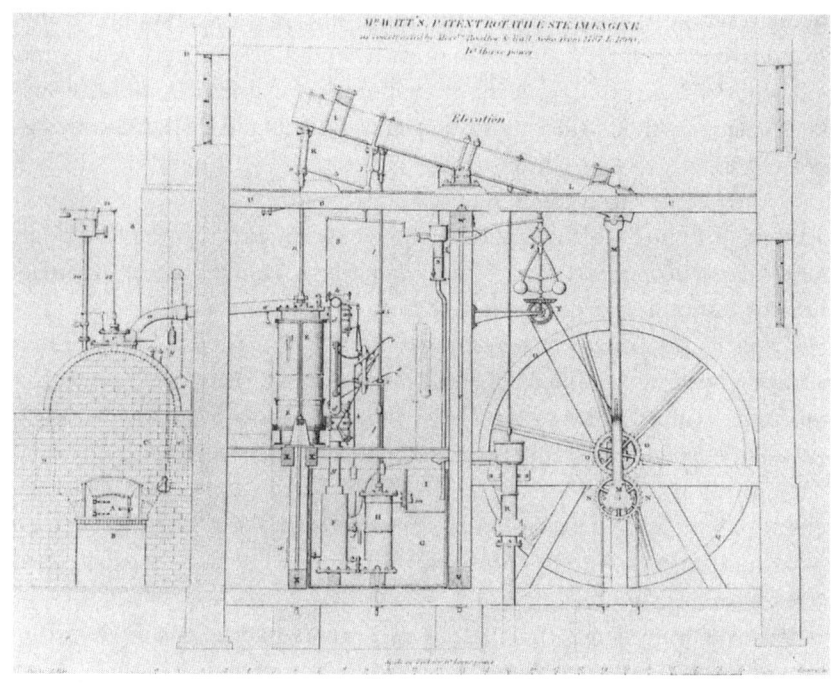

그림 17.2 제임스 와트의 증기기관 개선에 관한 도판.

에 처음으로 열 전달에 관한 문제에 사람들의 과학적 관심이 집중되었던 것이다.

열과학의 주요한 발전은 18세기 후반에 스코틀랜드에서 일어났다. 에든버러와 글래스고에서 의학과 화학을 가르친 윌리엄 컬런은 액체의 끓는점과 압력 간의 외형적 관계에 주목하고 증발의 냉각효과를 연구했다. 컬런의 제자였던 조지프 블랙은 열을 이해하기 위해 더욱 노력을 기울였다. 블랙은 서로 다른 종류의 물질상태(고체, 액체, 기체)를 변화시키는 데 각기 다른 열량이 필요한 것처럼 보이는 현상에 관심을 두었다. 블랙은 그의 실험이 서로 다른 물질은 서로 다른 열용량을 가진다는 것, 즉 서로 다른 물질은 한 상태에서 다른 상태로 변화하는 데 얼마간의 상이한 열량을 필요로 한다는 것과, 이 열용량이 밀도에 따른 성질이라기보다는 물질의 고유한 특성임을 보여준다고 주장했다. 그는 또한 물질의 상태 변화에는 시간이 걸리므로, 이 시간 동안에는 온도의 상승 없이도 일정량의 열이 물질에 흡수된다고 주장했다. 블랙은 이 양을 물질의 잠열이라 부르고, 물이 끓는점에 도달하는 데 걸린 시간과 물질이 완전히 끓어 없어지는 데 걸린 시간을 비교함으로써 그것을 측정할 수 있는 기법을 개발했다(Cardwell, 1971).

이것이 버널과 몇몇 사람들이 증기기관에 대한 와트의 혁신을 응용과학의 사례라고 지적하면서 염두에 둔 과학이었다(Bernal, 1954). 글래스고의 젊은 기구 제작자였던 제임스 와트는 블랙에게 고용돼 대학의 뉴커먼 증기기관 모형을 수리하고 있었다. 전통적인 설명에 의하면, 와트는 차가운 피스톤 실린더 안에서 증기가 응축되는 것이 문제라는 점을 발견했는데, 이 현상이 잠열에 의해 생겨난 것이라고 설명해준 이가 블랙이었다. 이 전설적인 일화에 의하면, 와트는 이 관찰로부터 만약 증기를 분리된 응축기에서 응축시킨다면 증기기관이 훨씬 더 효율적으로 작동할 것임을 깨닫게 되었다. 이 이야기는 블랙의 제자 중 한 명인 존 로빈슨이 18세기 후반에 작성한 『브리태니커 백과사전(Encyclopaedia Britannica)』의 증기기관에 관한 항목에서 찾아볼 수 있다. 와트 자신은 만년에 이러한 이야기를 부인했으나, 그 이야기는 19세기를 지나 20세기까지 과학이 기술에 공헌한 고전적 사례로 굳건히 자리를 지켰다. 카드웰은 그런 전설은 와트의 발명이 진행된 시간적 순서에 관해 우리가 알고 있는 사실과 일치하지 않기 때문에 특히나 믿기 어렵다고 지적한 바 있다(Cardwell, 1971).

그러나 그 전설의 세부 내용이 어떻든, 18세기 중반의 많은 발명가들,

자연철학자들, 기업가들의 활동에 실질적인 차이가 거의 없었다는 것은 분명한 듯하다. 그들은 모두 같은 문화 안에서 활동하고 있었던 것이다. 와트는 글래스고에서 기구 제작자로 활동한 경력 초기와 잉글랜드에서 공학 기업가로서 살았던 만년 모두에 걸쳐, 자연철학과 기술혁신의 실질적 구별이 거의 없는 서클에서 활약했다. 그가 경력 초기에 출입했던 글래스고의 서클에서, 조지프 블랙이나 그의 학생이자 친구였던 존 로빈슨 같은 사람들은 실용적 문제와 자연철학적 추상 사이를 자유롭게 오갔다. 와트가 수리 요청을 받았던 뉴커먼 엔진 모형이 교실에 있었다는 것은 그 당시의 교과과정이 얼마나 실용적이었는지를 보여주는 지표다. 이 사례에서 와트의 지식이 어디에서 나온 것인지, 즉 "과학과 기술 중 무엇이 먼저인가?"라는 질문을 던진다면, 와트가 활동했던 맥락에서는 그 둘 사이에 실질적인 차이가 거의 없었다고밖에 답할 수 없다. 와트가 잉글랜드에서 말년에 활동했던 서클에 관해서도 같은 말을 할 수 있다. 와트는 루나 협회의 회원이었다. 루나 협회는 버밍엄 지역에서 자연철학에 열성적이었던 사람들 중 마음이 맞는 이들이 모여 만든 비공식 단체로, 거기에는 와트의 사업 파트너였던 매슈 볼턴, 산업가 조사이어 웨지우드, 의사이자 진화론의 초기 주창자였던 이래즈머스 다윈, 그리고 급진적 화학자 조지프 프리스틀리 같은 사람들이 속해 있었다. 조지프 블랙이 '고정된 공기(이산화탄소)'를 분리해내자 이어서 프리스틀리가 소다수를 생산하는 새로운 산업적 기법을 개발하여 응대했다는 것은 이 단체가 우리가 과학이라고 생각하는 것과 기술이라고 생각하는 것을 그리 명확하게 구별하지 않았음을 보여준다.

   에너지 보존의 기원에 관한 이전의 논의에서 살펴본 것과 같이, 1820년대에 걸쳐 사디 카르노가 이상적 열기관 이론을 발전시키려고 노력한 것은 증기기관의 효율을 증대시키는 실용적인 방법을 찾기 위한 노력이기도 했다(『현대과학의 풍경1』 4장 "에너지 보존" 참조). 카르노는 공화주의자이자 공학자였던 그의 아버지와 에콜 폴리테크니크에서 교육을 받았다. 우리가 앞에서 알아본 것처럼, 에콜 폴리테크니크는 자연철학을 프랑스의 기술적·군사적·경제적 발전에 적용하는 데 전념한 기관이었다. 그러한 배경을 염두에 둘 때 사디 카르노가 기술적 개선을 더 진전시키기 위한 노력의 일환으로 자연철학에 의지했던 것은 놀랄 일이 아니다. 1830년대와 1840년대에, 프랑스의 공학자와 자연철학자들은 모두 증기기관의 효율을 개선하는 방법을 찾는 일에 골몰해 있었다. 그들은 숙적 영국의 산업과 경쟁할 수 있도록 프랑스의 산업을 개혁할 방법을 모색하고 있었다. 공학자였던 마르크 세갱이 1839년에 쓴 영향력 있는 논문 「철도의 영향에 관하여(De l'influence des chemins de fer)」에는 증기기관의 효율과 그 개선에 관한 문제가 상당히 길게 상술되어 있다. 1830년대 프랑스 물리학계의 떠오르는 별이었던 빅토르 르뇨는 프랑스 토목건설부로부터 증기기관의 효율에 관한 실험적 연구를 수행하라는 임무를 받았다. 그의 연구결과들은 1870년까지 완전히 출판되지 않았다. 그러나 그동안에 파리에 있는 르뇨의 실험실은 점차 체계화되는 실험물리학 분야에서 유럽 최고의 연구소 가운데 하나로 인정받게 되었다.

  1845년에, 케임브리지를 졸업한 윌리엄 톰슨이 대학에서 받은 수학교육에 걸맞은 최신 실험기법을 배우고자 찾은 곳이 바로 르뇨의 실험실이었다. 글래스고를 배경으로 하고 있었다는 점과 자연철학에 대해 분명한 흥미를 갖고 있었다는 점을 고려할 때 톰슨이 이 연구소를 선택한 것은 자연스러운 일이었다. 글래스고에서 톰슨은 형과 아버지와 함께 과학의 효용성을 당연시한 서클에서 활동했다. 글래스고 철학협회와 같은 단체에서, 대학의 학자들과 산업가들은 쉽게 어울렸고 과학을 경제발전의 동인으로 보는 기풍을 공유했다. 정확히 말하자면, 톰슨과 그의 형은 자신들의 열과학에 관한 연구를 증기기관의 설계를 개선하는 데 잠재적인 효용을 갖는 것으로 간주하기보다는 자연철학적 연구와 기술적 개선이라는 두 가지 기획을 같은 동전의 양면처럼 여겼다(Smith, 1999). 랭킨을 비롯한 19세기 중엽 영국의 다른 엔지니어들과 자연철학자들처럼, 그들은 과학과 기술을 체계적으로 구분하지 않았다. 요컨대 와트와 카르노의 경우에서처럼, 자연철학적 원리가 기술혁신을 창출해내는 데 직접적으로 사용되거나, 기술적 개선이 새로운 과학적 원리를 산출해낸 구체적 사례를 찾기보다는, 개인들이 자신의 연구를 과학이자 기술로서 발전시키게 된 문화적 맥락을 살펴보는 것이 더 유익하다.

19세기 초중반의 영국에서 증기기관이 경제발전의 주요 수단으로 널리 인정받았던 것은 분명하다. 증기기관은 영국의 산업적 패권을 상징했다. 정치·경제학자들과 다른 논평자들은 증기기관과 산업용 기계들이 더 일반적으로 국가 경제의 동력으로서 수행하는 역할을 설명하고자 했다. 대중적인 과학저술가들은 독자들에게 이 새로운 기계들의 근저에 깔려 있는 원리들을 설명하는 책과 기사를 썼다. 『제조업의 철학(Philosophy of Manufactures, 1835)』을 쓴 화학자 앤드류 유어나, 『기계와 제조의 경제학(Economy of Machinery and Manufactures, 1832)』의 저자인 찰스 배비지와 같이 새로운 '공장 시스템'에 열광한 사람들은 산업용 기계의 장점을 칭송했다. 이들에 따르면 증기는 인간과 동물의 노동을 대신하여 주 동력원이 될 수 있고, 기계는 전 노동인력이 규율을 지킬 수 있게 했다. 유어는 모든 것이 중앙의 엔진에 의해 통제되는 가운데 인간과 기계가 조화롭게 함께 일할 미래를 기대했다. 이런 논평가들은 과학이 기술혁신의 근원이라는 생각을 당연시했다. 그들은 19세기 동안 영국의 산업이 발전한 주요 원인을 자연철학을 실용적 목적에 맞게 이용한 것에서 찾았다. 과학의 주요 목적이 기술개선이라는 견해에 동의하지 않았던 마이클 패러데이 같은 자연철학자들조차 과학이 필연적으로 그러한 이익을 가져온다는 점에 대해서는 생각을 함께했다.

■ 전력의 네트워크

리버풀-맨체스터 간 철도에서 벌어진 1829년의 레인힐 기관차 경주에서 스티븐슨의 로켓(Rocket)이 우승한 이후 증기기관이 교통수단의 동력원으로 더욱 일반적으로 이용되기 시작한 1830년대에도, 일부 논평자들은 이미 증기기관의 쇠퇴를 예견하고 있었다. 증기기관의 경쟁상대는 빅토리아시대의 진보를 표상하는 또 하나의 위대한 상징인 전기였다. 1830년대 초가 되면 이미 전기를 교통수단과 다른 목적들의 동력원으로 사용하려는 공동의 노력이 이루어지고 있었다. 이를 장려한 사람들은 산업 및 교통수단의 주 동력원으로서 전기가 증기를 대체하는 것은 시간문제이며, 그조차도 오래 걸리지 않을 것이라고 낙관했다. 그들은 배터리의 연료로 쓸 수 갤런의 산과 몇 파운드의 아연만을 가지고 대서양을 건널 날이 올 것이라고 기대했다. 1840년대 후반이 되면 이들 논평자들은 19세기가 전기의 시대가 될 것이라는 증거로 제시할 수 있을 법한 몇몇 실제 성공 일화들도 갖고 있었다. 전기화학적 도금기법을 이용하는 전기야금 산업의 발전이 하나의 사례로 간주될 수 있었다. 그러나 자연철학이 이전에 상상할 수 없었던 기술적 진보를 가져다줄 수 있다는 것을 보여주는 더욱 극적인 증거로 그들은 전신의 등장을 지목하고 있었다.

표면적으로는 전기 전신을 자연철학이 기술혁신에 기여할 수 있는 방법을 보여주는 사례로 간주하는 것에 이견이 없는 듯했으나, 전신의 기원에 관해서는 과학적 발견과 기술적 발명의 관계라는 문제를 놓고 대서양 양편 모두 논란에 휩싸여 있었다. 영국에서는 1837년에 런던 킹스 칼리지의 자연철학 교수였던 찰스 휘트스톤과 윌리엄 쿡이 최초로 전자기를 이용한 전신의 특허를 취득하는 데 성공했다. 하이델베르크에서 신체에 관한 해부학적 모형화를 연구하던 쿡은 우연히 장거리 신호전송에 전기를 사용할 수 있으리라는 것을 깨닫게 되었다. 작동 모형을 만드는 데 실패하자, 그는 조언을 구하기 위해 휘트스톤에게 연락을 하게 되었는데, 휘트스톤은 자신도 장거리 전기통신 문제를 연구해왔음을 알려주었다. 그들은 힘을 합치기로 하고 성공적으로 특허를 출원한 후, 여러 철도회사의 중역들에게 자신들의 전신을 신호 시스템으로 채택하도록 설득했다. 1840년대 중반 쿡이 많은 다른 발명자들과 함께 일렉트릭 텔레그라프사를 설립했을 때, 휘트스톤은 이미 특허권에 대한 통상사용료를 받는 조건으로 쿡에게 자기 몫의 공동 경영권을 판 상황이었다. 그들의 제휴관계는 전기 전신을 각자 자신의 발명으로 표시하려는 권리 문제, 즉 발명자 표시권에 관한 문제 때문에 끝나버렸다.

　쿡과 휘트스톤이 상대방과, 종국에는 상호 동의하에 구성된 중재인단에게 각자의 전신 발명에 관한 권리 주장을 설득하려 하면서 제시한 견해들은 과학과 기술을 구별하는 것이 얼마나 어려운지를 보여준다. 대부분의 문제는, 누구에게 권리가 있는지 판결을 내리기 위한 기본 기준에 대해 두 사람의 의견이 전혀 일치하지 않았다는 데 있었다. 쿡은 이 장치의 아이디어를 낸 사람은 자신이었고, 휘트스톤과 접촉하기 전에 이미 작동 모형을 만든 상태였으며, 전신이 실제로 동작하는 방법에 관한 포괄적인 체계, 즉 당시 용어로 '설계도(projection)'를 완성했을 뿐만 아니라, 그것을 실용적으로 구현한 것도 자신이었다고 주장했다. 휘트스톤 역시 쿡을 만나기 전에 이미 전신에 관한 아이디어를 생각해냈고 그 가능성을 실험적으로 타진해보았다고 맞섰다. 그러나 결정적으로, 그는 전기의 과학적 원리에 관한 자신의 뛰어난 과학적 지식이 없었더라면 장거리에서도 작동하는 쿡의 작동 모형은 결코 만들어질 수 없었을 것이라고 주장했다. 최종 중재인단은 발명권에 대한 그들의 주장을 조심스럽게 분리했다. 쿡은 전신 시스템에 관한 최초의 '설계자(projector)'로 승인받았고, 휘트스톤은 그 발명을 가능케 한 과학적 원리에 관한 지식을 제공한 것으로 인정받았다. 요컨대, 중재자들은 발명과 발견을 구분하려 했고, 이로써 쿡을 전신의 발명자로, 휘트스톤을 전신의 발견자로 규정했던 것이다(Morus, 1998).

미국에서도 전신의 기원에 관한 비슷한 논쟁이 일었다. 미국인들에게 있어 전신의 발명자는 쿡도 휘트스톤도 아닌, 새뮤얼 모스였다. 가난한 화가였던 모스는 1830년대 초에 유럽을 여행하던 중 전기 실연을 지켜본 후, 전기를 이용한 장거리 정보 전송 가능성에 심취하게 되었다. 미국으로 돌아온 그는 전신 시스템의 작동 모형을 만들기 시작했고, 뉴욕 대학의 화학 교수이자 이후 그의 사업 파트너가 된 레너드 게일과 프린스턴 뉴저지 칼리지의 자연철학 교수였던 조지프 헨리의 조언을 받아 결국 모형 제작에 성공했다. 모스는 1837년에 자신의 발명에 대하여 미국 특허를 출원하고, 발명품을 전시하여 잠재적 후원자들을 끌어모으기 시작했다(그림 17.3). 1843년에 그는 의회를 설득하는 데 성공하여 시스템 개발 보조금 3만 달러를 받았는데, 그 시스템에는 긴 종이 위에 찍힌 일련의 점과 선들로 알파벳을 전송하는 그의 코드도 포함되어 있었다. 1년 후, 그는 워싱턴 DC와 볼티모어 사이에 "신이 만든 것(what hath God wrought)"이라는 최초의 전신 메시지를 전송했다.

쿡과 휘트스톤의 사례에서와 마찬가지로, 모스도 프린스턴 교수이자 나중에 스미소니언 연구소의 소장이 된 조지프 헨리뿐 아니라 예전에 그의 파트너였던 레너드 게일과도 논쟁을 벌이게 되는데, 이번에도 쟁점이 된 것은 과학이 이 새로운 기술에 어떤 기여를 했는가 하는 문제였다. 그 논

그림 17.3 자신의 전자기 전신기에 손을 얹고 영웅처럼 포즈를 취하고 있는 모스.

쟁은 적어도 부분적으로는 모스의 발명이 이전에 이미 알려진 자연철학적 원리를 토대로 한 것이라는 이유를 들어 그의 특허를 무효화하려는 시도로부터 촉발되었다. 게일과 헨리 모두 그들이 모스에게 주었던 과학적 조언이 전신 시스템의 작동에 필수불가결한 것이었다고 주장했다. 물론 모스는 그러한 조언이 전신기의 성공적인 작동에는 부수적인 것이었다는 말로 그들의 주장을 반박했다. 두 자연철학자들이 모스에게 했던 조언은 전신기에 사용된 전자석에 코일을 감는 최적의 방법에 관한 것이었다. 헨리가 자연철학자로서 이름을 처음 알린 것 역시 서로 다른 자기효과를 내는 최적의 코일들을 결정하는 실험 때문이었다. 또한 그의 주장에 따르면 헨리는 모스가 장거리 전신에서 일정 거리마다 주기적으로 전기신호를 증폭하기 위해 채용한 것과 동일한 중계기를 모스가 전신기에 전용하기 전부터 이미 교실에서 사용해오고 있었다. 양편의 논쟁들은 전신을 과학이 기술적 진보에 적용된 예로 보는 데는 이견이 없었음에도 구체적으로 어떤 공헌을 했는지 결정하는 데는 어려움이 따른다는 것을 보여준다.

19세기 후반에도 새로운 전문직종인 전기공학과 물리학 사이에는 누가 전신 시스템의 작동방식을 이해할 수 있는 올바른 전문지식을 갖고 있느냐를 둘러싼 긴장이 남아 있었다. 영국 체신청의 전신국 국장이었던 윌리엄 헨리 프리스와 같은 실무 전신 엔지니어들은 전신 네트워크의 일상적인 작동방식을 다루는 데 가장 적합한 것은 프리스 자신처럼 오랫동안 전기 시스템의 특성을 다뤄온 이들의 숙련된 경험적 지식이라고 주장했다. 반대로 올리버 헤비사이드, 올리버 로지, 미국의 헨리 롤런드와 같은 물리학자들은 스코틀랜드의 물리학자 제임스 클러크 맥스웰이 발전시킨 전자기학 이론에 통달한 자신들의 지식이야말로 자신들이 전신 전문가인 근거라고 주장했다(『현대과학의 풍경1』 4장 "에너지 보존" 참조). 이 논쟁은, 이론가들이 독일의 물리학자 하인리히 헤르츠의 전자기파 발견을 이용하여 전기·자기장에 관한 맥스웰의 이론이, 도선 속의 전류를 파이프를 따라 흐르는 유체로 간주하는 전신 엔지니어들의 확고한 경험적 견해보다 더 낫다고 주장하던 1888년에 정점에 달했다(Hunt, 1991). 이 역시 부분적으로는 발전

중인 기술에서 과학적 숙련과 기술적 숙련이 차지하는 상대적 역할에 관한 논쟁이었다. 논쟁은 19세기 후반의 제국주의를 지탱하는 데 전신이 더욱 결정적인 역할을 하면서 한층 더 중요해졌다(Headrick, 1988).

19세기 동안에는 발견자와 발명자를 구별하기가 어려운 경우가 많았다. 심지어 19세기 말에도, 토머스 에디슨과 같은 인물의 명성이 시사하는 것처럼, 적어도 일반 대중들의 생각에서는 실질적인 구별이 거의 존재하지 않았다. 에디슨은 자신이 과학교육 때문이 아니라 타고난 발명가적 재능으로 인해 성공을 거둔, 자수성가한 독학자라는 이미지를 대중에게 심어주기 위해 주도면밀한 노력을 기울였다(Millard, 1990). 그러나 이러한 이미지 뒤에는 먼로 파크 연구소에 고용된 열성적인 연구자들의 과학적 능력을 철저히 이용한 에디슨의 면모가 감추어져 있었다. 그럼에도 에디슨은 19세기 후반과 20세기 초반의 대중들에게 개성적인 과학적 재능과 발명 재능을 가진 인물의 표상이 되었다. 그는 가능한 한 공공연하고 화려하게 회사의 발명품들과 자신을 동일시하려고 애썼다(Marvin, 1988). 그러나 기술사학자 토머스 휴즈가 제안했듯이, 적어도 19세기 말이 되면 빠르게 성장하는 전력산업처럼 에디슨이 관여한 종류의 산업을 발전시키기 위해서는 성공적 경쟁을 위해 서로 다른 전문지식으로 구성된 '잘 짜인 망(seamless web)'이 필요했다(Hughes, 1983). 20세기의 대규모 기술 시스템의 발전에 관한 한, 어떤 식으로든 과학과 기술을 구별하는 것은 무의미한 일이었다.

■ 보이지 않는 기술자들

과학과 기술의 상대적 역할에 관한 논쟁의 지형은 대개 정신노동과 육체노동의 관계를 둘러싸고 형성돼 있었다. 과학자들은 머리로 일하는 반면, 엔지니어·기술자·장인들은 손으로 일한다는 것이다. 이러한 논쟁은 대개 각자의 사회적 지위에 관한 것이었으므로 정치적 차원에서도 중요했다. 전통적으로, 아마도 그리스 문명 이래로, 손으로 일하는 사람들은 머리로 일하는 사람들보다 사회적으로 열등하다고 여겨져왔다. 그리스나 로마와 같은 초기 노예제 사회에는 모든 종류의 육체노동에 뚜렷한 사회적 낙인이 따라다녔다. 육체노동은 노예들이나 하는 것이었다. 중세에는 한편으로 손으로 하는 노동이 신사의 품위를 떨어뜨린다는 견해와, 그것이 개인이 구원을 향해 나아가는 방법이라고 칭송하던 수도원의 전통이 공존했다. 근대 초 무렵에는, 육체노동의 고귀함에 대한 다양한 입장을 발견할 수 있었다. 그러나 신사는 육체노동을 하지 않는다는 통념은 여전히 지속되었다. 앞서 논의한 것과 같이, 근대 초의 자연철학자들이 신사적 행동규범을 본받았다고 한다면, 그들은 또한 손으로 노동하는 것과 그러한 노동을 수행하는 이들에 대해 양면적인 태도를 취했다(『현대과학의 풍경1』 2장 "과학혁명" 참조).

과학사학자 스티븐 섀핀이 지적한 것처럼, 실험이 포함된 육체노동을 수행하는 테크니션들은 근대 초기 동안 무언가 잘못되지 않는 한 대체로 보이지 않는 존재였다. 예컨대 보일의 공기펌프 실험들이 제대로 수행되기 위해서는 상당한 기술적 숙련과 육체노동이 필요했고, 공기펌프 자체도 고도로 숙련된 장인들에 의해서 만들어져야 했다. 그러나 이런 배후의 기술적 활동은 보일의 실험을 다룬 출판물에는 거의 드러나지 않았다. 대개의 경우 그런 글을 읽는 사람들은 보일이 전적으로 혼자서 그 실험들을 수행했다고 생각했을 것이다. 테크니션들, 혹은 당시에 흔히 '실험실 조수(laborant)'라고 불렸던 사람들은 과학지식을 창출하는 데 있어 저자로서의 역할을 전혀 부여받을 수 없었던 게 틀림없다. 이름이 알려진 조수 드니 파팽의 경우처럼 실제로는 테크니션이 대부분의 일을 수행했다는 사실을 보일이 명시했던 보기 드문 사례에서조차, 그 실험은 여전히 보일의 자산으로 남았다. 17세기에 실험주의를 옹호한 사람들의 원칙적 주장에 따르면 자연철학자들은 자신들의 손을 더럽혀야 했고, 가장 품위가 떨어지는 육체노동일지라도 직접 수행해야 했다. 하지만 실제로는 전혀 그렇지 않았음이 분명하다(Shapin, 1994).

자연철학적인 실험, 기술적인 장인적 기교, 그리고 육체노동의 양면적인 관계는 보일의 동시대 인물인 로버트 후크의 경력에서도 분명하게 드러난다. 후크는 자신의 경력 초기에 보일의 실험실 테크니션 중 한 명이었던 것으로 알려져 있고, 보일이 만든 공기펌프를 개량하는 일을 맡고 있었다. 1662년에 왕립학회의 실험관리인(curator)으로 임명된 이후, 후크는 자신의 평가에 의하면 당당한 자연철학자가 되는 길을 순조롭게 걷고 있었다. 이 과정에서 그가 겪은 어려움은 테크니션에서 철학자로 이행하는 것이 얼마나 어려운 일이었는가를 보여준다. 그를 고용한 왕립학회 사람들이 생각하기에, 후크는 여전히 자율적으로 연구를 수행하는 사람이라기보다는 자신들의 지시에 따라 실험을 수행해야 하는 기계공이었다. 그가 자연철학자로 받아들여지기 어려웠던 이유는 육체노동을 하는 사람이라는, 그것도 보수를 받기 위해 육체노동을 하는 사람이라는 그의 지위 때문이었다. 기술자들과 기계공들에게 기대되었던 작업방식은 자연철학자들에게 기대된 행동방식과 사뭇 달랐다. 신사적인 자연철학자들은, 테크니션을 신뢰하지 못했던 것이다.

19세기 초의 자연철학자들 역시 테크니션과 과학자에게 기대된 행동방식의 차이에 관한 이러한 생각을 일부 공유하고 있었다. 예를 들어 존 허셜은 개방성과 투명성을 지향하는 자연철학자들의 성벽과, 자신들의 활동을 신비스러운 분위기로 은폐하려는 장인들의 경향을 구별했다. 그는 장인과 기계공들이 비밀주의적 행태를 버리고 자연철학자들처럼 행동해야만 과학지식인으로 대접받기를 기대할 수 있을 것이라고 주장했다. 대조적으로 장인들과 기계공들의 경우에는 과학과 기술 사이에 선을 그으려는 자연철학자들의 노력이 자신들의 노동의 성과를 부정하는 정당하지 못한 태도라고 생각하는 일이 잦았다. 《기계학 잡지(Mechanics' Magazine)》(그림 17.4)의 창간자이자 편집인이었던 조지프 로버트슨과 토머스 호지킨과 같은 논평자들은 기계와 자연적 과정에 대한 몸에 익은 친숙함으로 인해 장인들이 자연의 작동방식에 관한 고유한 통찰력을 가질 수 있게 됐다고 주장했다. 허셜과 같은 신사들보다는 테크니션들이 진정한 과학자였던 것이다. 《기계학 잡지》의 관점에서 볼 때 대개 자연철학자들은 그저 장인들의 지식을 훔쳐 그것을 자신들의 것이라고 주장함으로써 그들의 과학적 발견을 만들어내는 사람들이었다. 잡지의 편집자들이 초기의 직공강습소 운동을 지지한 이유 중 하나는 그 운동을 통해 기계공들이 자신들의 지식을 남에게 이용당하지 않고 독자적인 과학지식인으로 발전하는 것을 도울 수 있으리라 희망했던 데 있었다.

그 잡지는 과학계의 신사들에게 대항하는 장인 발명가들의 옹호자를 자임했다. 편집자들은 여러 차례에 걸쳐 비도덕적인 자연철학자들에 의해 발명이나 발견에 관한 권리가 위협받고 있다고 느끼는 특정한 사람들을 보호하기 위해 대중적 캠페인을 벌였다. 예컨대 스코틀랜드의 시계 제작자인 알렉산더 베인이 전기시계의 제작을 위한 자신의 아이디어를 휘트스톤이 훔쳤다고 주장하자, 《기계학 잡지》는 베인을 옹호하는 입장을 밝혔다. 그들은 휘트스톤을 노동자가 응당 받아야 할 발명에 대한 권리를 거부하고자 자연철학 교수직의 특권을 이용하려 한 뻔뻔한 표절자로 묘사했다. 전기야금술을 둘러싸고도 비슷한 논쟁이 벌어졌다. 한편에서는 전기야금술은 이미 알려진 자연철학의 원리들을 산업 공정에 직접 적용한 것에 불과하므로 발명 같은 것은 없다고 주장했던 반면, 《기계학 잡지》는 그 '발견'

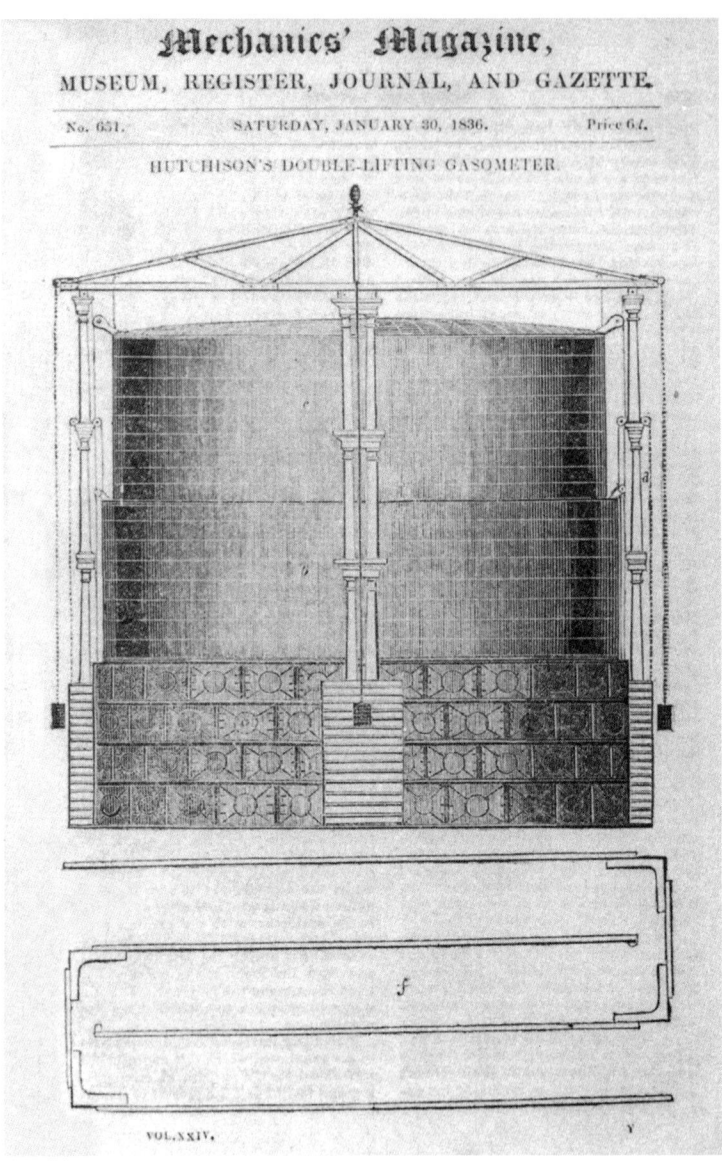

그림 17.4 1830년대에 발행된 《기계학 잡지》의 첫 페이지. 이러한 정기간행물들은 폭넓은 독자들에게 새로운 기술적 정보를 전파하는데 중요한 역할을 했다.

을 뉴턴의 중력 발견에 비교할 태세까지 갖추었다. 그들은 허셜이나 배비지가 제안한 것과 같은 과학자와 기계공의 실행상의 차이를 분명히 인정하지 않았다. 그들이 보기에, 이는 누가 무엇인가를 주장할 수 있는 사회적 신망을 갖고 있는가에 관한 문제일 뿐이었다.

반대로 배비지나 허셜은, 과학이란 원칙적으로 기계공들이나 장인들의 실용적인 수행과는 다를 뿐만 아니라, 지속적인 경제적·기술적 진보가 이루어지기 위해서는 과학적 원리들을 기계공이나 장인들의 수행에 적용할 필요가 있다고 주장했다. 진보를 그저 우연의 문제가 아니라 필연적인 것으로 만들려면, 사람들이 일하는 방식은 반드시 상세하고 지속적인 과학적 검증을 받아야 했다. 이러한 관점에서 볼 때 과학과 기술의 관계는 과학과 과학자들이 엄중한 통제권을 쥔 매우 위계적인 관계였다. 19세기부터 20세기에 이르기까지 과학자들이 과학과 교육에 대한 정부의 지원을 요구할 때처럼, 과학은 기술적 진보의 유일하고 확실한 근원이며, 그러한 진보를 지속하기 위해서는 과학과 기술 사이의 엄격한 위계구조를 유지할 필요가 있다는 것이 그들의 전반적인 주장이었다. 비슷한 에토스가 20세기 초에 등장한 테일러리즘(Taylorism) 및 포드주의(Fordism)와 같은 새로운 경영철학에도 깔려 있었다. 작업을 더욱 생산적으로 만드는 것은 엄격한 과학적 원리를 적용하는 문제였다. 허셜이 기능공들의 비밀주의적 전통을 과학적 투명성으로 대체해야 한다고 주장했던 것처럼, 그것은 특정 업무를 수행하는 방법에 관한 노동자들의 기준과 기대를 과학적으로 교육받은 관리자들의 기준과 기대로 대체하는 것을 의미했다.

이러한 사례들을 볼 때 과학과 기술의 관계를 결정하는 것은 철학이나 인식론적 정확성보다는 역사와 더 관련이 있는 것임을 분명히 알 수 있다. 전통적으로 서구 사회에서는, 머리를 쓰는 사람들이 손을 쓰는 사람들보다 문화적으로 더 우수하다고 여겨졌다. 앞서 본 바와 같이, 머리를 쓰는 일은 또한 손을 쓰는 일보다 인식론적으로도 우월하다고 여겨진다. 다시 말해서, 정신노동이 소위 육체노동보다 상위에 있다고 가정되었던 것이다. 허셜이나 배비지가 계층적이라는 용어로 정신노동과 육체노동의 실질적인 관계를 규정할 때도 바로 이런 가정을 염두에 두었을 것이다. 그것은 또한 보일이 실험 테크니션들에 대한 자신의 위치를 정당화했을 법한 방식이기도 하다. 그러므로 이 철학적 계층구조는 나름대로 중요한 문화적·정치적 함의들도 함께 지니고 있었다. 예컨대 보일은 어떤 이의 사회적 지위가 그 사람이 행하는 (혹은 행하지 않는) 일의 종류에 따라 드러난다고 보았던 게 분명하다. 19세기의 사례에서도 마찬가지다. 《기계학 잡지》의 편집자들과 다른 이들이 과학과 기술이 궁극적으로는 상호 교환 가능한 활동이라고 아주 강하게 주장한 것은 전통적인 계층적 구별을 재편하고자 했기 때문이었다. 바꿔 말하면, 과학과 기술의 경계를 정하는 일은 본질적으로 관련 종사자들의 사회적 지위를 결정하는 일이기도 했으며, 이는 지금도 마찬가지다.

■ 결론

과학과 기술의 성격과 그들의 적절한 관계에 관한 논쟁은 오늘날에도 여전히 격렬하다. 역사를 되돌아보는 일이 우리에게 말해주는 것 중의 하나는 이러한 논쟁에는 정답이나 오답이 없다는 것이다. 다른 시기를 살았던 서로 다른 사람들은 과학과 기술의 관계를 매우 다양한 관점에서 바라보았다. 프랜시스 베이컨과 17세기의 새로운 과학을 옹호했던 이들은 자연철학이 잘 조직된다면 유용한 발견과 발명의 원천이 될 수 있다고 주장했다. 이러한 주장은 그들이 자신들의 과학을 아카데미 철학자들의 스콜라적 과학으로부터 차별화하기 위한 방식 중 하나였다. 그들은 속세의 사람으로서 자신들의 과학이 세상에 중요한 것이 되기를 원했다. 19세기 영국에서, 과학에 대한 정부의 재정 지원을 옹호한 사람들은 과학이 산업적 진보에 필수적이라고 주장했다. 이 견해에 따르면, 과학과 기술 사이에는 직접적인 위계관계가 있었다. 과학자들은 발견을 했고, 이러한 발견들은 경제적 이익을 위해 이용될 수 있었다. 찰스 배비지에 의하면 발명과정을 과학적으로 관리해야만 진보가 보장될 수 있었다. 윌리엄 휴얼과 같이 과학에 대한 정부의 재정 지원에 반대하는 사람들은 과학과 기술 사이에는 아무런 연관성이 없다고 주장했다. 과학과 기술 중 어느 한쪽의 지속적 발전을 위해서 다른 쪽이 필요한 경우는 없다는 것이었다. 20세기에 과학이 학문적으로 그리고 산업적으로 전문화되면서, 대학의 많은 과학자들은 그들과 짝을 이룰 법한 산업계 종사자들의 활동을 '순수' 과학보다 다소 열등한 것이라고 생각했다.

우리는 또한 과거의 과학과 기술의 관계의 성격에 관한 역사학자 자신들의 관점 역시 종종 당대의 쟁점을 그들이 어떻게 인식하느냐에 따라 다르게 형성되어 왔음을 살펴보았다. 조지 사튼, 알렉상드르 코아레, 혹은 허버트 버터필드 같은 과학사학자들은 근대과학의 특별한 이미지를 지키기 위해 과학과 기술의 관련성을 끊어버리려 부심했다. 적어도 대학의 일부 과학자 동료들과 같이, 그들도 과학을 순수하게 지적인 성취로, 즉 테크니션들이나 관료들이 아니라 인문학자들에게나 어울리는 관심사로 생각했다. 그들은 보리스 게센 같은 마르크스주의적 역사학자들의 경제적 결정론으로부터 과학을 지켜내고 싶어했다. 게센과 버널은 마르크스주의자로서 과학이 근대 자본주의의 발전에 관련된 특별한 경제적 조건의 산물임을 보이려고 했기 때문에, 과학과 기술이 긴밀하게 연관되어 있다고 주장했다. 과학을 천재적 개인들의 산물이라기보다는 특정한 역사적 조건의 산물로 보는 이러한 견해는 휴얼처럼 과학이란 특정한 문화적 발전에 반응하여 진보하는 것이 아니라 고유한 내적 논리에 따라 진보한다고 여겼던 많은 지성사학자들에게는 저주나 마찬가지였다. 그들이 생각하기에 과학을 문화적 오염에서 보호하는 것은 과학을 기술과 분리하는 것을 의미하기도 했던 것이다. 그러나 과학자, 엔지니어, 정책 입안자들 스스로가 과학과 기술의 경계를 점차 의문시하고 있는 오늘날의 맥락에서 역사학자들 역시 과학과 기술의 역사적 관계에 대한 새로운 관심을 키워 나가고 있다.

[전다혜 옮김]

■■ 18 Making Modern Science

■■ 생물학과 이데올로기

■■ 현대 세계를 사는 우리들은 생물학적 지식이 인간에게 적용될 수 있다는 사실을 익히 알고 있지만, 생물학을 토대로 인간 본성을 설명하려는 모든 시도는 지금껏 수많은 논쟁을 낳았다. 우리의 행동이 생물학적 과정에 의해 결정된다는 제안은 인간의 존엄성과 도덕적 책임에 대한 일종의 모욕으로 간주되었다. 만약 정신이 뇌에서 일어나는 물리적 변화의 반영일 뿐이라면, 우리가 도덕적인 문제나 정치적인 쟁점에 대해 자문을 구해야 할 사람은 철학자가 아니라 신경생리학자일 것이다. 그리고 만약 뇌가 자연적 진화의 산물이라면 진화과정에 대한 연구를 통해, 왜 우리가 지금과 같이 행동하게끔 계획되어 있는지 해석할 수 있을 것이며, 사회 발전을 이룩할 최선의 방법을 그려내 보일 수도 있을 것이다. 당연히 이런 질문들은 도덕적이고 신학적인 질문들뿐 아니라 정치적이고 이데올로기적인 질문들

을 제기한다. 과학자들이나 철학자들은 뇌가 정신의 기관이라고 주장할지 모르지만, 이데올로그들은 이런 주장을 이용하여 불완전한 정신적 능력이나 위험한 본능을 지닐 것으로 추정되는 이들의 생식을 제한하는 등의 사회적 조처를 정당화하려 한다. 자유주의자들은 인간 본성에 생물학을 적용하려는 거의 모든 시도들을 정치적으로 수상한 것이라 생각하고, 종종 자신들이 감지한 위험을 예증하기 위해 역사를 이용한다. 그들은 인종주의를 과학적으로 뒷받침하려던 초기의 노력들이나 '사회다윈주의'의 잔재에 주의할 것을 경고하면서, 현대의 생물학적인 형태의 결정론을 보수적인 정치적 의제의 산물로 낙인찍으려 한다. 따라서 역사는 경쟁하는 이데올로기의 전쟁터가 되며, 과학사가들은 누군가 현대의 입장을 옹호하려는 목적으로 깔아놓은 지뢰밭 안에서 연구할 수밖에 없다.

역사가들은 생물학이 사회적 쟁점에 적용되어 온 핵심 영역들에 많은 관심을 기울여왔고, 자신들의 연구가 잠재적으로 논쟁의 여지가 있다는 점을 충분히 인식하고 있다(이에 대한 개관으로는 Bowler, 1993; Smith, 1997 참조). 인간 본성이 뇌의 구조, 지능이나 행동양식의 유전적 한계, 혹은 진화과정의 본성에 의해 규정됨을 보여주려는 시도들에 관한 문헌은 상당히 방대하다. 이중 조금 오래된 문헌 중 일부는, 과학이 만들어낸 사상과 통찰력이 이를 실제 세계에 적용하려는 사람들에 의해 왜곡될 수 있다는 것까지는 인정하면서도, 과학이 객관적이고 가치중립적인 지식의 원천이라는 전통적 이미지만은 유지하고자 했다. 이런 모델에 비추어 보면, 다윈의 이론은 좋은 과학의 산물이지만, 사회다윈주의는 다윈 이론에서 끌어낸 개념들을 왜곡해서 사회 문제에 적용한 것이다. 그러나 더 최근에 이르러 역사학자들은 과학적 논쟁 그 자체를 이데올로기적인 용어로 해석하기 시작했다. 과학이 객관적 지식을 제공한다는 오래된 가정은 이미 숱한 영역에서 무너진 바 있지만, 그중에서도 특히 과학적 지식이 인간에게 던지는 함의가 너무나 직접적이었던 사회다윈주의 분야에서 가장 두드러지게 붕괴되었다. 우리는 과거의 다양한 시점에 과학적 지식으로 통용되던 것들이 당대의 사회적 가치에 의해 필연적으로 결정되지는 않았다 하더라도 그로부터 영향을 받았다는 것을 점점 확신하게 됐다. 이런 경향의 한 유력한 학자가 단언했듯이, "다윈주의는 사회적이다"(Young, 1985a). 문제는, 다윈주의가 사회에 적용된다는 것이 아니라 사회의 이미지가 과학의 구조 자체를 구성하는 내적 요소로 자리 잡는다는 데 있다. 초기 대뇌기능위치화 이론(cerebral localization: 신체의 특정한 병변 혹은 정신적 활동이 대뇌의 특정 부위에 할당되어 있는 기능에 따라 좌우된다는 이론을 가리킨다―옮긴이)인 골상학의 흥망성쇠는, 과학지식이 사회의 영향을 받아 구성된다는 주장을 가장 적극적으로 옹호한 '에든버러 학파'의 선구적인 학자에 의해 하나의 사례로서 이용됐다(Shapin, 1979). 과학자들은 종종 이런 주장을 자신들의 객관성에 대한 도전이라고 여기며 거부한다. 그러나 역사는 생물학을 인간 본성에 관한 연구에 적용하려 했던 초기의 노력들이 사회적 가치의 영향을 받았다는 사실을 보여주고 있으며, 따라서 현재의 논쟁에 참여하고 있는 이들은 그러한 역사적 교훈을 간과해서는 안 될 것이다.

   이 장에서 우리는 특별히 역사학자들의 관심을 끌어온 주제들에 논의를 집중할 것인데, 우선 정신적 기능의 대뇌기능위치화 이론에서 논의를 시작할 것이다. 또한 사회다윈주의의 복잡한 영역들을 살펴보면서, 종종 '다윈주의적'이라고 불리는 사회적 가치들을 조장함에 있어 비선택주의자들의 진화 사상이 지녔던 중요성을 지적할 것이다. 마지막으로 인종들 사이의 생물학적 차이를 주장하는 이론들과 '우생학(eugenics: 프랜시스 골턴이 인간 종의 선택적 번식 프로그램을 지칭하기 위해 사용한 단어)'이란 단어로 느슨하게 묶이는 유전자 결정론의 여러 응용사례에 초점이 맞춰질 것이다. 그러나 이들 분야들은 종종 겉으로 보이는 것만큼 별개의 것이 아니다. 이 모든 분야들은, 특별한 행동유형의 진화적 기원에 관심이 집중될 때면 종종 망각되기도 하는 하나의 가정, 즉 뇌가 행동을 조절한다는 가정에 근거를 두고 있다. 인종들 사이에 정신적 차이가 존재할 것이라는 막연한 추정은, 인간의 형질이 유전에 의해 통제되며 학습에 의해 변할 수 없다는, 더욱 일반적인 주장의 한 가지 표현이다. 결정론 그 자체는 종종 유전으로 전달되는 형질의 형성 과정에서 진화가 담당하는 역할에 대한 추측에 근거를 두고 있다. '본성'과 '양육'이 상대적으로 얼마나 인간의 행동을 결정하는가에 대한 논쟁은 생물학과 사회과학의 관계에 대해 폭넓은 쟁점을 제시한다. 그러므로 사회생물학과 같은 현대 이론들은, 생물학의 발달과정에서 등장하였으나 별개의 기원을 가진 원천들의 영향을 모두 반영하여 결합할 수 있다. 그리고 인간의 기원을 연구하는 과학인 고인류학이 과학사학자들에 의해 거의 연구되지 않은 채 남아 있다는 사실 또한 주목해야 한다(하나의 예외는 Bowler의 1986년 연구이다). 비록 고인류학자들 스스로가 자신들의 학문의 역사와 과학적 사고가, 유행하는 사회적 가치에 의해 영향을 받는 경향이 있다는 것을 역사가 드러내주고 있음을 인식하고 있다 하더라도 말이다(예를 들어 Lewin, 1987).

■ 정신과 뇌

18세기 계몽사조기의 유물론자들은 인간의 정신이 뇌와 신경계의 작용의 부산물이라고 공언함으로써 영혼에 대한 정통적 관념에 도전했다. 데카르트가 동물을 단지 복잡한 기계로 취급할 수 있었다면, 인간이라고 달라야 할 이유가 있을까? 라메트리나 드니 디드로 같은 유물론자들은, 일례로 병석에 있는 사람의 뇌의 변화가 그에 상응하는 정신적 변화를 일으킨다고 주장했다. 황달에 걸린 사람은 실제로 모든 사물을 노란색으로 물들인 것처럼 바라본다. 이처럼 의학적 증거와 그밖의 다른 증거들을 사용하면서도, 이들 유물론자들은 뇌의 작용방식에 대한 상세한 과학을 발전시키려고 노력하지 않았다. 교회와 정치적 체제가 거의 동일시되던 혁명 이전의 프랑스에서 유물론자들이 전통적인 종교적 신념을 공격한 배경에는 뚜렷한 사회적 의제가 존재했지만, 그들의 프로그램은 훨씬 더 철학적인 수준에서 전개됐다.

정신이 순전히 영적인 차원에서 존재한다는 관념은 19세기 초 골상학의 출현으로 인해 더욱 집중적인 공격을 받았다(Cooter, 1984; Shapin, 1979; Young, 1970). 프란츠 요제프 갈과 요한 가스파르 스푸르츠하임이 골상학의 선구자였지만, 골상학이 특별히 주목을 받은 곳은 영국이었다. 갈과 스푸르츠하임은, 대뇌 해부학과 관찰된 행동에 대한 연구들을 기초로 뇌의 특정 부위에 일련의 독특한 정신적 기능이 각각 자리 잡고 있다고 가정했다. 개인의 행동은 사실상 뇌의 구조에 의해 결정돼 있고, 이러한 뇌의 구조는 두개골의 외부 모양을 통해 탐지될 수 있다고 추측됐다. 따라서 어떤 사람의 특성은 그 사람의 머리를 연구하면 '읽어낼 수 있다'는 것이었다(그림 18.1). 골상학은 철학자들과 해부학자들의 비판 속에도 1820~30년대에 걸쳐 널리 퍼져 나갔다. 영국에서는 골상학의 투사라고 불릴 만한 조지 쿰이, 사람들이 자신들의 정신적 강점과 약점을 인식한다면 그들의 삶을 더욱 잘 통제할 수 있을 것이라는 주장을 토대로 한 개혁주의적 사회정책과 골상학을 연결했다. 쿰의 저서 『인간의 구성』은 19세기 초반의 베스트셀러 중 하나였다.

해부학자들이 상당히 적확하게 지적했던 것처럼 뇌의 구조는 두개골의 형태에 반영되지 않기 때문에, 골상학은 종종 사이비 과학으로 취급되었다. 오늘날 역사가들은 이런 속편한 평가를 골상학의 더욱 근본적인 주장들이 결국 정통 과학에 의해 승인되었다는 사실을 무시한, 뒤늦은 평가의

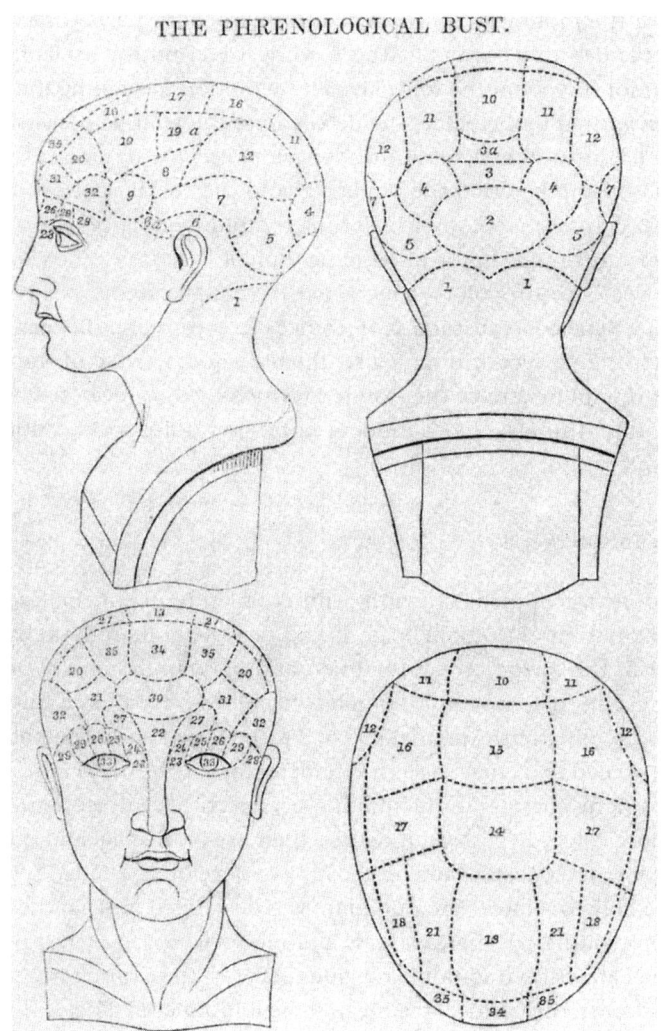

그림 18.1 조지 쿰의 『골상학의 원리들(Elements of Phrenology, 1841)』(Edinburgh)의 속표지에 그려진 골상학적인 머리. 머리는 여러 부분으로 구획되어 있는데, 각각의 영역에는 해당 두개골 구역 바로 아래 존재하는 뇌 부위에 의해 통제받는다고 생각된 특정한 정신력 능력이 표시되어 있다. 골상학자는 두개골의 어느 부위가 돌출하여 그 밑에 있는 뇌가 잘 발달되었음을 보여주는지 알아보기 위해 두개골의 윤곽을 더듬어봄으로써 개인의 특성을 '읽어냈다.' 사실 두개골이 뇌의 상세한 윤곽을 반영하지 않기 때문에, 이후의 비판가들은 골상학을 사이비 과학으로 치부했다.

산물이라고 생각한다. 19세기 후반 대뇌기능위치화 연구는 뇌의 특정 부위가 손상될 경우 그에 상응하는 기능이 영향을 받는다는 것을 근거로 어떤 정신적 기능은 뇌의 특정 부위에서 발생한다는 것을 보일 수 있었다. 이런 상황에서는 '무엇이 과학적 지식으로 간주될 수 있는지를 누가 결정하는가?'와 같이 훨씬 더 정교한 질문이 요구된다. 섀핀(1979)과 쿠터(1984)에 따르면 골상학을 받아들인 이들은, 쿰과 여러 사람들에 의해 골상학과 연결된 개혁주의적 사회철학으로부터 이득을 얻은 사람들이었다. 인간의 영혼을 육체와 별개의 것으로 보는 전통적 관점을 선호한 보수적 사상가들은 골상학을 거부했다. 골상학은 많은 선구적 사상가들에게 영향을 미쳤는데, 이중에는 이후 대뇌 해부학의 발달에 기여한 인물들도 있었다. 골상학이 처음에 대학의 과학에서 배제되었다는 사실은, 이론에 대한 객관적인 검증보다는 과학자 공동체의 태도를 형성하는 사회적 과정에 대해 더 많은 것을 말해준다.

신경생리학의 발달로 인해 결국 어떤 정신적 기능은 뇌의 특정 부위의 고유한 작용에 의존한다는 사실이 입증되었다. 1861년 폴 브로카는, 충격에 의해 손상될 경우 발화능력을 잃게 되는 뇌의 부위를 확인했다. 이 연구는 데이비드 페리에와 다른 이들에 의해 1870년대에도 지속되었다. 페리에는 철학자 허버트 스펜서의 영향을 받은 인물이었다. 스펜서는 1855년에 발표한 『심리학 원리(Principles of Psychology)』이라는 저서에서 정신적 능력에 대한 진화론적 관점을 채택하여, 인간 본성은 스스로를 사회 변화에 적응시킨다는 주장을 펼쳤다. 스펜서의 입장에서 보면 개인의 정신은 선조들의 경험에 의해 미리 형성되는 것이었다. 다시 말해 후천적인 습관은 유전으로 전달되는 본능적인 행동유형이었던 것이다. 스펜서의 심리학은 라마르크주의적인 획득형질 유전 이론에 의존한 것이었지만, 후천적인 습관이 후대에 전달될 수 있다는 그의 가정은, 습관이라는 것이 뇌

속에 구축된 구조에 의해 결정되고 생물학적인 유전에 의해 전달된다는 믿음에 의존한 것이었다. 또한 스펜서의 진화심리학은 아래에서 논의될 소위 그의 사회다윈주의와 연결돼 있었다.

페리에의 연구는 이후 찰스 셰링턴에 의해 신경계의 작용에 관한 포괄적인 설명으로 확장되었다. 그러나 셰링턴은 정신적 상태에 대한 논의를 회피하면서 신경생리학을 심리학과는 별개의 것으로 다루었는데, 이것이 어쩌면 영국에서 심리학이 과학으로 발전하는 것을 가로막았을 것이다(Smith, 1992). 훨씬 더 큰 충격은 토머스 헉슬리와 존 틴들처럼 과학적 자연주의를 옹호한 사람들로부터 비롯되었는데, 이들은 정신적 활동이 뇌의 물리적 활동의 부산물일 뿐이라고 주장했다. 정신적 세계가 물질적인 것으로 환원될 수 없다는 것을 수용하면서도 이들은, 정신이 물질적 세계를 통제할 수 없다고 주장했다. 악명 높은 1874년 벨파스트 강연에서 틴들이 선언한 바에 의하면, 과학은 정신을 포함한 모든 것을 자연주의적 용어로 설명함으로써 종교를 주변적인 것으로 만들었다. 20세기에는 대뇌기능위치화 연구가 발전함으로써 정신과 뇌가 맺고 있는, 매우 복잡하지만 참된 성격이 확인될 수 있을 정도가 됐지만, 이런 발전은 오늘날 대중들로부터 열렬한 관심을 받고 있는 반면 지금껏 역사가들에 의해서는 거의 기록되지 못했다.

골상학은 또한 진화 논쟁에서도 일정한 역할을 담당했다. 진화론자들은 두뇌가 클수록 동물의 정신적 능력도 강화될 것이라는 함의를 기꺼이 받아들였다. 이런 연결고리는 대중작가 로버트 체임버스가 1844년 익명으로 출판한 『창조 자연사의 흔적들』에서 명시화되었다. 1860년대, 다윈이 진화 이론을 대중화할 무렵, 많은 사람들은 뇌의 크기가 동물의 정신적 발달 수준에 얼추 비례한다는 것을 당연하게 여기고 있었다. 다윈은 화석 기록에서 볼 수 있는 것처럼 지구의 생명체의 역사에서 뇌가 실제로 점점 커졌다는 명백한 사실을 이용할 수 있었다. 그러나 진화와 대뇌기능위치화의 연결은 인간 종 자체의 진화에 적용되면서 훨씬 광범위한 함의를 갖게 되었다.

■ 자연인류학과 인종 이론

17세기 초부터 이미 페트루스 캄페르와 같은 해부학자들은 인간의 구조와 유인원의 몸을 비교하면서, 비백인종은 인간과 유인원 사이의 중간 단계를 나타낸다고 주장한 적이 있다(Greene, 1959). 캄페르는 턱과 코 그리고 이마를 연결하는 선과 수평선 사이의 '안면각'을 정의했다. 안면각이 작다는 것은 이마가 움푹 들어갔다는 것을 의미했으며, 이는 당시 사람들의 편견에 따르자면 상대적으로 지능이 낮음을 보여주는 고전적인 표지였다. 유인원의 안면각은 매우 작았는데, 캄페르와 다른 자연인류학자들은(physical anthropology: 넓은 의미의 인류학 중 문화인류학과 달리, 생물로서의 인류를 다루면서 인종 분류와 그 발생 원인을 다루는 학문으로서 18세기 말 요한 블루멘바흐가 기초를 다졌다—옮긴이) 비백인종이 유인원과 백인종이 지닌 안면각의 사잇값을 가지고 있다고 서술했다. 18세기가 끝날 무렵, 블루멘바흐(그는 세계 곳곳에서 모은 엄청난 두개골 소장품을 가지고 있었다)와 같은 인류학자들은, 두개골의 모양 등 신체적 특성을 토대로 하여 인간 종을 별개의 인종들로 구분했다. 이런 묘사들은 곧잘 유색인종이 백인보다 열등하다는 인상을 주기 위해 교묘하게 조작되었다(그림 18.2). 골상학은, 정신이 뇌의 산물이라면 뇌가 큰 사람일수록 지능도 높을 것이라는 주장을 납득시키는 데에만 이용되었다. 그러나 이런 주장으로부터 어떤 인종이 다른 인종보다 상대적으로 두개골이 더 크며 따라서 지능 역시 더 높을 것이라고 주장하기까지는

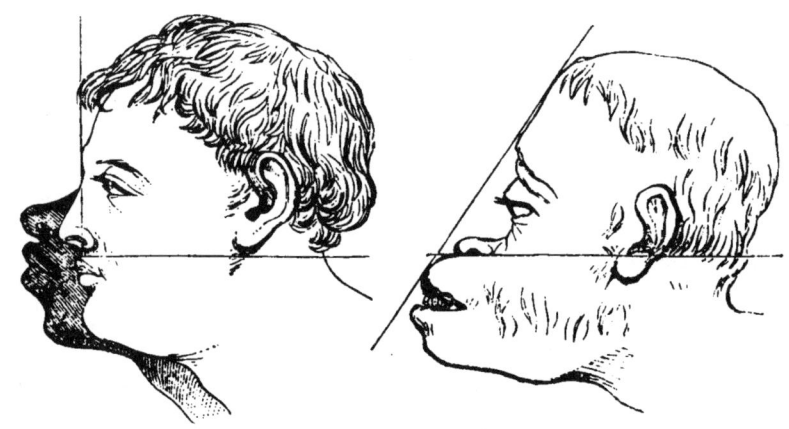

[*Profile of Negro, European, and Oran Outan.*]

그림 18.2 로버트 녹스의 「인간의 종들(The Races of Men, 1851)」(London) 404쪽에 있는 유럽인, 흑인, 오랑우탄의 안면각. 안면각은 이마에서 입에 이르는 선과 수평선 사이의 각도로 정의되는데, 각도가 뾰족할수록 이마가 들어갔음을 의미하고, 이는 일상적으로 작은 뇌 그리고 그에 따른 낮은 지능과 연결된다. 분명 녹스는 자신의 독자들이 뇌의 크기와 그에 따른 지능 면에서 흑인이 유럽인과 유인원의 중간에 있음을 믿기를 바라고 있다.

그리 큰 수고가 필요하지 않았다.

19세기 초 비백인종들이 백인종보다 지적으로 열등하다는 것을 보여주기로 마음먹은 자연인류학자들은 자신들의 주장을 펼칠 수단으로 두개골 용량을 측정하는 두개골 측정학(craniometry)을 이용하기 시작했다(Gould, 1981; Stanton, 1960). 새뮤얼 조지 모턴은 새 모이나 납 산탄으로 두개골의 용량을 측정하는 부피 측정기법을 사용했다. 그는 백인종의 두개골이 가장 크다는 증거를 찾았노라 공언했는데, 굴드는 무의식적인 편견이 얼마나 쉽게 이런 조야한 측정결과를 초래할 수 있는지 지적한 바 있다. 브로카 역시 두개골 측정학을 자연인류학에 적용하면서, 인간 종이 상이한 수준의 정신적 능력을 지닌 몇몇 별개의 종으로 구분된다는 것을 확신하게 되었다. 그는 이와 같은 타고난 인종적 차이에 대한 견해를 장려하는 데 앞장섰던 인류학협회를 파리에 창립했다. 영국에서도 해부학자 로버트 녹스가 비슷한 견해를 제시했는데, 그는 도굴꾼이자 살인자였던 버크와 헤어라는 인물들로부터 해부용 시체를 사들인 것으로 의심을 받은 적도 있다. 녹스는 인종들 사이에 존재하는 타고난 신체적 차이라고 생각되는 것은 물론이고, 타고난 정신적 차이라고 생각되는 것들에도 초점을 맞추었다. 1850년에 처음 출간된 『인간의 종들(The Races of Men)』이라는 책에서 녹스는 "내가 보기에 인종 혹은 유전적 혈통은 매우 중요한 것이다. 이것은 그 사람의 본성을 나타낸다"고 선언했다(1862, 6). 그는 특히 흑인종과 아일랜드인 양자의 형질을 가차 없이 비판했다. 곧이어 녹스의 제자였던 제임스 헌트는 브로카가 파리에 설립했던 것과 같은 목적을 지닌 협회를 런던에 창립했다. 다윈이 진화론을 대중화할 무렵, '열등한' 인종은 인류 진보상의 초기 단계를 보여주는 유물이며 그들의 원시적인 특성은 작은 뇌와 고도로 발달하지 못한 지적 능력으로 확인된다는 것은 거의 당연시되고 있었다. 다윈은 『인간의 유래(Descent of Man, 1871)』에 이런 주장을 승인하는 듯한 그림을 포함시켰다. 이런 종류의 자연인류학은 20세기 초반까지 계속 활발하게 연구되었으며, 종종 열등한 인종은 인간 진화상의 초기 단계를 보여 주는 유물이라는 가정을 통해 진화론과 연결되었다(이후의 논의 및 Haller, 1975; Stepan, 1982 참조). 이런 생각들은 비록 그 잔재들이 대중적 논쟁 속에서 계속 등장하고는 있지만, 최소한 표면적으로는 그 이후의 과학에서 거의 제거되었다.

살아 있는 사람의 두개골 측정을 앞장서 옹호한 인물은 우생학 운동의 창시자였던 프랜시스 골턴이다(이후의 논의와 그림 18.3 참조). 골턴은 인종의 유형을 구별하기 위한 노력의 일환으로 두개골을 측정했지만, 또한 수

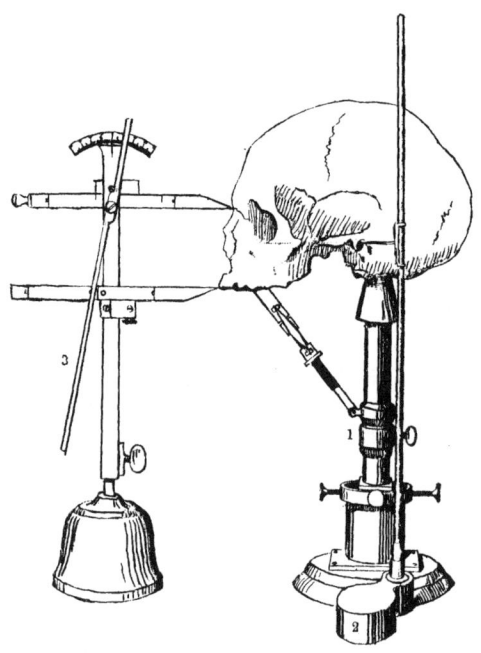

그림 18.3 안면각을 포함해서 두개골을 측정하는 데 사용되던 인체계측 장비. 요하네스 랑케 『인간(Der Mensche, 1894)』, (Leipzig and Vienna), Ⅰ: 393.

많은 피실험자들을 검사함으로써 정신적 능력을 체계적으로 측정하는 방법을 도입하기도 했다. 20세기 초의 지능검사 응용법들도 비백인종의 열등한 정신적 능력을 입증해준다고 여겨졌는데, 이 역시 대량 검사라는 비슷한 기법을 토대로 확립된 것이었다. 미국에서 진행된 지능검사에는 중간계급의 생활양식에 맞는 지식을 전제로 한 질문들이 사용됐고, 이 때문에 흑인이나 이제 막 들어온 이민자들은 자신들의 잠재력을 최대한 보여주기 힘들었다(Gould, 1981).

■ 문화적 그리고 생물학적 진보

　　　　　　　　　　　　　　　　진화론은 인간의 본성과 사회에 대한 빅토리아인들의 사고에 지대한 영향을 미쳤다. 토머스 헉슬리가 얼마 후 특히 뇌 구조의 측면에서 인간과 유인원이 밀접한 친족관계에 있음을 입증하기는 했지만, 다윈은 그 주제가 얼마나 논쟁적인지를 깨닫고 있었기 때문에 『종의 기원』에서 인간의 기원에 대한 논의를 회피했다. 그러나 해부학적인 친족관계 이상의 훨씬 많은 것이 문제가 되었다. 인간 뇌의 크기가 상대적으로 커졌다는 것이, 한때 금수와 다르다고 간주되던 이성적·도덕적 능력을 지닌 인간정신의 출현을 설명했을까? 다윈이 책을 출판하기 이전에도 철학자 허버트 스펜서는 정신에 대한 진화론적 관점을 발전시키고 있었다. 고고학자와 인류학자들 역시 문화와 사회가 원시적인 기원으로부터 진보해왔다는 생각을 전개하고 있었다. 1871년에 『인간의 유래』를 출간할 무렵, 다윈은 인간 정신의 등장과 사회 발전이라는 주제에 대해 진화론이 어떤 함의를 지니는지를 탐구해온 수많은 연구들을 이용할 수 있었다. 19세기 후반이 되면서 인간과학 내에서 진화적 모델에 대한 관심이 급증했다. 이러한 모델들 중 어떤 것은 진보의 동력으로 생존경쟁의 역할을 강조했고, 일반적으로 지금껏 '사회다윈주의'라는 이름으로 불려왔다. 그러나 어떤 진화적 모델들은 다윈주의에서 직접 그 기원을 찾을 수 없는 요소들을 가지고 있었기 때문에, 우리는 먼저 진화에 대한 진보주의적 견해가 미친 훨씬 더 파급적인 영향력을 탐구해볼 필요가 있다.

　정신적·사회적 진화에 대한 거의 모든 모델들은 발전이란 점증하는 성숙도의 단계(scale)를 밟아 오르는 데 있다고 가정했다. 19세기 후반의 인류학자들은 자신들이 세계 곳곳의 다른 지역에서 살펴본 문화와 사회의 다양성을 이해하려고 시도하는 와중에 각자 독립적으로 그와 같은 모델을 제안했다(Bowler, 1989). 인류학의 역사에서는 한때 이런 진화론적 관점이 다윈주의 혁명에 의해 고무되었다고 추정했지만, 현대의 연구는 두 발전이 똑같은 문화적 가치들을 병렬적으로 표현하고 있다는 쪽으로 기울고 있다. 영국의 에드워드 타일러와 미국의 루이스 모건 같은 진화인류학자들은, 현대의 '야만인들'이 백인종의 선조들이 선사시대에 겪었던 문화적 발전단계의 유물이라고 가정했다. 이들의 영감은 고고학자들의 새로운 발견들, 즉 1860년대 이후 인간 종의 수많은 고대 유물들을 확인하여 원시적인 '석기시대'라는 관념을 만들어낸 발견들에 근거를 두고 있었다. 지질학자 찰스 라이엘은 『인간의 고대(Antiquity of Man, 1863)』에서 이런 증거들을 총정리했다. 인류학자들은 현존하는 모든 문화들 각각에, 석기시대 야만인에서 출발하여 근대 산업 문명에서 정점을 이루는 일련의 발전단계상의 위치를 할당했다. 문화적 차이들은 분기하는 진화에 의해서가 아니라, 단일한 척도를 따르는 발전 수준상의 차이로서 설명되었다. 처음에 인류학자들은 문화적으로 더 '원시적인' 종족들이 백인종보다 정신적으로 열등하다는 주장을 받아들이지 않았지만, 다윈주의의 등장으로 인해 이들이 정신적 발달을 문화적 발달과 구분하는 것은 점점 더 힘들어졌다(『현대과학의 풍경1』 13장 "인간과학의 출현" 참조).

다윈의 책들이 출판되기 이전부터 허버트 스펜서의 진화 철학은 정신적 발달과 문화적·사회적 발달을 확고하게 결합했다(Richards, 1987). 스펜서의 심리학은 보편적인 '인간의 본성'이 존재하지 않음을 강조했는데, 다시 말해 인간의 정신은 사회적 환경에 의해 만들어지며 환경에 의해 많은 자극을 받을수록 개인의 정신 발달 수준은 더욱 높아진다는 것이었다. 역으로 말하자면, 개인의 지능 수준이 높으면 높을수록 사회는 정신적 진화와 사회적 진화 사이의 피드백 고리를 창출하면서 더욱 빨리 진보한다는 것이었다. 이 모델에 의하면 원시적 사회구조를 특징짓는 것으로 상정되던 원시적 기술을 간직한 인종들은 불가피하게 낮은 수준의 정신적 발달단계에 묶여 있을 수밖에 없다. 야만인들은 유인원보다 높을 것도 없는 단계의 정신능력을 간직하고 있는, 과거의 문화적 유물이자 생물학적 유물이었다.

다윈은 진화 연구 초창기부터 정신에 대한 유물론적 관점을 받아들이고 있었다. 그는 특히 본능의 기원에 관심을 가지고, 이러한 본능들을 진화의 과정에서 뇌에 각인된 행동유형으로 취급했다. 스펜서는 획득형질의 유전에 의해 후천적인 습관이 유전적 본능으로 변형될 수 있다는 라마르크주의적 견해를 채택했다. 그러나 다윈은 행동유형 속에 어떤 변이가 존재하는 한 자연선택이 본능을 수정할 수 있다는 것을 깨달았다. 『인간의 유래』에서 그는 가장 강한 사회적 본능을 가진 집단이 생존하는 경쟁으로서의 집단선택 과정과 라마르크주의 양자를 통해 사회적 본능의 기원을 설명했다. 다윈에게는 우리의 사회적 상호 작용을 통제하는 본능들을 합리화하려는 인간의 노력이야말로 모든 윤리적 체계의 토대였다.

생명의 나무에서 볼 수 있는 많은 가지들이 계속해서 높은 수준의 발달을 향해 진보하는 것은 아니라는 점을 알고는 있었지만, 다윈은 장기적으로는 진화가 동물의 지능 수준을 점진적으로 향상시켜왔다는 것을 받아들였다. 그는, 우리의 조상이 숲에서 아프리카의 광대한 평원으로 이동하면서 직립보행을 했고 이후 손을 사용하여 원시적 도구를 만들기 시작했다는 점을 근거로, 인간이 유인원보다 훨씬 높은 수준의 지능을 발전시켰다고 주장했다. 그러나 진화론자들 대다수는 인간과 유인원의 진화경로를 구별해줄 중요한 전환기가 존재했을 것이라는 가능성에 별로 관심을 두지 않았다. 그들은 동물계에서 인간으로 나아가는 정신적 발달에 대해 정교하지만 순전히 가설적인 단계를 약술한 후, 진화는 거의 필연적으로 위쪽 단계를 향해 꾸준히 전진해왔을 것이라고 가정했다(Richards, 1987). 이런 접근은 조지 존 로마니스의 연구에서 확인할 수 있는데, 그는 정신적 진화라는 분야에서 다윈의 선도적인 제자가 되었다. 미국에서는 제임스 마크 볼드윈과 그랜빌 스탠리 홀이 정신의 진화 모델을 제안했다.

19세기 후반의 발생 이론에서 중요한 요소는 발생반복(recapitulation) 개념이었는데, 이러한 믿음에 따르면 종의 진화적 역사는 각 개체의 발달 과정에서 반복됐다(Gould, 1977). 생물학에서 이런 개념을 장려한 이들은 독일의 다윈주의자 에른스트 헤켈과, 에드워드 드링커 코프 같은 미국의 신라마르크주의자들이었다. 발생 반복이론은 점증하는 성숙도라는 목표를 향해 나아가는 진보가 필연적인 것처럼 여겨지는 진화 모델을 제시했는데, 이 이론에 따르면 진화는 배아와 마찬가지로 더 높은 단계를 향해 앞으로만 나아갔다. 진화심리학자들은 개별 인간 정신의 발달이 동물계의 진화를 특징지어 온 정신적 진화의 단계들을 통과한다고 확신했다. 로마니스는 명시적으로 특정 연령대의 아이가 가진 정신적 능력을 다양한 수준의 동물의 정신능력과 동일시했다. 이런 모델은, 야만스러운 인종들이 유인원에서 출발하여 앞으로 나아가는 과정의 초기 유물이라고 추정했고 그들이 백인 아이들과 같은 수준의, 혹은 유인원보다 더 나을 것 없는 정신을 가지고 있다는 믿음을 조장했다. 이탈리아에서는 체사레 롬브로소가 '범죄 인류학' 체계를 제시했는데, 이에 의하면 범죄자들은 야만인들과 동등한 정신을 가지고 있으며 이들 또한 인간 진화의 초기 단계를 보여주는 유물로 치부될 수 있었다.

진화론이 이내 인간 정신에 대한 가장 논쟁적인 견해가 된 지그문트 프로이트의 분석심리학에 영향을 미친 것은 발생반복 이론을 통해서였다(Sulloway, 1979). 신경계에 대한 연구로 출발한 프로이트는 정신적 기능 연구에 대한 이와 같은 접근법을 포기하고 정신병을 순전히 심리적 긴장의 산물로 다루기 시작했다. 그는 진화상의 동물적 단계의 유산이며 주로 성적 충동에 의해 추동되는 정신의 무의식적 차원을 구상화했다. 초기 진화론자들이, 더 늦은 시기에 등장하였으므로 더욱 고도로 진화했을 정신적 기능을 온전한 인격체의 통제 아래에 있는 것으로 바라봤던 반면, 프로이트는 의식적인 정신을 무의식적인 것에서 떠오르는 사회적으로 용인될 수 없는 충동을 극복하려고 투쟁 중인 것으로 이해했다. 이 지점에서 19세기의 낙관적 진보주의는 20세기의 사상에 늘 따라다니는 인간의 인격에 대한 더욱 가혹한 관점에 길을 내주게 되었다. 프로이트는 자신이 생물학의 역할을 거부했다고 주장했지만, 그의 이론은 정신이 별개의 진화적 층위로 구성되어 있다는 개념에 근거를 두고 있었다. 20세기 초 실험심리학, 사회학 그리고 문화인류학과 같은 인간과학은 생물학이 인간의 행동을 미리 결정하는 것은 아니라고 주장함으로써 자신들의 독립성을 공표하려 했고, 스스로를 다윈주의적 뿌리에서 떼어놓으려 부심한 프로이트의 시도는 이와 같은 인간과학의 더욱 일반적인 경향과 그 궤를 함께하고 있었다.

■ 사회다윈주의

정신적·사회적 진화의 추동력은 무엇인가? 다윈의 자연선택이론에 의하면, 변화는 생존경쟁에서 부적합자가 제거되고 가장 잘 적응한 개체가 살아남아 번식하는 과정에서 일어난다. 수많은 '사회다윈주의자들'은 이러한 경쟁이 진보의 동력이라고 선언했다. 그러나 몇몇 역사가의 입장에서 보면 다윈의 이론이 생물학에서 사회로 전달됐다고 가정하는 것은 본말을 전도하는 것이다. 우리는 다윈 자신이 자유기업적 경제사상의 고전적인 산물인 토머스 맬서스의 인구팽창 법칙의 직접적인 영향을 받았음을 알고 있다(『현대과학의 풍경1』 6장 "다윈주의 혁명" 참조). 이런 사실 때문에 로버트 영(Robert M. Young, 1985a ; 1985b)과 같은 역사학자들은 이데올로기적 가치가 과학적 진화론의 핵심에 붙박혀 있다고 주장한다. 다윈은 생존경쟁을 창조적인 힘으로 바라보려고 했다는 점에서 맬서스를 훨씬 넘어섰지만, 그의 사고는 분명 당대의 개인주의적 사회철학을 반영하고 있었다. 그러나 과학이론 그 자체가 사회적 가치를 반영했다면, 사회가 '자연적인' 경쟁의 원리에 근거를 두고 있어야 한다고 주장함으로써 과학이론의 근저에 놓여 있는 이데올로기를 정당화하는 데 과학적 이론이 사용되었다는 것은 그다지 놀랄 일이 아니다.

19세기 말에 '사회다윈주의'가 유행한 것에 대해서는 많은 글이 쓰여졌는데, 여기서 스펜서는 보통 자유기업 체계가 투쟁을 통해 진보할 것이라는 주장을 주도적으로 옹호한 사람으로 묘사되었다. 성공한 자본가는 적자생존의 은유에 호소함으로써 그 체계를 정당화했다. 호프스태터(1955)에서 최근의 호킨스(1997)에 이르는 권위 있는 연구에서 볼 수 있는 전통적 견해는, 이러한 주장들이 다윈주의로부터 영감을 얻었다는 것이다. 그러나 일부 역사가들은 이에 대해 주의를 촉구하면서, '사회다윈주의'라는 용어가 사실은 경쟁이 인간사에서 중요한 역할을 해야 한다는 견해를 직접적으로 반대했던 작가들에 의해 도입되었다는 점에 주목했다. 또한 다윈주의적 원리로 추정되는 것들을 토대로 정당화할 수 있던 많은 상이한 사회정책들이 존재했던 것도 분명하다(Bannister, 1979 ; Jones, 1980). '사회다윈주의'를 비판했던 사람들에 의해 이 용어가 광범위하게 사용되면서 다윈 이론과의 연관성이 두드러졌고, 의심의 여지 없이 자연선택이론이 그 이데올로기의 일부였다. 그러나 자연선택이론만이 이런 식으로 이용되었던 것은 아니다. 다른 이론들 특히 라마르크주의 역시 투쟁을 통한 진보의 열광에 사로잡혀 있었다. 사회다윈주의는 이런 전체적인 추세에 붙여진 편리한 명찰일지 모르지만, 현대 생물학자들이 다윈의 가장 중요한 통찰력이라고 뽑아낸 것이 19세기 후반의 사회사상의 주요 영감이었다는 식으로 사회다원주의의 의미를 파악한다면 이는 잘못된 이해일 수 있다.

가장 광범위하게 논의된 형태의 사회다원주의는, 19세기 자본주의의 심장부에 위치한 자유기업 제도를 정당화하는 수단으로 다윈의 이론을 응용한 것이다. 이들의 유사성은 상당히 분명해 보인다. 진보적인 것으로 추정되는 자연적 진화가 생존경쟁에서 최적자가 선택됨으로써 작동하는 것이라고 할 때, 모든 세대에서 최고의 인간 개체가 선택될 수 있도록 유사한 경쟁이 허용되기만 한다면 사회적 진보는 확보될 것이었다. 이러한 형태의 사회다원주의를 설계한 사람은 스펜서였을 것으로 추측되는데, 그의 진화론적 철학은 영국뿐 아니라 특히 미국에서 대단한 인기를 얻었다. 미국 자본가들 중 가장 성공했으면서도 가장 무자비했던 많은 사람들이 스스로를 스펜서의 추종자로 여겼다.

자연선택을 묘사하기 위해 '적자생존'이라는 용어를 창안한 이는 다윈이 아닌 스펜서였고 이로 인해 생물학적 다원주의와의 연결이 충분히 분명한 듯 생각되므로, 스펜서가 무제한적인 개인주의의 옹호자였음은 틀림없다. 그러나 다윈의 선택 이론이 스펜서를 경유하여 자본주의를 장려하는 데 기여했다고 가정하는 분석에는 몇 가지 문제점이 있다. 먼저 우리가 살펴보았듯이 자연선택은 19세기 후반의 생물학자들 사이에 그리 널리 알려진 이론이 아니었다. 그렇다면 왜 자연선택이 사회정책을 과학적으로 승인한 것으로 간주되어야 할까? 스펜서가 자연선택의 역할을 지지했던 것은 분명하지만, 사실 그는 생애 내내 라마르크주의자였으며, 라마르크의 이론이 과학적 비판 세례를 받을 때 앞장서서 이를 옹호한 인물이었다. 라마르크의 이론은 또한 스펜서의 사회진화론과 유사한 요소가 있는데, 스펜서의 입장에서 보면 경쟁은 부적격자를 제거하는 역할을 할 뿐만 아니라 모든 사람들이 적격자가 되도록 강제하기도 했다. 경쟁이라는 도전에 자극받게 되면, 비록 일부 불운한 사람들은 이익을 얻지 못하고 벌금을 물기도 하지만 대다수의 사람들은 스스로를 개선하는 방법을 배운다. 그리고 만약 획득형질의 유전을 주장한 라마르크의 이론이 옳다면, 이러한 자기 개선은 다음 세대로 전달되어 인종 전체에 이로움을 줄 것이다. 예나 지금이나 자유기업 제도의 옹호자들 중 사회 진보를 위해 사람들이 죽어야 한다고 주장하는 사람은 거의 없다. 이들이 항상 주장하는 바는 국가의 원조 때문에 사람들이 게을러지고 낡은 것을 대체할 새 기술을 학습하려 노력하지 않는다는 것이다. 따라서 사회다윈주의라고 묘사되어 온 많은 것들이 실제로는 사회적 라마르크주의의 한 형태일지도 모른다. 아니, 다윈주의 및 스펜서식의 라마르크주의는 과학에 나란히 반영된 자본주의적 이데올로기들로 보는 것이 더 적절할 수도 있다. 그렇다 하더라도 최소한 스펜서가 최고의 영향력을 행사하던 1860~70년대에 가장 대중적인 인기를 얻었던 요소는 라마르크주의적 요소였을 것이다.

스펜서의 사상 중 다윈주의적 요소를 지나치게 강조한 결과, 부분적으로 라마르크주의는 무자비한 사회정책을 반대한 사람들이 훨씬 쉽게 이용할 수 있는 이론으로 그 명성을 얻었다. 미국의 레스터 프랭크 워드 같은 라마르크주의자들은 자신들의 이론이 사회 진보로 나아가는 인도적인 경로를 제시한다고 믿었는데, 가령 아이들이 적절한 사회적 행동을 배워 그것을 습관으로 굳히고 나면, 그 자체가 결국 유전되는 본능이 된다는 것이었다. 이런 식으로라면 인간 종 자체도 훨씬 사회화될 것이 분명했다. 이는 라마르크의 이론을 이용하는 방법 중 하나였지만, 자유기업 제도를 승인함에 있어 라마르크주의가 스펜서에게 미친 영향을 무시해서는 안 될 것이다. 스펜서의 입장에서 보면 '삶이라는 학교'는 분명 국가가 제공하는 그 무엇보다 훨씬 효과적인데, 왜냐하면 실패에 대한 형벌로 맞이하는 고통이 그 삶의 교훈을 뒷받침하고 있기 때문이다. 또한 라마르크주의가 발생반복 이론을 장려하는 데 주요한 역할을 하면서 '원시적인' 정신상태의 열등함을 매우 강조했다는 사실도 잊어서는 안 될 것이다. 19세기 후반의 수많은 사상가들이 당연시했던 인종적 위계는, 적어도 스펜서주의와 더불어 다윈주의만큼이나 라마르크주의에도 빚을 지고 있는 진보주의적 진화론에 토대를 두고 있었다. 다윈이 그 시대의 특징이라 할 수 있는 진보사상의 매력에서 벗어나 있었던 것은 아니다. 그러나 그는 진화를 보여주는 대부분의 사례에서 '적합함(fitness)'이란 지역적 환경에 대한 적응이라는 의미로만 정의되어야 한다는 것을 알고 있었다. 말하자면, 신체적·정신적 혹은 문화적 완벽함을 측정하는 절대적인 척도 같은 것은 존재하지 않는다는 의미였다.

진화론이 인종 문제에도 적용되었다는 것을 떠올리면, 우리는 사회다윈주의의 또 다른 복잡한 성격에 관해 생각하지 않을 수 없다. 즉, 경쟁이라는 개념을 동일한 집단 내의 개체간 경쟁 이외에 또 다른 수준에도 적용할 수 있다는 것이다. 19세기 후반의 사상가들은 대개 도태적인 메커니즘을 상정하면서 자연선택의 역할을 받아들였다. 그들은 자연선택이 새로운 형태의 생명을 창조할 수는 없지만, 자연선택을 통해 진보를 향한 여정에서 덜 성공적이었던 산물들이 제거될 수 있다고 믿었다. 새로운 형태의 생명이 창조되는 것은 라마르크주의나 더욱 적극적인 다른 메커니즘의 몫으로 남아 있었다. 만일 진화를 통해 여러 다른 유형의 인류, 즉 별개의 것이라고 가정될 수 있는 인종형이 만들어졌다면, 이 인종들은 어떤 유형의 인간이 가장 진보했는지를 결정하기 위해 내부의 경쟁에 몰입할지도 모를 일이었다. 그리고 이 경쟁의 패배자에게 주어지는 벌칙은 멸종일 것이었다. 유럽과 미국에서 백인종의 우월함을 의심하는 과학자는 거의 없었다. '열등한' 인종들은 살아 있는 화석, 혹은 우월한 인종의 침입에도 불구하고 세계 각 지역에 잘 보존되어 온 인류 진보의 초기 단계를 보여주는 유물로 간주되었다. 이제 성공한 백인들이 전 지구를 식민지로 만들고 있는 이상, 열등한 인류는 생존을 위한 인종적 투쟁에서 제거되어야 했다. 19세기가 제국주의의 시대를 향해 움직이고 있었기 때문에 다윈의 이론은 백인들이 갈망하던 세계 각 지역의 원주민 집단들을 정복하고 심지어 전멸시키는 것을 정당화하는 데 사용될 수 있었다. 다윈주의자이면서 제국주의자였던 칼 피어슨은 "인류의 이익을 위해 자신들의 토지를 이용할 줄도 모르고, 인류의 지식이라는 공동 자산에 자신의 몫을 제공하지도 않는 검은 피부의 종족을 유능하고 건장한 백인 남성이 대체해야 한다"는 것을 그 누구도 유감스러워해서는 안 된다고 기록했다(Pearson, 1900, 369). 오직 열대지방에서만 잘 적응하는 흑인들은, 새로운 세계 질서 속에서는 자연적으로 그들보다 우월한 사람들에 의해 지배당해야 마땅했다. 20세기 초반에는 미국과 오스트레일리아의 원주민 학살과 잠재적인 멸종이 현대 인류의 석기시대 조상들에 의한 네안데르탈인의 전멸과 비교되고 있었는데, 이에 따르면 그런 현상은 진보적인 진화의 불행하지만 필연적인 결과였다(Bowler, 1986).

유럽 열강들 사이의 경쟁조차 세계 지배를 향한 경주 내내 벌어지는 생존경쟁으로 간주되었다. 1872년에 이미 영국의 정치문필가 월터 배젓은 『물리학과 정치학(Physics and Politics)』에서 자연선택의 논리를 국가적 경쟁에 적용했다. 그의 메시지는 국가의 권위를 지탱해주는 모든 것이 외세의 위협에 대항할 국가적 결집을 제공하는 데 중요하다는 것이었다. 19세기 말을 향해 가면서 국제적인 적대행위가 증가함에 따라, 누가 유럽을 지배해야 할지 판가름할 전쟁에 대한 이야기들은 진부할 정도로 널리 퍼졌다(Crook, 1994). 독일의 호전적인 작가들은 독일 문화의 우월함을 입증할 전쟁은 정당할 뿐 아니라, 어쩌면 필연적이기까지 하다고 주장했다. 이러한 경쟁의 불가피한 결과가 제1차 세계대전이었으며, 미국의 생물학자 버년 켈로그는 벨기에의 독일 방어선을 여행하면서 장교부대가 국가주의적 사회다윈주의 이데올로기에 사로잡혀 있음을 목격했다. 헤켈의 진화철학은 여기서 핵심적인 역할을 했는데, 그가 다음 세대의 나치 이데올로기의 발달에 영향을 미쳤다는 주장 또한 계속 제기된 바 있다(Gasman, 1971). 이것은 논쟁의 소지가 있는 주장인데, 왜냐하면 부분적으로 헤켈은 당대에 널리 퍼져 있어서 다윈주의자가 아닌 많은 사람들도 공유하던 편견들을 명료하게 말하고 있었기 때문이다. 그는 분명 인종적 위계를 인정했고 인종들 사이의 투쟁을 예견했지만, 스펜서처럼 그의 진화론은 다윈주의적이었던 만큼 라마르크주의적이었다.

국가적 경쟁이라는 이데올로기는, 가장 근본적인 형태의 사회다윈주의로 널리 묘사되어 온 스펜서주의와는 정반대의 것이었다. 스펜서는 군국주의와 민족주의를 혐오했고, 이것들을 사회적 진화에서 봉건시대에 해당하는 시기의 낡은 유물로 간주했다. 이들 군국주의와 민족주의는 외부의 위협에 직면하여 국가의 통제라는 이데올로기를 조장했는데, 이는 오직 최소한의 정부만 존재하는 사회에서 개인들이 자유롭게 경쟁할 것을 강조했던 스펜서의 입장에 반하는 것이었다. 서로 적대적인 이데올로기가 다윈 이론의 다른 측면에 호소하며 스스로를 제각각 정당화할 수 있었다는 사실은 사회다윈주의가 분명 단일한 움직임이 아니었음을 보여준다. 또한 이런 사실을 감안하면 선택 이론을 사회나 정치적 사고가 발달하는 과정 속에 적극적으로 개입한 참가자로 바라보기는 힘들다. 진화라는 일반적 관념과 다윈주의나 라마르크주의처럼 진화가 작용하는 방식에 대한 구체적 이론들 모두가 당대의 정치문필가들이 발굴할 수 있는 풍부한 은유와 수사의 광맥을 제공했다. 그리고 의심의 여지없이 다윈, 스펜서, 그리고 다른 이들의 생물학 이론들은 문화적 가치의 영감을 받아 만들어졌다. 그러나 19세기에 널리 퍼진 다양한 형태의 사회다윈주의를 선택 이론의 부산물로 간주하는 것은, 과학자 공동체에 너무 과도한 영향력을 부여하는 것이다. 과학자들은 당대의 이데올로기를 반영했으며, 그들의 사상은 기껏해야 이미 정례화되고 있던 정책들을 정당화하는 데 이용되었기 때문이다. 또한 우리는 19세기 말 널리 확산된 다원주의가, 자연선택이 제한된 역할을 할 뿐인 진보적 진화에 대한 일반적인 비전을 제공했다고 말하는 것에도 주의를 기울여야 한다. 실제로 인간 본성에 대한 사상들과 생물학의 교차점에서 중요한 변화가 여전히 일어나고 있었다. 그리고 이는 유전이 형질을 결정하는 정도에 대한 훨씬 더 엄격한 견해가 등장한 것에 상응하는 반응이었다.

■ 유전 그리고 유전자 결정론

개인의 재능 수준이 그 사람의 인종적 기원에 의해 미리 결정된다고 주장한 19세기 사상가들은 일종의 생물학적 혹은 유전적 결정론을 옹호하고 있었다. 이에 대해 자유주의 사상가들은 개인의 인종적 기원과 상관없이 사회적 배경과 교육이 인격과 재능을 형성하는 데 중요하고 주장했다. 이런 의견 차이는 인간의 특성을 결정함에 있어 '본성(유전)'과 '양육(교육)'이 차지하는 상대적 중요성을 둘러싼 논쟁으로 끝없이 이어졌다. 19세기 후반, 유전 쪽으로 강조점이 기우는 커다란 변화가 일어났다. 사람들은 그동안 '가계 내에' 광기가 존재한다는 사실을 인정하지 않으려 했지만, 이제 모든 개인적 차이는 선조에 의해 미리 결정되는 것이라는 주장이 제기되었다. 재능의 정도나 어쩌면 기질조차 부모로부터 자손에게 유전적으로 전달되며, 따라서 '열악한' 유산을 물려받은 사람은 어떠한 교육과 양육을 받더라도 열등할 수밖에 없는 운명이라는 것이다. 대중들의 견해 속에서 이런 주장들이 발전한 것은 유전이라는 주제에 생물학자들의 관심이 집중된 것과 동시에 일어났는데, 이를 계기로 역사학자들은 과학지식 그 자체는 아니라 하더라도, 과학적으로 우선적인 사항을 형성하는 과정에서 이데올로기가 담당한 역할에 대해 질문을 던지게 되었다.

　유전자 결정론의 과학적 토대를 개척한 사람은 다윈의 사촌인 프랜시스 골턴이었다. 아프리카를 탐험하던 도중에 골턴은 흑인종이 열등하다는 것을 확신하게 되었다. 이후 그는 이러한 유전의 원리가 심지어 백인들에게도 적용될 수 있다면서, 똑똑한 사람들은 똑똑한 자녀를 낳고 어리석은 사람들은 어리석은 자녀를 낳게 된다고 주장했다. 1869년에 출판된 골턴의 저서 『유전적 천재(Hereditary Genius)』는 이러한 생물학적 불평등성을 무시함으로써 발생할 수 있는 사회적 위험을 막아야 한다는 캠페인에 과학적 근거를 제시했다. 골턴은 현대사회에서 '부적격자'는 거대 도시의 슬럼가에서 살아남을 수 있기 때문에 더 이상 자연선택에 의해 제거되지 않는다고 주장했다. 이들은 슬럼가에서 급속하게 번식하면서 전체 집단의 열악한 유전형질 수준을 증폭시킨다. 골턴은 부적격자가 번식하지 못하도록 제한하거나 적격자가 더 많은 아이를 낳게 함으로써 종의 특성을 개선하는 자신의 프로그램을 '우생학'이라고 이름 붙였다.

　20세기 초 골턴은 강력한 사회운동의 간판 인물이 되었다. 우생학은 가장 발전한 나라들에서 번창했으며, 인종적 퇴화에 대한 두려움과, 과학이 효율적으로 관리되는 사회에 이르는 길을 제시해줄 것이라는 열렬한 믿음으로부터 그 동력을 얻었다. 1901년에 골턴의 제자 칼 피어슨은 남아프리카에서 벌어진 보어전쟁(영국인들은 막대한 비용을 들여서야 이 전쟁에서 승리했다) 기간에 입대한 신입 훈련병들의 열악한 자질을 보며, 이것이 영국인들의 '퇴화'를 드러내는 증거라고 경고했다. 피어슨은 우생학 프로그램이 인종을 개선하고 제국을 방어하는 데 반드시 필요하다고 주장했다. 앞서 살펴본 바와 같이 그는 백인종이 식민화된 세계 곳곳의 원주민들보다 우월하다는 것을 사실로 믿었다. 우생학은 유전 문제가 생물학자들의 주요 관심사로 등장한 것과 동시에 지지를 얻었다. 피어슨은 집단 내의 유전형질에 미치는 선택의 영향을 평가하기 위해 통계학적인 기법을 개발했고, 1900년에는 멘델의 법칙이 '재발견' 되었다(『현대과학의 풍경1』 6장 "다윈 혁명"과 8장 "유전학" 참조). 역사가들은 이런 과학적 발전들을 사회적 여론의 변화와 연결시켰고, 그중 가장 급진적인 해석들은 유전에 관한 이론들의 구조가 우생학을 지지하는 데 활용된 용도에 의해서 결정되었다고 주장해 왔다. 인종 문제에서처럼, 사회적 압력 때문에 과학자들의 관심이 특별한 쟁점에 집중됐음을 보이기는 비교적 쉬운 일이지만, 이론들 자체가 사회적 가치를 반영한다는 것을 보이기란 그렇게 쉬운 일이 아니다. 경쟁하는 이론들이 동일한 사회적 태도를 승인하기 위해 사용되었다는 사실은 이와 같은 결정론적인 해석을 잠식하며, 과학적 의문들이 일반적으로 유전론적 틀 안에서 사유의 세부내용을 구체화했을 가능성의 여지를 남겨둔다.

피어슨은 다윈주의적 자연선택을 지지했고 그에 따라 다윈주의가 우생학의 모델로 이해되어 왔다. 여기서 자연선택은 인간 집단 내의 인위적 선택으로 대체된다. 피어슨은 수많은 현대 통계학적 기법의 토대를 마련하기도 했는데, 우생학을 강력히 지지한 그의 입장 때문에 도널드 매켄지(1982) 같은 학자는 그러한 기법들이 인간사회에서 유전이 미치는 효과를 두드러지게 하기 위해 고안된 것이라 주장하기도 했다. 그러나 피어슨의 통계학에 대한 더 최근의 연구는 그의 기법들 중 다수는 생물학적 문제들 때문에 만들어진 것임을 제안하고 있다. 그가 인간의 유전 문제에 관심을 돌리면서 다른 분석방법들을 도입했다는 것이다(Magnello, 1999). 따라서 다윈주의와의 연결은 조심스럽게 다루어져야 하는데, 골턴 자신은 선택압을 제거하는 조처의 부정적 효과를 강조했지만, 자연선택이 진화상의 새로운 형질의 근원이라는 것을 믿지는 않았다. 끝까지 라마르크주의를 옹호한 인물 중 한 명이었던 맥브라이드는 가장 극단적인 영국의 우생학자 중 한 명으로서 아일랜드인들을 강제로 불임시켜야 한다고 주장하기도 했다.

유전에 대한 새로운 물결의 관심이 낳은 가장 특징적인 결과는 물론 멘델 유전학이었다. 그레고어 멘델의 유전법칙은 1865년에 출판되었지만, 1900년 휘호 더프리스와 카를 코렌스에 의해 재발견되기까지 대체로 무시되었다. 이내 멘델주의는 골턴과 피어슨식의 비입자 유전 모델과 경쟁할 수 있는 강력한 라이벌을 제공했는데, 이는 경쟁적인 형태의 과학이 어떻게 똑같은 사회적 압력에 의해 각각 자극받을 수 있는지를 보여준다. 특히 미국에서 유전학은 인간 특성의 유전적 토대를 지나치게 단순화한 가정들을 통해 우생학 프로그램과 연결되었다(Haller, 1963). 모든 신체적·심리적 형질은 하나의 유전자의 산물로 간주되었다(그림 18.4). 예컨대 찰스 베네딕트 대번포트는 정신박약이 해당 유전자를 가진 사람을 불임시킴으로써 집단 내에서 쉽게 가려낼 수 있는 멘델식 형질의 하나라고 주장했다. 그러나 멘델주의와 우생학 사이에는 자동적인 연결고리가 존재하지 않았다. 영국의 선구적인 유전학자 윌리엄 베이트슨은 우생학을 지지하지 않았던 반면, 베이트슨의 위대한 과학적 라이벌이었던 피어슨은 유전학이 우생학의 신뢰도를 잠식할 정도로 지나치게 단순한 이론이라는 이유로 유전학을 신뢰하지 않았다. 따라서 과학에서 유전론적 사고에 대한 열광이 표현되는 정확한 방식들은 관련 과학자들의 상황에 달려 있었다. 집단유전학의 선구자 중 한 명인 로널드 에일머 피셔는, 자신의 연구를 통해 인간 집단에서 해로운 유전자를 제거하는 것이 얼마나 어려운지를 확인했음에도 불구하고 우생학으로부터 깊은 영향을 받았다. 선택 이론에 대해 비슷한 연구를 수행한 홀데인은 인간 집단의 변이 가능성을 억제하려는 우생학 운동의 시도에 회의적인 사회주의자였다.

그림 18.4 1929년 캔자스 자유박람회장에 등장한 우생학 전시물들. 이런 전시물들은 사람들에게 많은 신체적·정신적 결함이 단위형질로 유전된다는 것을, 그러므로 결함을 가진 사람들의 번식을 막음으로써 이런 결함들을 집단에서 제거할 수 있다는 확신을 심어주는 데 이용되었다.

여러 국가에서 우생학자들이 표명한 관심사들 사이에도 중요한 차이점이 있었다. 미국에서 우생학 운동은, 전체 인구 집단에 들어와 자신들의 형질을 퍼뜨릴 수 있는 '열등한' 인종의 이민을 반대하는 움직임과 밀접하게 연결되었다. 미국과 독일의 인종 과학자들 사이에는 밀접한 연결고리가 있었는데, 이는 나치가 권력을 잡은 이후에도 유지되었다. 영국의 경우 아일랜드인에 대한 맥브라이드의 맹비난을 제외하면 인종은 그렇게 중요한 쟁점이 아니었다. 의미심장하게도 비록 몇몇 생물학자들이 우생학과 인종 이론을 승인했음에도, 사회과학자들과 인류학자들은 20세기 초반이 되자 유전론적 입장을 포기했다(Cravens, 1978; 『현대과학의 풍경1』 13장 "인간과학의 출현" 참조). 당시 소련에서는 인간 본성이 사회의 진보에 의해 개선될 수 없다는 주장에 대한 불신감이 유전학에 대한 이데올로기적인 반대를 부추기기도 했다. 1940~50년대 리센코는 새로운 형태의 라마르크주의를 선동하면서 독재자 스탈린의 후원을 얻어 유전학자들을 소련의 과학자 공동체에서 쫓아냈다(Joravsky, 1970). 리센코는 농학을 개선할 수 있다는 희망을 (나중에 환상으로 밝혀졌지만) 제시했으나, 유전학에 대한 마르크스주의자들의 반감은 유전자 결정론에 대한 혐오감에서 비롯되었다. 리센코 추문은 종종 과학에 대한 이데올로기적 통제의 시도가 얼마나 역풍을 맞기 쉬운지를 보여주는 사례로 취급되지만, 반대로 결정론을 비판하는 사람들은 이데올로기적 편향이 일방적이지는 않았다는 것을 보이기 위해 우생학에 대한 서구 생물학자들의 열광을 지적한다.

유전론적 운동이 미국과 서유럽에서 결국 평판을 잃은 것은 나치의 지나친 행위들 때문이었다. 홀로코스트에서 극에 달한 유대인에 대한 나치의 적대감은, 아리아 인종 내에서 '결함이 있는 사람들'을 제거하는 가혹한 단계들과 그 궤를 같이했다. 1940년대가 되면서 이처럼 지나친 행위에 대한 반감의 물결이 일었고, 이로 인해 과학자를 포함한 많은 사람들이 인종주의와 우생학에 대한 자신들의 지지를 재고하게 되었다(Barkan, 1992). 그러나 여기에는 과학적인 요소들 또한 작용했는데, 자연선택에 대한 유전 이론이 등장하면서 인종들의 독특한 특성을 지적하는 데 사용되던 평행진화 이론이 잠식당했으며, 동시에 오늘날의 모든 인간들 사이에 존재하는 유전적 동족관계가 강조되었던 것이다. 유전학의 발전은 모든 형질이 하나의 유전자의 산물이라는 주장을 허물어뜨렸다. 그럼에도 일부 생물학자들은 여전히 이런 조류에 저항하고 있으며, 역사학자들은 과학이 얼마만큼이나 사회적 태도에 기여하는지 혹은 그로부터 영향을 받는지를 놓고 논쟁을 지속할 것이다.

■ 결론

　　　　　　　　　　　　　　　나치 독일 치하에서 벌어진 공포스러운 일들로 인해 사회과학계에는 새로운 조류의 자유주의가 등장했고, 사람들이 더 나은 환경에서 개선될 수 있다는 생각이 지지를 얻었다. 1970년대에는, 본성 대 양육의 논쟁이 사회생물학을 옹호한 에드워드 윌슨의 주장을 두고 다시 촉발되었다(Caplan, 1978). 윌슨은, 특히 곤충에게서 볼 수 있는 사회적 행동의 여러 측면들을 자연선택에 의해 만들어진 본능이라는 관점에서 설명하는 방법을 개척했다. 인간의 행동 역시 이런 식으로 결정될지 모른다고 윌슨이 제안했을 때, 자유주의자들은 새로운 조류의 사회다윈주의가 시작되었다고 주장하며 격렬하게 반발했다. 더욱 최근에는 많은 신경과학자들이 유전자의 유전이 뇌의 구조를 결정하는 데 일정한 역할을 하며 따라서 지적 능력과 본능적인 행동을 결정하는 데에도 영향을 미친다는 견해를 지지하기 시작했다. 서로 다른 인종 집단은 평균 지적 능력의 수준에서 차이가 난다는 주장도 부활했다. 인간 게놈프로젝트는 모든 신체적·감정적 장애에 이용할 수 있는 유전적 '해결책(fix)'이 존재한다는 믿음을 강화했다. 생명공학에서 이뤄진 최신의 발전으로 인해 국가가 재생산을 통제하는 것이 아니라 부모들이 후손의 형질을 선택할 수 있게 됨으로써, 우생학이 다시 등장할지 모른다는 두려움도 커졌다. 진화와 유전이 인간의 인격을 형성할 가능성에 대한 관심 역시 상당히 크며, 이는 필연적으로 그러한 이데올로기가 영향을 미쳤던 과거의 사례들에 대한 역사적 연구를 다시금 주목하게 만든다.

　역사학자들은 비백인종과 서구 사회의 하층계급의 사람들이 정신적으로 열등하다는 가정을 정당화하기 위해 과학이 사용된 방식을 탐구해왔다. 과학이 그런 식으로 사용되었다는 것에는 의문의 여지가 없다. 그러나 우리가 당면한 진정한 쟁점은 이런 관심들이 과학 그 자체를 어느 정도나 발전시켰는가라는 것이다. 사회학적 견해들에 따르면 과학적 지식은 그것을 만드는 사람들의 이데올로기적 이해관계를 반영한다. 여러 이론들이 백인종의 우월함과 같은 편견들을 가장 잘 지지할 수 있는 방식으로 구성되었다. 제국주의 시대에 인종차별 이론은 열광적인 지지를 받았고, 다른 인종들을 열등하다고 치부해버린 과학자들의 사고 역시 이런 이데올로기 속에서 형성되었던 것이 분명하다. 그러나 역사학자들은 특정 이데올로기가 반드시 특정 과학이론을 낳는다는 결정론적 접근법을 채택하는 데 있어 신중한 태도를 취하게 되었다. 다수의 상이한 이론들이 똑같은 사회적 목적을 위해 채택되었고, 이는 역사학자들로 하여금 관련 과학자들이 특정 이론을 선택하는 또 다른 이유를 찾아보게 했다. 19세기 말과 20세기 초에 제안된 대부분의 상이한 진화 이론들은 다윈주의적 인종과학과 비다윈주의적 인종과학에 모두 기여했다.

 과학이 그런 논쟁에 연루되었다는 사실은 과학 자체의 성격 및 객관성에 의문을 제기한다. 과거를 다루면서 우리는 인간 본성에 대한 우리의 경쟁적인 관점들을 여전히 형성하고 있는 관념과 태도들의 기원을 보게 된다. 사회생물학을 사회다윈주의와 동일시하는 것에서 볼 수 있는 것처럼, 역사는 현대의 이론들이 지닌 추정적인 사회적 함의들을 두드러지게 하기 위해 그 이론들에게 어떤 명칭을 붙이는 수단으로 이용되기도 한다. 과거에 대한 이러한 호소는 역사가 오늘날에도 여전히 의미가 있다는 점을 보여줄 뿐 아니라 그런 논쟁적 쟁점을 파고들려고 하는 역사학자들에게 도사린 위험들 역시 깨닫게 해준다. 우리는, 특별한 이데올로기가 반드시 특정한 과학이론과 동일시되어야 한다는 단순한 주장을 포함하여, 역사가 오용되는 것을 경계할 의무를 갖고 있다. 그러나 역사학자들은, 과거의 과학자들이 당대의 사회적 쟁점들과 일상적으로 연루돼 있었음을 입증해주는 정보를 충분히 갖고 있다. 역사를 사회적인 정보를 동원하여 분석하는 것은, 과학이 여전히 그러한 요소들에 의해 상당한 영향을 받을 수 있음을 우리 모두에게 경고하는 가치 있는 방법이다. (정세권 옮김)

■■19 Making Modern Science

■■ 과학과 의학

■■ 오늘날 우리는 의학 분야에서 이루어진 획기적인 진전과 발견들을 현대과학의 가장 뛰어난 업적 중 하나라고 생각한다. 우리는 의사와 과학자를 각각의 실험실 안팎에서 하얀 가운을 입고 성실하게 일하는, 똑같은 부류의 사람들로 생각한다. 흔히 의료행위의 중추에는 과학이 있다고 여겨진다. 과학은 의사들에게 인체의 작동방식과 병의 진행과정에 대해 기본적이면서도 핵심적인 지식을 제공한다. 예컨대 과학은, 신약을 통해 혹은 유전자가 건강에 미치는 영향에 대한 더 나은 지식을 통해 지금까지 고칠 수 없었던 질병에 대해 새로운 치료법을 제공한다. 19세기 말의 엑스레이(X-ray)부터 20세기 말의 자기공명영상(magnetic resonance imaging, MRI) 장치에 이르기까지, 과학은 새로운 진단기술을 끊임없이 제공하는 원천이었다. 지난 세기 동안 적어도 서구 사회에서 공중보건이 실질적으

로 개선되고 수명이 연장된 것은 과학적 의학 덕분이었다. 과학자들은 질병의 이해와 치료에 전례 없는 혁명을 가져올 유전암호 해독이 목전에 다가왔다고 예언한다. 우리는 과학과 의학의 이런 관계를 당연하다 못해 진부한 것으로까지 받아들인다. 그렇다면 과연 이와 다른 방식으로도 의학이 발전할 수 있었을까?

그러나 오늘날 당연시되는 과학과 의학의 이런 관계는 비교적 최근에 형성되었다(Porter, 1997). 3백 년 전 아니 심지어 150년 전만 해도 의학적 행위에 대해 자연철학이나 과학이 지니는 가치는 결코 자명하지 않았다. 오히려 이 주제는 의사와 그 환자 모두에게 심각한 논쟁거리였다. 사실 비교적 최근까지도 과학적 교육에 상당하는 어떤 훈련을 받은 개업의는 거의 없었다. 의학은 숙련된 개업의 밑에서 도제생활을 하면서 익히는 일종의 숙련기술로 여겨졌다. 개업의 중 가장 엘리트였던 내과의사조차 자연철학에 대해서는 가장 기초적인 교육만 받았다. 의사들에게 중요한 것은, 개별 환자들의 결점과 특이체질에 대한 상세한 지식, 그리고 수년간의 경험을 통해 개발된 실무적 지식과 진단기술이었다. 17세기에 데카르트처럼 새로운 과학을 옹호하던 자연철학자들은 신체에 새로운 지식을 응용하여 건강을 증진하고 수명을 기적적으로 연장할 수 있다고 주장했을지 모르지만 (『현대과학의 풍경1』2장 "과학혁명" 참조), 대부분의 의사와 환자들은 그런 주장이 매우 과장된 것이라고 생각했다(Shapin, 2000). 심지어 '과학적 의학'이 점차 확립되어 가던 19세기 후반에도 많은 의사들은 여전히 의학에서 정말 중요한 것은 책상물림식의 과학지식이 아니라 실무적인 지식이라고 주장했다.

그러므로 오늘날 우리가 당연시하는 형태로 과학과 의학의 관계가 형성된 것은 일종의 중요한 문화적 성취로 이해되어야 한다. 역사적인 관점에서 보면 비교적 최근까지도 과학과 의학의 관계는 그리 자명하지 않았다.

이 관계가 자명해진 것은, 세심한 역사적 관심을 기울일 필요가 있는 복잡하고도 우연한 역사적 과정을 통해서였다. 과거의 의사들이 과학을 의심의 눈으로 본 데는 그들 나름의 기준에 따른 충분한 이유가 있었다. 예를 들어 그들은, 의학을 과학화하면 자신들과 환자들의 관계와 자신들이 의료행위를 하는 방식에 반드시 이익이 되지만은 않을 중요한 변화가 일어나리라는 것을 인식하고 있었다. 오늘날에도 의학과 과학의 관계는 이론의 여지 없이 완전히 확립돼 있지는 않다. 어떻게 보면 그 관계는 지난 세기보다 오늘날에 훨씬 더 논쟁적일 수 있다. 다양한 종류의 비서구 의학을 옹호하는 사람들은, 과학적 의학을 두고 지나치게 유물론적이라거나 혹은 영혼은 외면한 채 육체에만 초점을 맞춘다는 등의 이유를 들어 비판한다. 또한 과학적 의학은 인간의 육체를 병든 부위의 집합으로 바라볼 뿐 통합된 전체로는 충분히 고려하지 않는다는 비판을 받기도 한다. 소위 의학에 대한 뉴에이지 접근법을 옹호하는 사람들 역시 비슷한 비판을 제기한다. 사회비평가들은 과학적 의학이 인간의 신체를 '의료대상화(medicalizing)' 한다고 비난한다. 다시 말해 과학적 의학이 인간의 건강상태 및 체험의 아주 정상적인 측면들을 의학적 개입이 필요한 질병들로 변질시킨다는 것이다.

이 장은 먼저 근대 초기 의료행위의 양태들, 즉 전문직업의 구조 및 의사와 환자의 관계, 신체에 대한 지식 등을 개괄할 것이다. 특히 일부 역사학자들이 '임상의학의 탄생(birth of clinic)'이라 묘사한 바 있는 18세기 말의 변화가 미친 영향에 초점을 맞출 것이다. 그 다음에는 19세기 실험실 의학의 성장을 살펴보면서, 의학은 과학이 되어야 할 뿐 아니라 특히 실험과학이 되어야 한다고 강조한 사람들의 주장을 고찰할 것이다. 실험실에 기반을 둔 과학교육이 의학 훈련의 핵심 요소가 된 것은 바로 이런 과정의 일부였다. 루이 파스퇴르나 로베르트 코흐 같은 선구자들은 실험이야말로 질병을 고치려 했던 자신들의 노력의 핵심이었다고 주장했다. 다음으로

이 장에서는 20세기 동안 신약의 도입과 함께 일어난 치료상의 혁명을 살펴볼 것이다. 페니실린 같은 새로운 항생제 치료의 성공은 많은 사람들에게 과학적 의학이 성공했다는 결정적 증거를 제공하는 것처럼 보였으며, 치료를 위한 미래의 여러 노력들에 대한 청사진을 제시하는 것이라 여겨졌다. 20세기는 또한 질병의 진단과 치료를 위해 엑스레이나 방사능 같은 기술들을 응용하는 물리의학이 자리를 잡은 시기였다. 전반적으로 과학이 의학 발전에 최고의 열쇠를 제공한다는 것을 그 누구도 의심할 수 없는 듯한 상황이 된 것이다.

■ 임상 혁명

지난 50년간 의학사에서 가장 중요한 연구 중 하나인 『임상의학의 탄생(The Birth of the Clinic)』에서 역사학자이자 사회비평가였던 미셸 푸코는, 18세기 말에 일어났던 의료행위의 변화가 근대 의학의 출현에 결정적 역할을 했다고 기술했다 (Foucault, 1973). 푸코에 의하면, 근대 의학은 병원이 의료행위의 중심지로 설립되면서 가능해졌다. 다른 의료사회학자는 이를 "의학적 우주(medical cosmology)에서 환자가 사라진" 순간으로 묘사한다. 즉 병원의 발달과 함께 의사들은 환자 개개인의 신체에는 관심을 덜 기울이면서 질병을 그 자체로 존재하는 실재로 다루기 시작했다는 것이다(Jewson, 1976). 이 주장에 따르면, 근대 초기가 끝날 때까지 의료행위는 개인의 신체에 초점을 맞추었지만, 병원이 설립되고 그곳에 환자들이 집중적으로 몰리면서 개인의 신체는 특정한 질병의 징후가 나타나는 장소로만 간주되었다. 의사들은 점점 병원의 환자들을 치료를 필요로 하는 한 개인으로서뿐만 아니라 상이한 질병이 진행되는 과정에 대한 정보를 제공하는 출처로 취급하기 시작했다. 이런 관점에서 보자면 푸코가 주장한 것처럼 질병분류학(nosology)은 핵심적인 의학적 과학이었다.

18세기 의료 전문가(medical profession)들은 대체로 세 집단, 즉 내과의, 외과의 그리고 약제사로 구분되었다. 이들 중 신체 내부의 질병을 다루는 내과의만이 대개 대학학위를 가지고 있을 것으로 생각됐다. 신체 외부의 질병을 다루는 외과의나 약을 조제하는 약제사들은 보통 숙련된 개업의 밑에서 도제 수련을 통해 필요한 기술을 익혔다. 이 개업의들 대다수는 병원처럼 거대한 기관의 일원이 되기보다는 개인적인 근거지를 가지고 활동했다. 치료를 받기 원하는 환자들은 자신들의 접근성과 질병의 성격 그리고 지불능력 등에 맞게 의사들을 찾아갔다. 한 개업의로부터 만족할 만한 치료를 받지 못한 부유한 환자는 쉽게 다른 의사에게 갈 수 있었다. 이런 점에서 보면 많은 의학사가들이 18세기 의학에 대해 환자 중심적이었다고 설명한 것처럼(Porter · Porter, 1989), 개업의와 환자 사이의 관계는 환자에게 상당히 유리한 편이었다. 그러나 대다수 사람들에게 공인된 개업의를 찾아가는 데 드는 비용은 터무니없이 비싼 금액이었다. 이런 사람들은 접골의, 본초학자 혹은 조산원(助産員)처럼 지역 내 다양한 의료행위자들의 도움을 받아 그럭저럭 치료를 받았다. 약제사는 내과의들의 영역인 약제 처방을 공식적으로 할 수 없게 되어 있었지만 관례에 따라 계속 약제 처방을 했다. 18세기가 끝날 무렵이 되면 약제사 겸 외과의는 점점 보편화되었고, 이후 이들은 두 전문분야 모두에서 인정받는 일반 개업의가 되었다(Waddington, 1984).

이들 의료행위자들은 신체와 질병에 대해 무엇을 알고 있었을까? 많은 의사들은 인간의 신체가 네 가지 체액 즉 혈액, 담즙, 흑담즙, 점액에 의해 조절된다는 체액설에 따라 처방을 내렸다. 체액설은, 건강한 신체에서는 체액이 균형을 유지하지만 병에 걸리면 균형을 잃게 되며, 의사의 임무는 이 균형을 회복시키는 것이라고 보는 이론이었다. 이 이론은 가령 사혈(瀉血) 같은 근대 초 의료행위의 이론적 근거가 되었다. 자연철학자들은 신체를 어떻게 이해할 것인지를 두고 논쟁을 벌였다. 네덜란드의 대학교수 헤르만 부르하페 같은 뉴턴주의 신봉자들은 신체를 펌프와 도르래 그리고 기계적 장치들로 구성된 일종의 기계로 간주해야 한다고 주장했다(그림 19. 1). 이에 반해 게오르크 에른스트 슈탈 같은 정령 숭배자들은 인간의 신체는 기계부품들의 조합 이상의 그 무엇이라고 주장했다. 알브레히트 폰 할러를 포함한 자연철학자들은 다양한 동물 조직들의 특성을 분류하려 시도했는데, 가령 근육조직은 흥분하기 쉬운 것, 신경조직은 민감한 것으로 묘사했다(Hall, 1975). 역사학자들이 종종 양 진영으로 묘사하는 기계론자와 생기론자 사이의 논쟁이 의료행위에 얼마나 뚜렷한 영향을 주었는지는 분명하지 않다. 아마 대부분의 의사들은 환자들의 질병을 치료하느라 이런 논쟁에 관심을 기울일 시간이 많지 않았을 것이다(Bynum·Porter, 1985).

푸코가 지적한 바와 같이, 수많은 이유들 때문에 18세기 내내 병원은 점차 의료행위와 의학 교육의 중심지로서 중요해졌다. 18세기에 존재하던 병원들 다수가 중세까지 그 역사를 거슬러 올라갈 수 있는데, 중세에 이들 병원은 대개 수도원의 통제 아래 가난한 사람들을 치료하는 자선기관으로 설립되었다. 이런 기관들은 특히 18세기 프랑스에서 점차 국가의 통제 아래 놓이게 되었고, 프랑스혁명 직후 이런 경향은 더욱 두드러졌다(그림 19. 2). 푸코가 "임상의학의 탄생"이라고 말하며 염두에 둔 것은 바로 병원에서 이루어지는 의료행위에 대한 국가의 통제 및 재조직화라는 가설이었다. 병원은 점차 야심찬 의사들이 직업적 포부를 키우는 데 중요한 역할을 했다. 그 과정에서 병원은 의사들이 환자와 질병을 대하는 방식을 바꾸게 했다. 푸코의 명제는 프랑스 이외의 지역들, 예를 들어 국가가 병원 설

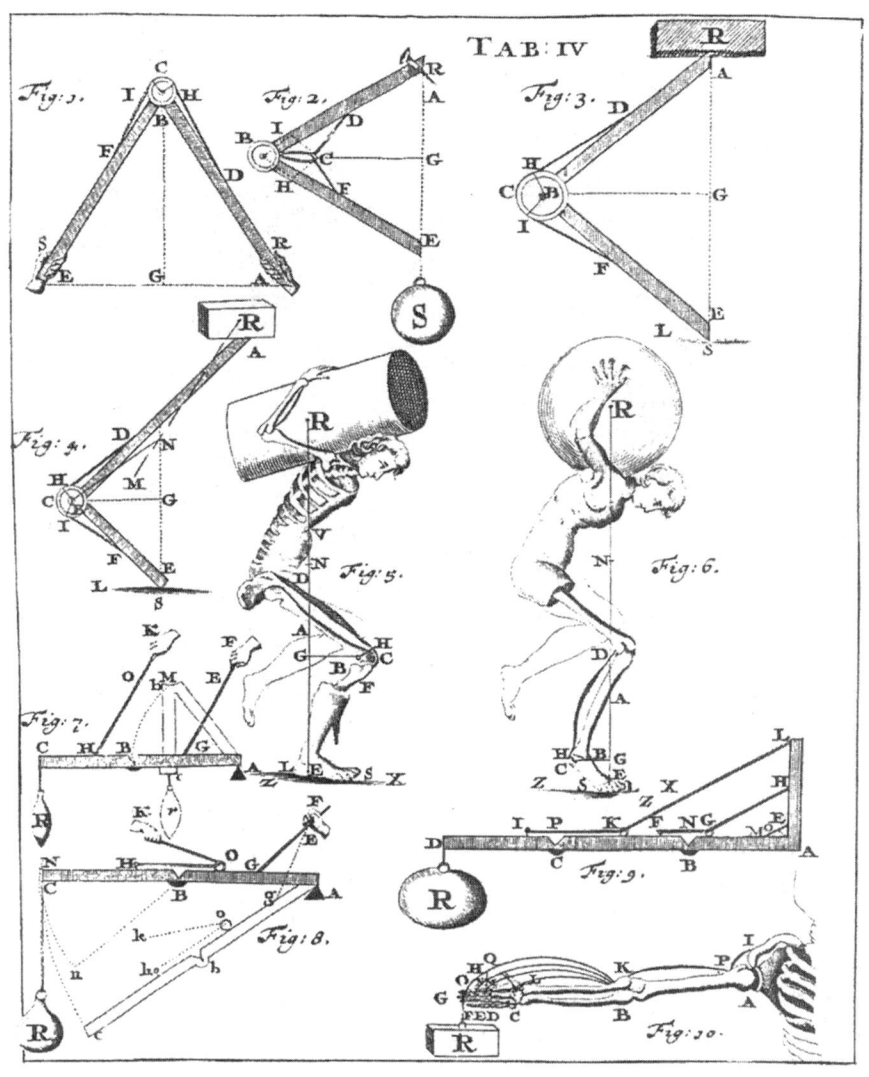

그림 19.1 조반니 보렐리의 『동물의 운동에 관하여(De motu animalius, 1680)』에 실린 기계로 묘사된 인간의 신체. 신체를 기계적 체계로 이해할 수 있다는 생각은 근대 초기 의학에서 점차 널리 퍼져나갔다.

그림 19.2 19세기 파리의 병원 풍경(Wellcome Medical Library, London).

립에 거의 아무런 역할도 하지 않은 영국과 미국의 상황에서는 그리 설득력을 발휘하지 못한다. 그렇지만 영국과 미국에서도 병원은 의학 교육의 중심지로 발달했고 그 과정에서 환자와 질병을 보는 의사의 관점도 변해갔다. 산파와 같은 전통적 치료사들은 소위 산과의나 남성 산파처럼 병원에서 훈련받고 공인받은 새로운 의사들에게 빈번히 밀려났는데, 도시의 신흥 중간계급은 이 새로운 의사들을 훨씬 더 선호했다(Wilson, 1995).

개별적 특징과 징후에 따라 질병을 분류하는 질병분류학은 18세기 동안 점차 중요한 관심사가 되었다. 그것은 여러모로 계몽사조기의 의학적 과학의 핵심이었다. 식물학자 카를 폰 린네의 자연사분류법 체계나 『백과전서(Encyclopédie, 1751~72)』에서 모든 지식을 분류하고자 했던 프랑스 철학자 장 르 롱 달랑베르나 드니 디드로의 노력에서 볼 수 있듯이, 새로운 분류체계는 18세기에 대단히 유행했다. 1731년에 『질병의 새로운 분류(Nouvelles classes des malaides)』를 쓴 몽펠리에 대학의 의학교수이자 내과의였던 프랑수아 소비지는 질병의 체계적 분류를 처음으로 시도한 인물 중 한 명이었다. 그는 질병을 10개의 강(綱)으로 동정하고 이를 295개의 속(屬)과 2천 4백 개의 종으로 나누었다. 스코틀랜드의 내과의이자 글래스고 대학의 의학교수였던 윌리엄 컬런은, 18세기 질병 분류에 있어 가장 영향력 있는 역작 중 하나인 『의술행위의 제일 방침(First Lines of the Practice of Physic, 1778~79)』을 출간했다. 의학의 관심은 이제 환자들이 얘기하는 주관적 징후에 토대를 둔 질병 분류에서 객관적인 증세를 확인하려는 시도로 이동했다. 해부학적 병리학은 질병의 특정한 상태에 대응하는 특정 조직의 손상을 확인하려는 노력 속에서 질병을 밝히는 중요한 방법이 되었다. 질병분류학은 점차 큰 병원들이 제공하는 수많은 환자들의 사례에 의존하게 되었다. 이런 과정을 거치면서 병원은 의학 교육과 치료뿐 아니라 의학 연구를 위해서도 주요한 중심부로 간주되기 시작했다.

푸코가 의학에서의 임상 혁명이라고 설명한 것의 가장 중요한 특징 중 하나는, 그가 의학적 '시선'의 등장이라고 부른 현상이다. 푸코는 임상의학의 탄생과 함께 의사들이 환자를 완전히 다른 방식으로 바라보기 시작했다고 주장했다. 의사는 환자들을 그들 나름의 독특한 결핍상태와 징후를 지닌 개인으로 보기보다는 상이한 질병이 나타나는 장소로 바라보기 시작했다. 환자들이 실험대상으로 간주되게 된 것이었다. 이는 부분적으로 교육과 연구의 주요 거점으로 성장한 거대 병원의 또 다른 모습이었다. 대체로 병원의 환자들은 그 사회의 빈곤계층이었다. 이들에게는 중상층 계급의 사람들처럼 사회적으로 동등하거나 우월한 지위에서 의사와 상호 작용할 수 있는 권력이 없었다. 가난한 환자들에게 병원은 죽음의 장소 혹은 빈곤의 장소이기도 했다. 1832년 영국에서 해부법이 통과되자 의사들은 신원이 밝혀지지 않은 가난한 환자들의 사체를 해부와 실험에 사용할 수 있게 되었다. 이들의 육체는 19세기 초 등장한 새로운 질병분류학 체계를 위한 재료이자 같은 시기에 일어난 의학 교육을 대대적으로 확장하는 원료가 되었다. 푸코에 따르면 새로운 의학적 시선은 환자를 객관화된 감시와 근대의 의학적 권위의 통제 아래 복종시켰다.

푸코는 과학적인 병원 의학의 등장을 어둡게 묘사한다. 이런 관점에서 보면 임상혁명은 건강을 증진시키기 위한 노력이라기보다는 환자의 육체에 새로운 지배와 통제를 부과한 사건으로 간주될 수 있다. 그러나 의학적 담론과 행위를 굳이 또 다른 형태의 권력관계에 불과한 것으로 간주하지 않고, 18세기 말 의료행위의 변화에 대한 이와 같은 분석이 보여주는 다양한 면모를 이해하는 것도 가능하다. 의학적 지식이 조직되는 방식의 변화, 특히 질병분류학에 대한 관심의 증가는, 교육과 연구를 위한 공간으로 떠오른 병원과 같은 새로운 기관 및 사회구조의 등장과 맞물려 진행되었다. 또한 오늘날 대부분의 의학사학자들은 혁명기 프랑스의 특정 사례를 일반화하기에는 푸코의 분석이 지나치게 성급했다고 의견을 모은다. 유럽의 여타 지역이나 북아메리카에서의 발전은 똑같은 시기에 똑같은 방식으로 진행되지 않았다. 예를 들어 영국에서는 20세기 초반까지 국가가 병원 설립에 거의 관여하지 않았다(Lawrence, 1994; Peterson, 1978). 미국에서도 병원 설립에 대한 국가의 개입은 여전히 제한적이었다. 그럼에도 임상의학적인 관점은 이들 국가에서도 19세기 내내 열광적으로 수용되었다.

■ 실험실 의학

오늘날 실험실은 의학이 연구되는 핵심 장소이다. 우리는 실험실 과학이 새로운 치료법을 만들 것이라고 기대한다. 좀더 일상적인 측면에서 보자면, 실험실에서 행해지는 의약품과 시료의 검사는 오늘날 진정한 산업이 되었으며, 이것이 없다면 현대 의학은 결코 지속되기 힘들 것이다. 그러나 실험실 연구가 의료행위에 기여하기 시작한 것은 비교적 최근의 일이다. 의학을 실험실과 접목하려는 체계적인 시도가 처음으로 일어난 것은 19세기 초의 일이었다. 이를 옹호한 사람들은, 실험과학의 방법을 엄격히 적용해야만 의학이 진보할 수 있으며 새롭고 효과적인 치료법을 만들어낼 수 있으리라 기대했다. 그렇지만 실험실 과학을 의학에 적용하는 일에는 언제나 논쟁이 뒤따랐다. 이에 반대한 사람들은 19세기 내내 그리고 오늘날에도, 여전히 과학적 의학 연구에 반드시 뒤따르는 듯 보이는 생체 해부를 반대했다. 많은 의사들 또한 과학적 의학이 의료행위의 바람직한 임무에서 벗어난다고 생각했다. 이들은 의학이 전문지식과 실험실에서의 과학행위보다는 실습을 통해서만 습득할 수 있는 예리한 감각과 경험에 의존한다고 주장했다(Lawrence, 1985). 신체를 마치 기계부품의 조합처럼 다루는 것은 전체로서의 신체를 제대로 이해하는 일과는 거리가 멀었다. 그러나 과학적 의학을 옹호하는 사람들은 점차 실험실에서의 훈련을 일상적인 의학 교육의 일부분으로 만드는 데 성공했다. 파스퇴르나 코흐 같은 이들의 연구처럼 치료법 연구에서 이뤄진 획기적인 약진은 대부분 실험실 의학의 업적으로 여겨졌다.

여러 가지 면에서 볼 때 19세기 초엽의 실험실에 기반을 둔 의학 모델은 유스투스 리비히에 의해 개발되었다. 본과 에를랑겐, 파리에서 공부한 리비히는 1824년에 기센 대학의 화학 교수로 임명되었고, 그곳에 화학 연구소를 설립했다. 일반적으로 역사가들은 리비히를 최초로 화학 분야의 연구학파 중 하나를 설립한 사람으로 간주한다(Brock, 1977). 그는 생물학적인 기능을 선천적인 생기적 활동의 소산으로 다루기보다는 신체 내부의 화학적·물리적 과정의 결과로 연구하면서, 화학 연구와 의학 연구가 긴밀히 결부된 전통을 확립하는 데 핵심적인 역할을 담당했다(『현대과학의 풍경1』 7장 "새로운 생물학" 참조). 이와 비슷하게 클로드 베르나르도 실험실 과학을 프랑스 의학의 일부분으로 승격하는 데 중요한 역할을 했다. 베르나르 역시 리비히와 마찬가지로 그 나름의 실험적 연구만큼이나 제자들의 공헌과 과학적 의학을 옹호하기 위해 그가 피력했던 강력한 철학적 주장 때문에 중요한 인물로 간주된다. 베르나르는 독창적인 저서 『실험의학 연구입문(Introduction à l'étude de la médecine expérimentale, 1865)』에서 의학 교육과 연구에서 실험과학이 담당하는 역할을 강력하게 옹호했다. 그에 따르면 병원에서의 관찰은 너무나 우연적이고 소극적인 과정이어서 질병이 진행하는 방식, 즉 그가 질병의 '병리생리학'이라 명명한 것에 대해 믿을 만한 정보를 얻을 수 없었다. 이를 해결하기 위해서는 통제된 실험실 환경에서 살아 있는 동물을 가지고 실험하는 것이 필수적이었다(Holmes, 1974).

프랑스에서 과학적 의학을 옹호한 대표적인 인물로 평가받던 베르나르의 명성은 파스퇴르라고 하는 신진 스타의 등장으로 인해 곧 사그라들었다. 파스퇴르는 파리고등사범학교(École Normale Supérieure)에서 화학을 공부한 후 지방의 여러 대학을 전전하다가 1854년에 프랑스의 제조업센터였던 릴에서 대학 교수직을 얻었다. 파스퇴르가 릴의 양조업자들의 요구에 맞춰 발효화학에 대한 연구를 착수한 곳이 바로 여기였다. 그는 발효과정이 일어나기 위해서는 미생물이 있어야 한다는 것을 입증하는 데 성공했다. 또한 그 과정에서 맥주나 우유가 시어버리는 것을 막는 방법, 오늘날 '저온살균법(pasteurization)'이라고 알려진 방법을 확립했다. 파스퇴르는 자연발생의 문제, 즉 유기체가 생명이 없는 물질로부터 자연적으로 발생할 수 있는지를 두고 급진적인 과학자 펠릭스 푸셰와 벌인 논쟁이 널리 알려지면서 명성을 얻었다(Latour, 1988). 급진적 유물론자였던 푸셰는 자연

그림 19.3 실험실에서 연구하고 있는 루이 파스퇴르.

발생이 진실이라고 주장한 반면, 보수적인 가톨릭교도였던 파스퇴르는 이를 부정했다. 여러 차례의 극적인 실험을 통해 파스퇴르는, 실험기구가 철저히 소독되어 있고 주변 환경이 오염되어 있지 않다면 어떤 상황에서도 유기물이 발생하지 않는다고 주장했다. 다른 말로 하면 자연발생이 일어났다는 외관상의 관찰은 외부 미생물에 의해 실험기구가 오염된 결과라는 것이었다. 파스퇴르는 1862년에 프랑스 과학아카데미 회원으로 선출됨으로써 자신의 명성을 확고히 다졌다(Geison, 1995).

파스퇴르는 1860~70년대에 미생물 연구를 진척시키는 와중에 질병세균설을 강력하게 옹호하게 되었다(그림 19. 3). 그는 발효나 부패 같은 과정뿐 아니라 질병 역시 미생물 때문에 발생한다고 설명하면서, 만일 특정한 질병의 원인이 되는 유기체를 밝혀낼 수만 있다면 그 질병에 대항하는 백신도 개발할 수 있다고 주장했다. 1879년, 파스퇴르는 '독성이 약화된 (stale)' 콜레라 유발 미생물을 닭에게 주입하여 자신의 이론을 검증했는데, 이를 통해 이 미생물에 미리 노출되었던 닭들은 이후에 콜레라를 유발하는 유독성 미생물에 노출된 후에도 감염되지 않는다는 것을 보여주었다. 1881년에 그는 가축과 인간을 대량으로 죽이는 탄저균을 가지고 풀리 드 포르에서 훨씬 큰 규모의 실험들을 진행했다. 그는 스물네 마리의 양, 여섯 마리의 소 그리고 한 마리의 염소에게 백신을 주입했고, 수주일 동안 이를 반복한 후에 이 동물들을 백신을 맞지 않은 동물들과 함께 살아 있는 탄저균에 노출시켰다. 백신을 맞은 동물들은 살아남았고 그렇지 않은 동물들은 모두 죽어버렸는데, 이 사건은 파스퇴르의 이론을 성공적으로 입증한 실험으로 대대적인 환호를 받았다. 그는 1885년, 광견에게 물린 아홉 살 난 마이스터라는 소년에게 예방접종을 하면서 또 한 번 놀라운 장면을 연출했다. 이 소년이 살아난 것이었다. 1888년에는 파스퇴르가 전 생애를 헌신한 의학 연구의 센터로서 파스퇴르 연구소가 파리에 설립되었다.

파스퇴르의 실험들은 질병세균설을 뒷받침하는 중요한 근거를 제공했다(Geison, 1995). 세균설을 옹호한 중요하고도 영향력 있는 또 다른 인물은 파스퇴르의 경쟁자였던 독일의 실험가 코흐였다. 코흐는 괴팅겐 대학에서 의학을 공부하고 1866년에 의학박사 학위를 받은 뒤 베를린에서 루돌프 피르호와 함께 화학을 공부했다. 프로이센-프랑스 전쟁 직후 울렌스타인에서 지방 군의관으로 근무하는 동안, 코흐는 탄저균 전염에 관한 연구로 명성을 쌓았다. 1880년에 그는 베를린의 제국보건국(Imperial Health Bureau)의 일원이 되었다(Brock, 1988). 여기서 코흐는 동료 페트리가 만든 페트리 접시를 비롯해서, 연구에 사용할 수 있는 박테리아 순수배양균을 기르는 새로운 방법을 개발하는 데 주력했다. 코흐는 특히 네 가지 유명한 가정을 제시하여, 이를 근거로 특정 미생물과 특정 질병 사이의 관계를 확인하는 실험절차를 확립함으로써 이름을 널리 알렸다. 그가 제시한 네 가지 가정은 다음과 같았다. 첫째, 특정한 질병을 앓는 모든 생물체에서 특정한 미생물을 발견할 수 있다. 둘째, 신체에서 추출된 이런 병원균은 순수 배양을 통해 얻을 수 있고, 여러 세대에 걸쳐 보존될 수 있다. 셋째, 처음 추출된 후 몇 세대에 걸쳐 순수 배양된 미생물을 통해 실험동물에게 동일한 질병을 일으킬 수 있다. 마지막으로 예방접종된 동물로부터 미생물을 다시 추출하여 새롭게 배양할 수 있다.

이 가정들은 1879년에 전염성 질병의 병인학에 관한 논문에서 처음 제시되었고 1882년 정식화되었다. 그리고 같은 해에 코흐는 베를린 생리학회에서 중요한 발견을 발표했는데, 바로 당대에 가장 많은 인명을 앗아가던 질병 중 하나인 결핵균을 확인한 것이다. 1883년에 코흐는 독일 콜레라 조사단의 일원으로 이집트에 파견되어 콜레라 창궐에 대해 조사했다. 그는 콜레라를 유발하는 세균의 일종인 '비브리오'를 확인하는 데 성공했고, 연구를 위해 비브리오의 순수 표본을 베를린으로 가져왔다. 1885년에 코흐는 베를린 대학의 위생학 교수이자 그 대학에 새로 설립된 위생학 연구소의 소장으로 임명되었다. 그리고 그는 1891년에 베를린의 권위 있는 전염성질병연구소 소장이 되었다. 이곳에서 코흐와 그 제자들은 1880~90년대에 걸쳐 디프테리아, 장티푸스, 결핵 등 19세기에 인명을 앗아가던 최악의 질병들에 관여하는 미생물을 규명해 나갔다(Brock, 1988). 그렇지만 모든 사람들이 코흐의 연구에 수긍한 것은 아니었다. 어떤 독일 의사는 보이지 않는 미생물에 의해 질병이 일어난다는 생각을 비웃어줄 목적으로, 코흐가 보낸 콜레라균이 담긴 플라스크 용액을 정말로 마셔버렸다(Porter, 1997). 그는 죽지 않고 살아났는데, 아마도 위액의 강한 산성이 그 병원균을 무력하게 만들어버렸기 때문이었던 듯하다. 코흐는 자신의 발견들을 근거로 결핵을 치료할 방법을 개발하려고 수차례 시도했다. 그러나 그의 야심차고 낙관적인 주장에도 불구하고, 코흐가 시도한 치료방법들은 그다지 효과적이지 않은 것으로 밝혀졌다. 1905년에 코흐는 노벨 생리의학상을 수상했다.

당시까지 치료하기 힘들던 질병에 대해 확실하고 즉각적인 치료 혜택을 제공한 것처럼 보이는 파스퇴르나 코흐 같은 사람들의 획기적인 발견은 실험실 의학의 정당성을 주장하는 데 큰 역할을 했다. 그러나 앞서 살펴보았듯이 이들의 사례에서조차, 실험과학이 의학에 제공하는 분명한 혜택을 받아들이는 과정은 결코 평탄치 않았다. 많은 의사들을 포함하여 19세기의 상당수의 대중들이 볼 때는 생체 해부가 가장 큰 걸림돌이었다. 19세기 내내 과학적 의학을 옹호한 사람들은 살아 있는 동물들에 대한 실험이야말로 자기들이 하는 행위의 핵심적 특징이라고 주장했다. 예를 들어 베르나르는 질병의 모든 추이를 정확하게 추적하려면 실험동물이 실험 내내 살아 있어야 한다고 주장했다. 그러나 이에 반대하는 사람들은 다른 피조물들에게 고통을 유발하는 것은 도덕적으로 옳지 않다고 주장했다. 또한 이들은, 극단적인 고통을 받고 있는 동물들이 특정한 자극에 보이는 반응을 통해서는, 정상적인 환경에서 그들이 나타낼 반응에 대한 확실한 지식을 결코 얻을 수 없다고 강조했다. 생체 해부를 반대하는 목소리는 특히 영국에서 두드러졌다. 1874년, 영국 의학협회 회합에서 프랑스 정신의학자가 마취되지 않은 개 두 마리를 가지고 공개실험을 진행하여 물의를 일으킨 이후, 상황에 대한 조사와 고찰을 위해 왕립위원회가 소집되었다. 그 결과 1876년에 동물학대법이 제정되었는데, 이 법은 허가 없이 진행되는 동물실험을 금지했다(French, 1975). 이처럼 대중적인 불안과 반대가 면면히 이어지기는 했지만 20세기가 시작될 때쯤이면 실험실 과학이 의학 발전의 열쇠를 쥐고 있다는 사실은 점차 널리 받아들여지고 있었다.

■ 항생제 혁명

　　　　　　　　　　　　　　　알렉산더 플레밍은 아마 의학사에서 가장 널리 알려진 이름 중 하나일 것이다. 런던의 세인트메리 병원 실험실에서 그가 우연히 페니실린을 발견한 이야기는, 과학과 의학의 관계를 보여주는 상징적인 순간으로 자주 일컬어진다. 실험실에서 하얀 가운을 입은 과학자 플레밍이 갑자기 현대 의학의 지형을 바꿔버린 하나의 운 좋은 발견을 하게 되었다는 식으로 말이다. 물론 이 이야기에는 이것보다 훨씬 더 많은 것들이 담겨 있다(MacFarland, 1984). 이미 살펴보았듯이, 플레밍이 연구했던 병원 실험실이라는 공간조차도 우연히 등장한 것만은 아니었다. 그런 공간이 존재할 수 있었던 것은, 과학적 의학에 열광했던 사람들이 수십 년 동안 행한 고된 연구와 그들이 기울인 설득력 있는 노력의 최종 결과였다. 심지어 병원 실험실이나 거기서 연구할 수 있도록 교육받은 플레밍 같은 연구자들의 존재를 당연시한다 하더라도, 한 번 관찰된 신기한 현상을 성공적인 약제로 바꾸기 위해서는 엄청난 연구가 이어져야 했다. 페니실린과 뒤이어 나온 약제를 유용한 양만큼 만들기 위해서 과학적 의학은 산업적 규모의 대량생산 활동이 되어야 했다. 제약회사들은 20세기의 주요한 산업적·과학적 성공신화 중 하나가 되었다. 이들 회사들로 인해 비로소 의학 연구는 개인이나 소집단이 한정된 자원을 가지고 진행하던 상대적으로 소규모의 활동에서 수십만 명을 고용하는 수십억 달러 규모의 산업으로 변모했다.

　　약물치료법을 찾던 의학 연구자들과 화학산업 회사들은 19세기 말엽부터 이미 매우 밀접한 관계를 맺고 있었다. 1899년부터 왕립 프로이센 실험치료 연구소 소장으로 재직했던 폴 에를리히는 독일의 화학회사들과 긴밀한 유대관계를 형성하고 있었다. 이런 배경은 에를리히가 이들 회사의 생산품인 화학염료를 치료용으로 사용할 수 있지 않을까 기대한 한 가지 이유가 되었다. 염료가 특정한 직물조직에만 고착되는 것처럼, 특정 미생물만 공격하는 약제를 개발할 수 있을지도 모른다고 생각했던 것이다. 이런 연구의 초기 결과 중 하나가 매독을 치료하는 데 사용될 수 있는 비소화합물 살바르산(salvarsan)이었다. 또 한 명의 독일 연구자 게르하르트 도마크는 1927년부터 또 다른 염료회사였던 이게 파르벤사(I. G. Farbenindustrie)의 연구소장을 맡고 있었고, 여기서 연구를 거듭한 끝에 설파제(sulfonamide)로 연쇄구균 감염을 치료할 수 있다는 것을 알아냈다. 곧이어 1930년대에 제약회사들은 이 연구를 바탕으로 신형 설파제를 산업적 규모로 생산하기 시작했다. 그러나 이런 종류의 화학적 치료법에는 한계가 있다고 주장하는 연구자들도 있었다. 파스퇴르와 코흐의 미생물학 연구는, 단순한 화학적 약품보다는 생물학적 약품이 훨씬 훌륭한 치료 효과를 낸다는 것을 보여주었다. 이제 필요한 것은 소위 항생제, 즉 특정 질병을 유발하는 미생물을 공격할 수 있는, 생물학적으로 추출된 약제를 찾아내는 방법이었다. 박테리아를 잡아먹는 유기체가 존재한다고 제안한 트워트와 데렐의 연구를 알게 된 이후부터 플레밍은 이런 연구방법이 매우 유망하다고 생각했다.

많은 이들에게 전설처럼 전해지는 이야기대로 플레밍은 1928년 8월 우연히 페니실린을 발견했다. 그는 실험실에서 패혈증과 폐렴 등 다양한 질환을 유발하는 박테리아인 포도상구균을 연구하고 있었다. 휴가를 마치고 출근했을 때 플레밍은 어떤 곰팡이가 페트리 접시에서 자라도록 놓아둔 포도상구균을 죽인 것처럼 보이는 현상을 발견했다. 그는 즉시 이 물질을 추적하여 그것이 푸른곰팡이임을 확인했고, 이후 푸른곰팡이가 백혈구의 기능에는 영향을 주지 않으면서 전체 박테리아에 대해서는 중대한 효능을 발휘한다는 것을 입증했다. 다음 해 그는 《영국 실험병리학지(British Journal of Experimental Pathology)》에 자신의 결론을 발표했다(MacFarlane, 1984). 물론 실제 과정은 약간 더 복잡했다. 플레밍은 관련된 연구를 이미 수년 전부터 진행해오던 터였다. 특히 그는 사람의 눈물 속에 들어 있으면서 미생물을 공격하는 것처럼 보이는 효소인 리소자임(lysozyme)을 규명한 바 있었다. 따라서 플레밍은 벌써부터 화학물질보다는 항생제가 질병과의 싸움을 해결해줄 열쇠라고 믿고 있었다. 페니실린은 특정 종류의 박테리아, 소위 그램염색법으로 염색되는(그램양성) 박테리아를 공격하는 데는 성공했지만, 이 염색법으로 염색되지 않는(그램음성) 박테리아에 대해서는 아무런 효능도 보여주지 못했다. 게다가 페니실린은 대량으로 생산되기 어려웠고 비교적 쉽게 변질되었다. 따라서 대부분의 연구자들은 플레밍의 발견이 매우 흥미롭지만 임상의학적으로 큰 이익을 제공하기는 어려울 거라고 생각했다. 플레밍 자신은 물론이고, 그 이후 10년 동안 그 누구도 플레밍의 발견을 잇는 후속연구를 하지 않았다.

그러나 1938년 생화학자 언스트 체인이 항균성 물질에 대해 연구하던 중 플레밍의 논문을 다시 발견했다. 체인은 옥스퍼드 대학의 던 병리학교실에서 하워드 플로리와 함께 플레밍의 실험을 재현하여 페니실린의 원료가 되는 푸른곰팡이를 상당량 배양했다. 그들은 불완전하나마 어쨌든 임상적 성공을 거두었는데, 패혈증을 앓고 있던 환자에게 그동안 모아두었던 페니실린을 투여하자 며칠 동안 환자의 상태가 호전되었던 것이다. 그러나 비축된 페니실린이 바닥난 후 그 환자는 결국 사망하고 말았는데, 이는 충분한 양의 약제 생산이 어려운 현실을 여실히 보여주었다. 영국 제약회사의 재원이 전쟁 업무에 충당되어버리자, 옥스퍼드의 연구자들은 산업적 기반 위에서 페니실린을 생산하기 위해 미국으로 눈길을 돌렸다. 1940년대 초 미국과 영국의 제약회사들은 페니실린을 대량으로 생산할 수 있는 방법을 완성했다. 1945년에 플레밍은 체인 및 플로리와 함께 페니실린 발

그림 19.4 초기 페니실린 제조장비(Wellcome Medical Library, London). 개량된 교유기(우유로 버터를 만드는 큰 양철통—옮긴이)를 주목하라.

견의 업적을 인정받아 노벨상을 수상했다. 이 놀랄 만한 신약은 1944년 노르망디 상륙작전 당시 연합군의 생명을 구하는 데 결정적 역할을 함으로써 대대적인 환영을 받았다. 이 신약은 또한 그런 약제를 일반 대중이 쉽게 이용할 수 있게 하려면 과학적 연구뿐 아니라 대규모의 산업적 생산도 반드시 동반되어야 한다는 것을 분명히 보여주었다(그림 19. 4).

페니실린의 성공으로 인해 또 다른 항생제를 찾으려는 노력들이 일제히 일어났다(Spink, 1978). 1939년에는 뉴욕 록펠러 재단 병원에서 연구하던 프랑스 출신 세균학자 르네 뒤보가 토양 유기체 배양균에서 티로트리신(tyrothricin)이라는 결정물질을 분리하는 데 성공했다. 티로트리신은 매우 강력한 항균성 물질로 작용했는데, 특히 그램양성 박테리아에 효과적이었다. 뒤보의 성공에 이어 러시아 출신 이주자였던 셀먼 왁스먼이 토양 미생물의 의학적 특성들을 연구하기 시작했다. 1940년에 그는 항생물질인 악티노마이신(actinomycin)을 분리했다. 이전의 항생물질과 달리 악티노마이신은, 장티푸스·이질·콜레라 같은 질병을 유발하는 그램음성 박테리아를 공격하는 데 효과를 발휘했다. 그러나 인간에게 사용하기에는 독성이 너무 강했다. 4년 후에 왁스먼은 결핵 치료에 특히 효과적인 항생물질 스트렙토마이신(streptomycin)을 분리해냈다. 1952년에 왁스먼은 항생제 연구로 노벨 의학상을 수상했다. 1948년에는 위스콘신 대학의 식물생리학 및 실용식물학 교수직에서 막 은퇴한 벤저민 두가가 또 다른 균에서 클로르테트라사이클린(chlortetracycline)을 분리했다. 오레오마이신(aureomycin)이라고도 알려진 이 물질은 이른바 최초의 테트라사이클린 항생제이자 최초의 광역 항생제였다. 클로르테트라사이클린은 50여 종류의 질병 유발 유기체에 대해 효과를 발휘했다. 항생제는 바야흐로 이전에는 치료가 불가능했던 여러 질병과 싸울 수 있도록 의사들에게 마법의 탄환을 전해줄 것만 같았다.

항생제를 연구한 수많은 선구자들에게서 볼 수 있는 두드러진 특징은 그들이 학계와 산업계 양쪽을 오간 경력이 있다는 것이었다. 제약회사들은 페니실린의 도입에 결정적인 역할을 했다(Wealtherall, 1990). 이들 회사는 페니실린의 대량생산 계획을 가능하게 만든 재원과 전문적 기술을 제공했다. 미국의 머크 제약회사는 최초로 페니실린을 상업적으로 생산했다. 옥스퍼드에서 플로리와 공동으로 연구한 사람들 중 한 명인 노먼 히틀리는 원래 대규모 상업적 생산의 가능성을 타진하기 위해 미국에 왔다가, 곧 옥스퍼드 연구팀을 나와 대규모 생산과정 개발을 돕기 위해 머크사에 들어갔다. 왁스먼 역시 머크사의 자문위원으로 일했으며, 페니실린 생산을 돕기 위해 자신의 학생 중 한 명이었던 우드러프를 파견했다. 당연히 머크사는 곧 왁스먼의 스트렙토마이신까지 상업적으로 생산하기 시작했다. 클로르테트라사이클린을 분리해낸 두가는 또 다른 제약회사인 레데를 래보러토리즈사의 자문위원이었다. 전후 제약회사들이 의학적 신약 연구의 이윤창출 잠재력을 재빨리 인식하면서, 학계의 과학자들이 상업적 회사를 위해 일하는 이런 식의 배치구도는 점차 보편화되었다. 버로스웰컴사 같은 거대 제약회사들은 과학적 연구를 진행할 목적으로 상당한 재정을 투자해 독자적인 거대 실험실을 설립하여 운영하기 시작했다. 거대한 재원이 의학연구에 투자되고 신약과 거대 이윤이 쏟아져 나옴에 따라 의학은 점차 변해갔다.

그러나 항생제 혁명이 시작되던 당시에도 일부 사람들은 이 기적과 같은 새로운 치료법에 한계가 있음을 경고했다. 뒤보는 항생제에 대한 내성이 점진적으로 증가할 위험성을 처음으로 지적한 인물 중 한 명이었다. 실제로 뒤보는 항생제의 무분별한 사용으로 인해 이것에 내성을 지니는 미생물 변종이 등장할 것이라 우려하면서 결국 항생제 연구를 그만두었다. 1940년에 이미 옥스퍼드 던 병리학교실의 체인과 동료 연구자들은 페니실린으로 치료될 수 없는, 박테리아의 변종을 확인한 바 있었다. 이는 수많은 변종들 중 가장 처음으로 등장한 것이었다. 1950년대 들어 항생제 치료에 내성을 가지는 것처럼 보이는 더 많은 미생물 변종이 출현했고, 20세기 말에 이르면서 이미 알려진 모든 항생제에 내성을 지니는 새로운 변종인 '슈퍼 세균'들이 더욱 빈번히 출현하고 있다는 것이 점점 중요한 의학적 문제로 인식되기 시작했다. 항생제 혁명은 의학사에 영원히 남을 업적이라기보다는, 운은 좋았지만 결국은 단명하고 말 탈선일 것이라는 우려들이 점차 커졌다. 그러나 항생제 혁명에서 볼 수 있는 일부 제도적 특징들은 꽤나 '내성'을 지닌 것처럼 보인다. 20세기 후반 의학과 과학의 관계, 특히 거대 산업과의 관계는 엉킨 실타래처럼 되어버렸기 때문이다.

■ 물리의학

과학은 약품만이 아니라 하드웨어도 제공한다는 점에서 의학에 커다란 공헌을 했다고 여겨지는데, 다시 말하지만 이는 비교적 최근의 현상이다. 19세기의 많은 의사들은 의학에 기술을 도입한다는 생각에 대해 극도의 불안을 느꼈다. 이들은 자신과 환자들 사이에 말 그대로 도구가 끼어드는 것이라고 우려했다. 이런 시각에서 보면 의사들의 숙련기술은 실제 손으로 만져보고 치료하면서 환자들과 직접적인 관계를 형성하는 성격을 지니고 있었다. 이런 이유 때문에 의사들 중에는 프랑스의 개업의 르네 라에네크가 소개한 청진기조차 받아들이지 않는 사람도 있었다. 그럼에도 몇몇 사람들은 새로운 기술들이 치료과정의 열쇠를 쥐고 있다고 생각했다. 18세기 중반 이후로 도구에 열광한 수많은 사람들은 전기 기계와 여타 장비들이 치료에 혁명을 가져올 수 있으리라 주장했다. 19세기 중반에는 전지, 유도코일, 휴대용 전자기 발전기, 전기벨트와 같이 전기를 이용한 의학장치들이 보편화되기 시작했다. 19세기 프랑스에서는 전기를 이용한 치료법이 훌륭한 의학으로 받아들여졌다. 영국의 수용과정은 조금 느린 편이었다. 많은 의사들이 전기를 이용한 치료를 엉터리라고 여겼기 때문이다. 그래도 19세기가 끝날 무렵 큰 병원들에는 대부분 전기과(electrical department)가 존재했다. 여전히 반대하는 사람들도 있었지만 점차 많은 의사들이 의학의 '무기고'에 기술이 중요한 항목으로 추가될 수 있다는 사실을 받아들였다.

20세기의 핵심적인 의료기술 중 일부가 처음 만들어진 곳은 바로 거대 병원들의 전기과였다. 1895년 11월 8일 독일의 물리학자 빌헬름 뢴트겐은 놀랄 만한 발견을 했다. 1888년부터 뷔르츠부르크 대학 물리학 교수였던 뢴트겐은, 고전압의 전기가 용접밀폐된 유리관을 통과할 때 방출되는 신기한 빛인 음극선에 관심을 가지고 있었는데, 실험을 진행하는 동안 바로 옆에 놓인 시안화백금 바륨으로 덧칠한 스크린이 빛나는 것을 발견했다. 이는 마치 유리관에서 나온 눈에 보이지 않는 어떤 광선이 스크린에 영향을 미치는 것처럼 보였다. 이후 연구를 통해 그는 이 빛이 다양한 종류의 물질을 투과한다는 것을 입증했다(『현대과학의 풍경1』 11장 "20세기 물리학" 참조). 이윽고 뢴트겐은 아내의 손 내부를 촬영하는 데 이 광선을 이용했고, 이 시도는 매우 성공적이었다. 그는 1895년 10월 28일 뷔르츠부르크의 물리의학학회에서「새로운 종류의 광선(Eine neue Art von Strahlen)」이라는 논문을 통해 자신의 실험결과를 공표했고, 곧이어 이 논문은 같은 학회의 회보(Sitzungs-Berichte Physikalisch-medicinischen Gesellschaft zu Wurzburg)에 실렸다. 이 소식은 대중 잡지를 통해 대대적으로 보도되면서 곧 전 세계에 알려졌다. 이 소식을 들은 사람들은 새로운 엑스레이를 의학적 진단에 이용할 수도 있다는 것을 재빨리 알아챘다. 이 엑스레이가 살아 있는 신체의 내부를 촬영하는 데 이용될 수 있다면, 골격의 구조나 몸속 딱딱한 덩어리의 존재를 확인하는 데도 사용될 수 있을 것이었다.

1896년 1월 캠벨 스윈턴이 엑스레이 사진을 진단 목적으로 처음 사용했다. 스윈턴은 전기 도급업자였는데 곧 의료 전문가들에게 엑스레이에 대해 자문해주는 일을 시작했고, 영국 최초로 런던 빅토리아 66번가에 엑스레이 실험실을 차렸다. 캐나다에서는 1896년 2월 캐나다 맥길 대학의 물리학 교수였던 존 콕스가 부상당한 남자의 다리에서 총탄을 제거하는 데 엑스레이를 이용했다. 몇 년이 지나기도 전에 엑스레이 장비는 기존 전기과의 주요 품목에 포함되어 병원을 대표하는 표준적 기술이 되었다. 1920~30년대에 전기를 이용한 치료의 인기가 사그라지기까지 엑스레이는 전기과에서 담당했다(Burrows, 1986). 엑스레이는 진단뿐 아니라 치료에도 사용되었다. 의사들은 엑스레이를 이용하여 피부병, 암, 결핵 같은 질환을 치료했다. 엑스레이를 처음으로 체계적 치료행위에 이용한 인물은 비엔나의 레오폴트 프로인트였는데, 그는 1896년 12월에 다섯 살 소녀의 등에서 울퉁불퉁한 사마귀를 제거하는 수술에 엑스레이를 이용했다. 초기에는 엑스레이를 이용한 치료에 어떤 위험이 있으리라 걱정한 사람이 거의 없었다. 그러나 오래지 않아 엑스레이에 노출된 의사나 환자들이 후유증을 보이거나 심지어 죽는 사태까지 발생하면서, 적절한 예방조치 없이 엑스레이를 사용하는 것이 매우 위험한 일이라는 것이 분명해졌다. 그래도 제2차 세계대전 즈음이 되면 엑스레이는 의학적 도구로서 완전히 뿌리를 내리게 되었다(그림 19. 5).

19세기 말 방사능의 발견은 의학적 목적으로 사용되기 시작한 물리학이 낳은 또 다른 성과였다. 1896년에 프랑스 물리학자 앙리 베크렐은 금속 우라늄이 특정 종류의 강력한 광선을 방출한다는 것을 발견했다. 이후 프랑스에서 공부하던 마리아 스쿼도프스카라는 폴란드 학생이 박사 논문주제로 이 현상을 선택했다. 훗날 마리 퀴리로 알려진 그녀는 남편이자 동료 물리학자였던 피에르 퀴리와 함께 이 새로운 방사현상에 대해 광범위한 연구를 진행했고, 1898년에 새로운 방사능 물질인 라듐의 발견을 공표했다(『현대과학의 풍경1』 11장 "20세기 물리학" 참조). 엑스레이와 마찬가지로 라듐 광선 역시 곧 의학적으로 이용되었다. 이미 1904년에 라듐 광선이 분명히 질병 세포를 파괴할 수 있음을 보여주는 실험이 진행되었다. 라듐을 이용한 치료는 이내 대중적인 열광으로 이어졌다. 전화 발명가인 알렉산더 벨은 외과수술로 암세포 한가운데 라듐이 든 작은 병을 삽입하면 암세포가 파괴될

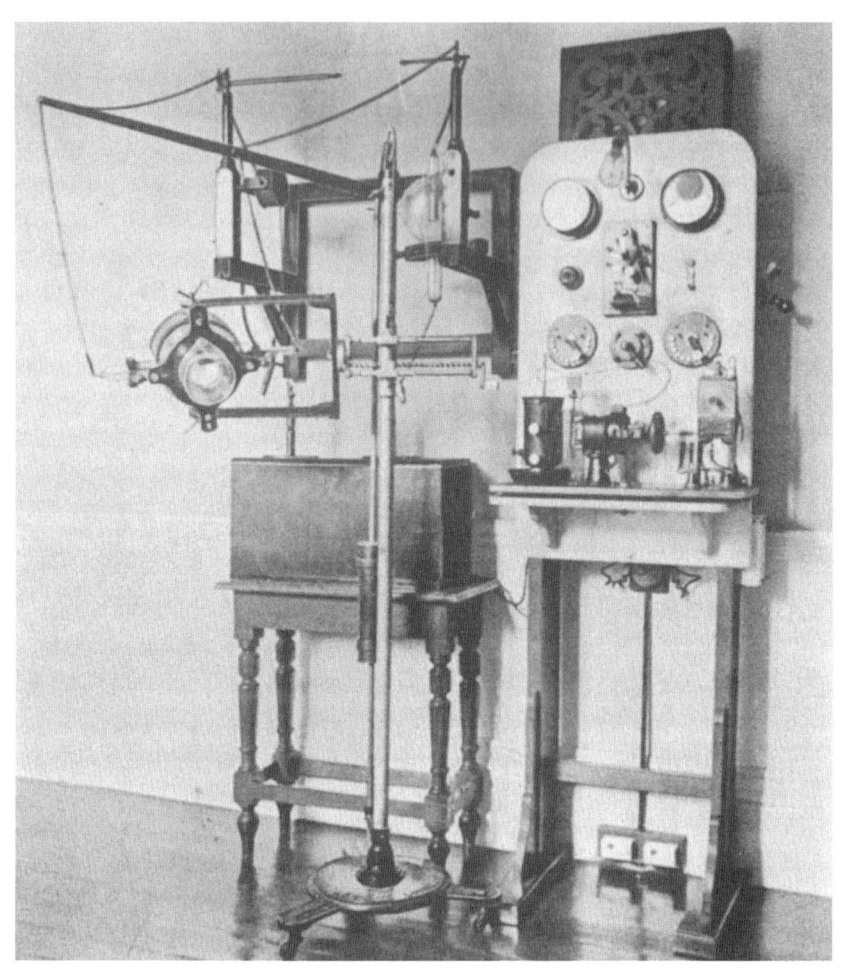

그림 19.5 20세기 초의 의학용 엑스레이 장비(Wellcome Medical Library, London).

것이라고 주장했다. 초보적인 지식을 가진 의료행위자들은 라듐 및 방사능을 대대적으로 환영했다. 방사능 혁대, 방사능 치약, 그리고 '마시는 햇빛'이라고 광고된 방사능 음료수가 유행했다. 엄청난 방사능이 존재하는 동굴과 광산 그리고 온천도 인기를 얻었다. '관절염, 축농증, 편두통, 습진, 천식, 꽃가루 알레르기, 마른버짐, 당뇨, 기타 만성질환'으로 고통받던 사람들은 자신들의 병을 고치기 위해 메리 위도 헬스마인(Merry Widow Health Mine)이나 선샤인 라돈 헬스마인과 같은 장소를 방문했다(Caufield, 1989).

  방사능도 인체에 대해 엑스레이와 비슷한 효능이 있는 것처럼 보였다. 이내 방사능은 정통의학 내에서 엑스레이와 결합되어 병원 전기과가 제공하는 치료법의 일부가 되었다. 다시 말해 엑스레이, 그리고 10여 년 전의 전기와 마찬가지로 라듐은 심장질환, 암, 발기부전 등 광범위한 질병을 치료하는 방법으로 이용되었다. 초기의 치료 형태는 보통 신체 손상부위에 라듐이 든 평평한 용기를 반창고로 붙이거나 더 깊은 상처부위를 치료하기 위해 염화라듐을 주입하는 것, 아니면 신체의 여러 구멍이나 손상조직에 직접 작은 캡슐을 넣는 것이었다. 그런 와중에도 의사들과 또 다른 사람들은 방사능 그 자체가 건강에 해로울 수 있다는 것을 우려하기도 했다. 1928년에 국제 엑스레이 및 라듐 안전위원회는 라듐을 잘 차폐해야 하고 핀셋으로 다루어야 하며 납으로 만든 밀폐용기에 보존해야 한다고 충고했다. 1934년 미국 엑스레이 및 라듐 안전자문위원회는 방사능에 어느 정도까지 노출되어야 위험하지 않은지 기준을 마련해야 한다고 권고했다. 이 시기 내내 라듐과 방사능 물질들은 일상적으로 의학에 이용되었다. 건강을 위협할 가능성이 있다는 인식이 점점 높아졌지만, 이에 반해 사용되는 양이 너무 적어서 영구적인 손상을 입히지는 않을 것이라는 생각도 널리 퍼졌다. 20세기 후반기에는 신체의 특정 부위에 방사선을 정확히 쏘거나 그 양을 조절할 수 있는 좀더 정교한 기술들이 개발되었다.

  20세기 말 수십 년 동안 의료행위자들은 핵물리학에서의 발전들을 활용하여 신체 내부를 자세히 들여다볼 수 있는 새로운 방법들을 제공했다(Kevles, 1997). 1972년에 영국의 공학자 고드프리 하운스필드는 EMI 실험실에서 최초로 컴퓨터단층촬영기법(CT)을 개발했다. 컴퓨터단층촬영 스캐너는 엑스레이 신호를 이용하여 신체 내부를 단면도 이미지로 그려냈다. 스캐너가 보편화된 것은 1980년대지만, 임상용 스캐너는 이미 1974년부터 활용되고 있었다. 초기 스캐너는 보통 머리의 이미지만을 그려냈지만, 이후 신체 전체의 이미지를 그려낼 수 있는 스캐너 모델이 개발되었다. 하운스필드는 1979년에 그의 발명을 인정받아 노벨상을 수상했다. 1970년대에 개발된 또 다른 기술은 자기공명영상법(MRI)이었다. 이 기법은 뉴욕 다운스테이트 의학센터에서 근무하던 레이먼드 다마디언이 처음 개발했는데, 그는 상이한 원자핵이 자기장에 노출되면 예측 가능한 주파수의 전자파를 방출한다는 사실을 이용했다. 다마디언은 종양세포가 건강한 조직과는 다른 신호를 방출한다는 사실에 주목하고, 이를 기본 원리로 하여 암을 확인하는 새로운 기법을 개발했다. 다마디언과 동료 연구자들은 1977년에 최초로 인체에 대한 MRI 화상을 만들었다. 양전자방사단층촬영법(PET) 같은 다른 기술들과 함께 CT 및 MRI 스캐닝의 핵심은, 유용한 이미지를 제공하는 데 필요한 정보를 정확하고 신속하게 처리할 수 있는 강력한 컴퓨터의 개발이었다.

19세기 초 라에네크의 청진기와 20세기 말 하운스필드의 CT 스캐너에는, 신체를 절개하지 않고도 그 내부를 들여다보는 문제를 기술적으로 해결했다는 공통점이 있다. 전통적으로 의사들은 실제로 볼 수 없는 것을 시각화하기 위해 그들 나름의 감각을 이용했다. 이들은 몸에서 나는 소리에 귀를 기울였고, 사지를 이리저리 움직이거나 살을 눌러보면서 부러진 뼈나 종기, 타박상을 찾으려고 애썼다. 환자가 사망한 후에야 의사들은 자신들의 추론을 확인하기 위해 신체 내부를 말 그대로 들여다볼 수 있었다. 엑스레이와 1970년대의 컴퓨터를 이용한 스캐닝 기술 덕분에 의사들은 환자를 죽이지 않고도 신체 내부기관을 볼 수 있게 되었다. 마찬가지로 엑스레이와 방사능 치료는 외과의사의 메스에 의존하지 않고도 신체 내부를 다룰 수 있는 방법을 의사와 환자들에게 제공했다. 항생제 혁명으로 상업적 제약회사들이 의학 연구의 심장부에 진입한 것처럼, 물리의학의 발달로 인해 의학적 진단학은 전기전자공학 회사들의 주요 관심사가 되었다. 19세기 말에는 전기공학자들이 전기를 이용한 치료법에 대해 점점 많은 관심을 보였고, 20세기 말에는 IBM, 지멘스, 도시바와 같은 회사들이 의학 연구의 최전선에 서게 되었다.

■ 결론

이 장의 도입부에서 언급했듯이 이제 과학과 의학을 분리하는 것은 매우 어려운 듯 보인다. 과학이 인류에게 확실히 유익했다고 생각할 만한 특정 사례를 하나 들어보라고 질문한다면, 많은 사람들은 현대 의학을 언급할 것이다. 앞서 설명한 것처럼 겉으로 보기에 자명한 듯한 이런 사태는 필연적으로 등장한 것이 아니며, 또한 의학을 가장 잘 실행할 수 있는 새로운 방법을 찾으려 애쓴 개인이나 집단의 숱한 노력 없이 등장한 것도 아니었다. 이 과정 속에서 의사들 자신의 문화적 정체성은 수차례 변형을 겪었다. 파스퇴르나 코흐의 사례는 든든한 제도적 토대가 이 과정에서 얼마나 중요한지를 보여준다. 18세기, 19세기 그리고 20세기의 각 시기마다 의료행위자들이 교육받고 행동하는 방식들은 매우 상이했다. 18세기 신사계층의 내과의는 아마도, 오늘날 하얀 가운을 입은 전문가들을 자신과 동등한 의료행위를 하고 있는 동료로 인식하기 힘들 것이다. 이런 과정에서 의사들이 환자와 마주하는 방식 혹은 그들이 제공했던 치료의 종류는 극적인 변화를 겪었다. 20세기 동안 과학적 의학은 수십 년 전에는 상상도 할 수 없었던 방식으로 거대 산업 및 국가와 연결되었다(Porter, 1999). 심지어 1930년대 영국에서 페니실린을 연구한 초기 연구원들은 자신들이 개발한 과정에 대해 특허를 얻으려 하지 않았는데, 이는 특허를 받는 행위를 "악착같이 돈만 모으는 일"로 여긴 탓이었다.

 오늘날 과학적 의학의 상업적 맥락은 여전한 비판의 대상이다. 제약회사 및 다른 회사들과 그 내부의 연구자들은 치료 목적보다는 상업적 이윤을 우선시한다는 비난을 종종 받는다. 이에 대해 제약업계는 이윤이라는 동기가 없다면 인간의 생명을 구할 수 있는 신약도 개발되기 힘들 것이라고 응수한다. 오늘날 의사들에게 자주 가해지는 또 다른 비판은, 그들이 순전히 과학적인 관점을 채택함으로써 인체를 '의료대상화' 했다는 것이다. '임상의학의 탄생'에 대한 푸코의 연구는 어느 정도 이런 비판의 전통에서 나온 것이라 해석될 수 있다. 여기서 쟁점이 되고 있는 중요한 문제는 과학자들이 실험장비를 다루는 것처럼 의사들이 인체를 대상으로 다루면서 인체를 비인간화했다는 것이다. 역사적 관점에서 보면 이런 논쟁은, 적절한 의료행위와 그 행위자들의 적합한 문화적 지위에 관해 옛날부터 계속되어 왔던 논의들의 현대판으로 이해될 수 있다. 과학과 의학의 관계에 대한 과거의 논쟁은 종종 과학이 확실한 치료 혜택을 얼마나 제공하는가에 대해서만큼이나 과학적 도구를 사용하는 것이 의사의 문화적 이미지에 어떤 식으로 영향을 미치는가라는 점을 둘러싸고 진행되었다. 따라서 과학과 의학의 관계를 역사적으로 바라보는 것은 당대의 관심사를 올바로 이해하는 한 가지 방법을 제공해준다. **(정세권 옮김)**

20 Making Modern Science

■■ 과학과 전쟁

■■ 17세기 과학혁명 기간 중에 베이컨을 비롯한 논자들은 자연에 대한 새로운 지식을 응용하면 실질적인 효용을 얻을 수 있다고 주장했다. 그들의 주장은 항해술과 같은 특정 분야의 응용을 포함하여 산업과 의학에서의 효용에 집중하는 경향이 있었다. 그러나 같은 원리가 전쟁과 파괴 기술에도 적용될 수 있으리라는 것은 처음부터 분명했다. 전쟁과 파괴 기술 역시 새로운 과학에 의해 개량될 수 있었던 것이다. 수학은 이미 포술과 성벽 설계에서 실용적인 목적을 위해 이용되고 있었으며, 특히 포술은 투사체 운동에 대한 더 나은 이론적인 이해로부터 이득을 얻을 수 있었다. 19세기경에 이르면 이미 과학과 산업이 연계된 분야에 더 나은 폭약과 총을 설계하고 생산하는 활동이 포함되기 시작했으며, 그런 와중에 독가스와 같은 완전히 새로운 무기가 제안되기도 했다. 과학과 군부의 성공적인 상호 작

용은 직접적인 소통의 부족으로 인해 제한되기는 했지만, 상호 연계의 경향은 제1차 세계대전기에 양측 모두에 의해 강화되었다. 직접적인 소통의 부족이라는 장애는 잠수함을 탐지하는 소나(Sonar)와 레이더 같은 새로운 발명품들이 핵심적인 역할을 했던 제2차 세계대전 동안 대부분 극복되었다. 복잡하고 실질적인 문제에 과학적 사고방식을 적용함으로써 오퍼레이션 리서치(operations research)라는 분야가 만들어지기도 했다. 그러나 이후의 세대가 가장 주목한 대목은 이 전쟁으로 인해 잠재적으로 인류문명의 모든 기반을 위협할 수 있는 엄청난 파괴력을 가진 원자폭탄이라는 새로운 무기가 개발되었다는 점이었다. 원자폭탄을 만들어낸 맨해튼 프로젝트(Manhattan Project)는 물리학의 이론적 혁신에서 시작되었지만, 이로부터 진정으로 거대한 규모의 통합적 과학-산업-군대의 연구 프로그램이 처음으로 확립되었다. 이러한 상호 작용의 영역은, 냉전기간을 거치며 핵융합에 근거를 둔 더욱 엄청난 무기, 즉 수소폭탄의 고안으로 이어지면서 과학자 공동체의 상당 부분이 종사하게 될 작업환경을 형성하기 시작했다.

몇몇 과학자들은 이러한 현대의 사태를 매우 불편한 눈으로 바라본다. 이들은 과학과 군산복합체의 연계라는 것이 많은 사람들의 눈에 과학 자체가 우리 사회에 해악을 끼치는 요소임을 증명하는 것으로 보인다는 점을 알고 있다. 이 상황을 벗어날 수 있는 한 가지 방법은, 해로운 결과를 낳는 것은 자연에 대한 공정한 지식을 만들어내는 순수과학이 아니라 오직 응용과학일 뿐이며, 그리고 그런 전제하에서도 오직 국가적 위기상황으로 인해 평화적 응용이 아닌 군사적 응용에 과학적 노력이 집중될 때에만 해로운 결과를 낳는다고 하는 전통적인 주장을 내세우는 것이다. 그러나 현대의 과학사학자들은 과학과 과학적 응용을 이런 방식으로 분리하는 것에 회의적이다. 우리가 알고 있기로 지난 수세기 동안 응용과학의 세계에서 완전히 떨어져 작업했던 과학자들은 거의 없었으며, 이론적 수준에서 만들어진 가설을 시험하는 데 점차 기술적으로 복잡해지는 장비들이 필수적으로 요구됨에 따라 이러한 경향은 특히 두드러졌다. 예를 들어, 19세기의 가장 혁신적인 물리학자들 중 상당수는 이미 새로운 산업이 발달하면서 생겨난 실질적인 문제에 관심을 가지고 있었다(17장 "과학과 기술" 참조). 이러한 관계가 한 번 확립된 뒤에는, 과학자들이 군사기술 발전에 관여하는 것이 불가피해졌다.

어떤 사례에서는 평화적인 기술과 전쟁 기술을 구분하는 것 자체가 억지이기도 하다. 18세기 말 항해술의 발전은 모든 뱃사람들에게 도움이 되었지만, 이를 이끈 것은 유럽의 해군이었으며 세계 곳곳의 원주민들은 상인과 식민주의자들의 침입을 평화로운 과정으로 인식하지만은 않았을 것이다. 현대 사회에서 레이더는 민항기의 안전에 도움을 주지만, 처음에는 적의 항공기를 탐지하는 데 사용되었다. 페니실린 같은 새로운 의약품, DDT 같은 살충제도 처음에는 전쟁의 압력 아래 개발되었다. 핵잠수함을 탐지하기 위해 개발된 기술들은 현대의 판구조론의 탄생에 결정적인 역할을 한 심해저층에 관한 정보를 제공해주었다(『현대과학의 풍경1』 10장 "대륙이동설" 참조). 과학자들이 군에 관련된 응용 연구를 요청받으면 이를 공개적으로 거부하던 시기도 있었지만, 자신들의 국가와 삶의 방식이 위협받게 되면 그들도 다른 모든 사람들과 마찬가지로 나라를 위해 자신들의 직분을 수행한다. 냉전으로 인해 서구 민주주의의 안전이 거의 영구적으로 위협받는 상태가 도래한 이후로 군사무기 개발이라는 에스컬레이터에서 내릴 가능성은 거의 비현실적인 일이 된 듯하다. 그리고 소련의 과학자들도 자신들의 국가가 위협받고 있다고 느낄 때는 똑같이 즉각적으로 대응했다. 역사학자들은, 20세기 대부분의 시기에 걸쳐 과학연구의 상당 부분이 군대와의 협력을 통해서 이루어져 왔음을 당연하게 받아들여야 하며, 따라서 이것이 과학이 작동하는 방식에 어떤 함의를 지니는지 연구해야 한다.

이 장에서는 이상의 문제를 단순화하여, 군사기술에 직접적으로 응용된 과학에 주로 관심을 집중할 것이다. 우리는 무기를 개량하고 결국에는 완전히 새로운 무기를 설계하기 위해 과학을 이용한 최초의 매끄럽지만은 않았던 단계들, 즉 제1차 세계대전기 군부와의 다소 파편적인 상호 작용과 함께 절정에 달한 초기의 과정을 먼저 살펴볼 것이다. 많은 사람들이 전쟁을 피할 수 있으리라 기대했던 전간기(戰間期)에도, 이와 같은 관계를 강화하려는 노력들은 계속되었다. 그러고 나서 제2차 세계대전 동안 과학자들은 소나, 레이더, 그리고 이후의 유도미사일 설계 프로그램의 기반을 놓았던 V-2 로켓과 같은 새로운 기술의 토대를 제공하며 핵심적인 역할을 하기 시작했다. 원자폭탄 제작 프로젝트에 대해서는 이 장의 상당 부분을 할애할 예정인데, 이 프로젝트가 정부·군대·산업 그리고 과학자 공동체의 협업 강도에 있어 새로운 장을 개척했다는 점에서 주목할 가치가 있기 때문이다. 그러나 원자폭탄 프로젝트의 사례를 통해 우리는 대량학살 무기의 설계를 요구받은 과학자들이 직면한 도덕적 문제에도 관심을 기울일 수 있다. 원자폭탄을 만들기 위해 경주했던 연합국 측은 전쟁이 끝난 뒤에야 나치 독일에서도 비슷한 무기가 개발되고 있으리라 믿었던 자신들의 두려움이 근거가 없는 것이었음을 알아차리게 되었다. 독일 과학자들이 히틀러에게 원자폭탄을 안겨줄 수 있는 연구를 적극적으로 회피했다는 주장까지도 제기된 바 있다. 마침내 미국의 원자폭탄은 히로시마와 나가사키에 떨어졌으며, 이로써 모든 사람들이 이러한 무기가 널리 사용될 때 초래될 참사에 전율을 느끼게 되었다. 몇몇 과학자들은 냉전을 동반한 소련과의 무기 경쟁에 참여하는 것에 우려를 표명하기 시작했으나, 민주주의의 수호를 위해서는 무기개발이 필수적이라고 느끼고 그것을 돕고 싶어하는 이들도 있었다. 그러나 더욱 불안을 자아내는 일은, 과학자들이 이제는 연구비의 혜택을 얻기 위해 활발히 새로운 무기를 제안할 가능성이 있다는 것이었다. 군사 연구는 현대의 많은 과학자들이 직면하고 있는 도덕적 · 정치적 딜레마를 가장 명료하게 드러내기 시작했다.

■■ 화학자들의 전쟁

제2차 세계대전이 물리학자들의 전쟁이었다면, 제1차 세계대전은 화학자들의 전쟁이었다는 말이 있다. 지나치게 단순화된 감은 있지만, 이는 1914년과 1918년 사이에 군사적 목적을 위한 응용연구에 유입된 과학자들의 노력이 상당 부분 더 성능 좋은 폭발물과 전대미문의 가공할 무기인 독가스를 생산하는 데 집중되었다는 사실을 잘 보여준다. 사실, 이 전쟁에서는 어느 쪽도 과학적 전문지식을 효율적으로 사용하지 못했고, 당시 개발된 어떤 무기도 전쟁의 결과에 결정적인 영향을 끼치지는 못했다. 그러나 최소한 과학이 군사적으로 응용될 가능성이 상당히 크다는 점은 분명해졌다. 과학자들 스스로가 국가적인 위기에 직면할 때면 기꺼이 봉사할 의지가 있음을 보여주었고, 몇몇 정상급 과학자들은 직접적으로 군사 연구에 참여하기도 했다. 그러나 군부의 당국자들은 그들의 조언을 받아들이는 것을 탐탁지 않게 생각했고 이 때문에 두 집단을 연결하는 다리는 전쟁을 거치며 더디고 불완전한 형태로 만들어질 수밖에 없었다. 결국 이 전쟁의 가장 큰 유산은 이후의 전투에서 계속해서 결정적 역할을 하게 될 군사 연구 체제의 탄생이었다고 할 수 있을 것이다(Hartcup, 1988).

이들이 이처럼 머뭇거림이 섞인 행로를 보인 것은 이전의 한 세기 혹은 그 이상의 기간에 걸쳐 나타났던 역사적 기반 때문이었다. 18세기 이후 육군은 공병대를 보유하고 있었고, 이로 인해 응용과학에 익숙했다. 그들이 미처 대비하지 못한 것은 과학과 산업에서 제기되는 새로운 창의적 목소리들이었다. 프랑스 혁명정부는 라부아지에가 구체제의 세금 징수인이었다는 이유로 그를 처형했지만, 결국 화약 생산에 사용되는 질산칼륨의 생산 방법을 새로이 고안할 화학자가 필요하다는 것을 이내 깨닫게 되었다. 19세기가 경과하면서 더욱 새롭고 강력한 폭약들이 개발되었고, 몇몇 과학자들의 경우 독가스의 가능성을 제안하기까지 했으나 군부는 위신을 해치는 일이라며 그러한 제안을 거부했다. 그러나 19세기 말에 이르자 상황이 바뀌기 시작했다. 특히 다이너마이트의 발명자였던 앨프레드 노벨은 과학과 산업을 효과적으로 연결했다. 그는 방산기업 크룹스(Krupps)의 대표자들로 이사회를 구성하여 1897년 베를린에 연구센터를 설립했다. 영국에서는 남아프리카에서 일어난 보어전쟁으로 군사장비의 심상치 않은 취약성이 드러났고, 이로 인해 1900년 병기국(Ordnance Board)은, 저명한 물리학자 레일리 경을 대표로 하고 화학자 윌리엄 크룩스 등이 위원으로 참여하는 폭약위원회를 만들기에 이르렀다. 크룩스는 고성능 폭약으로 TNT를 사용하자고 주장했으나 영국은 제1차 세계대전이 시작되기 전까지 이러한 제안을 채택하지 않았다. 레일리 역시 항공자문위원회의 의장을 맡아 새롭게 개발된 항공기를 군사적으로 활용할 방법을 연구했다.

아주 제한적인 준비였음에도 1914년에 전쟁이 발발하자 유럽 대부분의 국가들은 군사기술의 발전에 이바지하는 과학의 잠재력을 서서히 인식하게 되었다. 예를 들어, 불과 한 해밖에 지나지 않은 이듬해인 1915년에 영국 정부는 과학자들로 이루어진 자문기구를 설치했고, 이는 곧 물리학자 J. J. 톰슨이 이끄는 과학 및 산업연구국으로 전환됐다. 과학자들로 이루어진 연구팀은 해군성과 군수성(Ministry of Munitions)에도 설치되었다. 심지어 허버트 조지 웰스와 같은 유명한 작가들도 나라의 과학 인력이 낭비되고 있다고 계속하여 주장할 정도였다. 1916년, 일군의 저명한 과학자들은 군대에서 과학을 다루는 것이 비효율적임을 지적하며 과학교육을 위해 더 큰 역할을 수행할 것을 주장하고 나섰다. 실로 대부분의 정치가들과 군 장교들은 과학에 완전히 문외한이었고, 따라서 과학의 잠재성을 평가할 수 없었다. 좀더 효율적이었던 프랑스 정부는 대학과 연계해 군사무기 편람을 제작하기도 했다. 독일에서는 군의 재량으로 저명한 화학자 프리츠 하버(비료와 폭약을 만들기 위한 질소를 '고정' 시키는 방법을 개발한 사람—옮긴이)의 물리 및 전기화학 연구소가 베를린 달렘에 세워졌다. 이 연구소는 이내 완전히 군의 관리하에 들어가게 되어, 1917년에 카이저 빌헬름 군사기술과학재단이 되었다. 미국에서는 참전 가능성이 높아지면서 국립연구협의회의 설립이 추진되었다.

이렇게 다양한 과학자 연구팀들이 달성한 것은 무엇일까? 과학자, 기업가, 그리고 군인의 태도가 각각 매우 달라 생기는 어려움이 없지는 않았지만, 몇몇 프로젝트에서는 꽤 많은 성과가 이루어졌다. 화학자들은 새로운 폭발물을 만드는 일뿐만 아니라, 원료가 부족할 때 사용할 수 있는 대체 생산법을 제공하는 일에도 관여했다. 영국에서는 J. J. 톰슨과 다른 과학자들이 군사용 통신을 보조하기 위해 무선통신의 개량을 시도했으며, 레일리, 어니스트 러더퍼드, 윌리엄 헨리 브래그 등은 발명연구국에서 구성한 팀에 참여하여 잠수함을 탐지하는 수중청음기의 개발을 도왔다.

무엇보다 가장 충격적인 새로운 시도는 독가스의 사용이었다. 서부전선의 참호에서 재래식 전쟁이 교착상태에 빠졌음이 명백해지자 프리츠 하버는 독가스를 독일 육군의 무기로 사용할 것을 적극적으로 선동했다(Haber, 1986—하버의 아들이 쓴 조사서다). 독을 포함하는 발사체의 사용을 금지하는 헤이그 조약이 있었기에, 하버는 염소를 교묘한 방식으로 사용할 것을 제안했다. 그에 따르면 바람이 적진으로 염소를 나를 수 있는 적당한 방향으로 불 때, 원통형 용기에서 염소가 방출되도록 만들면 되었다. 육군은 마지못해 그 아이디어를 시도하는 것에 동의했다. 하버의 연구소는 이 프로그램을 시작할 산업계와의 연결고리를 제공했고, 나아가 원통형 독가스통을 운송하고 운용할 부대가 창설되기도 했는데, 이 부대에 소속되었던 많은 젊은 과학자들은 전후에 높은 자리를 얻었다. 1915년 4월 22일, 150톤의 염소가스가 이프르(Ypres)의 전선 돌출부에 방사되었고, 대치 중이던 프랑스 부대는 중상자 수가 거의 없었음에도 혼비백산했다. 그러나 독일의 전투부대 역시 이로 인한 돌파구를 활용할 준비가 되어 있지 않았기 때문에 매우 적은 지역을 확보하는 데 그치고 말았다. 영국과 프랑스는 독일이 예상했던 것보다 훨씬 빠르게 대응했고, 전쟁의 나머지 기간 동안 독가스탄이 사용되고 겨자가스를 비롯한 새로운 화학물질이 도입되는 등 일련의 무기개발이 이어졌다. 또한 양측 모두 독가스를 막는 일에서도 진전을 보였는데 화학자들과 생리학자들로 이루어진 연구팀이 다양한 형태의 방독면을 개발했던 것이다.

결과를 놓고 볼 때 과학자들을 가장 잘 운용했던 것은 연합국 측이었다. 하버는 자신이 군부에 직접적으로 관여하고 있음에도, 고위 장교들이 항상 자신의 의견을 진지하게 받아들이지 않는다며 불만을 토로했다. 영국은 솔즈베리 근교의 포톤 다운에 화학무기의 개발을 전담하는 시설을 만들었고, 이후에는 생물학무기의 개발도 여기서 담당하게 됐다. 그러나 이 분야에서 가장 지속적인 과학 프로그램을 만들어낸 곳은 미 화학전쟁국이었는데, 1918년경 이곳에는 다른 모든 교전국을 합친 것보다 더 많은 수의 대학 교육을 받은 과학자들이 있었다(Haber, 1986, 107). 다음 전쟁에서 양측 모두 독가스를 사용하지 않았음에도 이에 대한 연구는 계속되었다. 그러나 전간기에는 제2차 세계대전의 결과에 훨씬 더 실질적인 영향을 끼치게 될 무기를 개발하는 프로그램들이 시작되었다.

■ 제2차 세계대전

제1차 세계대전 시기에 군대를 돕는 일에 동원되었던 대부분의 과학자들은 이내 민간 업무로 돌아왔지만, 소수의 과학자들은 특히 공군과 해군에 영구적으로 고용돼 국방 연구에 관여하고 있었다. 이제 좀더 많은 응용과학자들이 방위산업과 항공산업을 포함한 산업계에서 일하게 된 것이다. 전간기 동안에도 대학에 있던 많은 수의 과학자들은 산업계의 동료들을 깔보았고, 군사 연구에 관여하는 것 역시 탐탁지 않게 생각했다. 유력한 좌파 과학자 그룹으로부터 응용과학이 군사적 이해에 끌려가고 있다는 비판이 제기되기 시작하던 1930년대 영국에서는 더 높은 수준의 사회적 각성이 일어났다. 그러나 급진주의자들도 점차 커지던 나치 독일의 위협을 인식하고 있었고, 전쟁이 발발하자 이들 역시 기꺼이 군사 연구를 수행하게 되었다. 영국 정부는 공습의 위험이 가시화되자 1934년, 이후 레이더 개발에 핵심적인 역할을 하게 될 헨리 티저드를 중심으로 방공과학조사위원회를 발족시켰다. 그러나 모든 것이 순조로웠던 것만은 아니었다. 마르크스주의자이자 결정학자였던 존 버널은 정부의 민간방어계획을 비판하는 운동을 이끌었다. 그렇지만 그가 정책적 영향력을 행사할 수 있었던 것은 전쟁이 발발한 뒤의 일이었다 (Swann · Aprahamian, 1999).

독일에서는 나치가 권력을 잡았을 때 레이더, 장거리 로켓과 같은 여러 새로운 무기 체계의 개발에 많은 재정이 지원되었다. 연합국은 1939년 반나치 성향의 독일 물리학자 한스 마이어가 오슬로 주재 영국 대사관에 은밀히 제공한 "오슬로 보고서(Oslo report)"를 통해 이러한 새로운 발전들에 경각심을 갖게 되었다. 그러나 더 야심찬 독일의 계획은 사실상 빛을 보지 못했다. 히틀러는 새로운 군사기술을 좋아하기는 했지만 그 활용방법에는 미숙했고, 또한 히틀러 정권 자체가 서로의 주도권을 차단하곤 했던 여러 파벌들로 이루어져 있었기 때문이다. 전쟁이 발발하기 직전 해인 1939년 영국에서는 과학 프로그램들이 급속하게 다시 활기를 띠기 시작하여 자국의 전쟁 준비를 효과적으로 진척시켰다. 미국에서는 1940년 MIT의 버니버 부시가 전쟁을 대비한 과학적 계획을 조율하는 국가방위연구위원회를 조직하도록 루스벨트 대통령을 설득했다(Zachary, 1999; 제2차 세계대전기의 과학에 관한 좀더 일반적인 논의는 Hartcup, 2000; Johnson, 1978; Jones,1978 참조).

제1차 세계대전이 끝나던 해에 프랑스 과학자들은 수중에서 음파를 반사시켜 잠수함을 탐지하는 기술을 제안한 적이 있었다. 영국은 이 프로그램을 이어갔고, 수중음파탐지기(asdic, 이후의 소나)라는 이름으로 알려진 이 시스템은 제1차 세계대전기에는 가동되지 못했지만, 전간기 내내 개발되어 제2차 세계대전의 대서양 전투(Battle of the Atlantic: 제2차 세계대전 중 대서양의 해로 지배권을 놓고 영국과 독일이 벌였던 전투―옮긴이) 당시에는 사용할 준비가 완료돼 있었다(Hackmann, 1984). 수중음파탐지기의 효과에 상당한 자신감을 갖고 있던 프레더릭 린데만은 그동안 중요한 무기로 기능하던 잠수함의 시대는 끝났다고 단언했다(Hartcup 2000, 64~65). 그러나 실제 사건들은 그의 생각이 완전한 오판이었음을 보여주었는데 새로운 탐지 시스템을 장착한 영국 전함조차 선단을 보호해주지 못했고 영국은 거의 무릎을 꿇는 지경에까지 이르렀던 것이다. 유보트(U-boats)의 위협이 사라지기 전까지는 대잠수함전에 대한 일련의 추가 개발이 상당수 요구되었다.

아마도 응용과학연구에서 가장 중요한 영역은 레이더의 개발이었을 것이다(Brown, 1999; Buderi, 1997; Price, 1977). 전쟁이 일어날 즈음에는 영국의 시스템이 더 효율적으로 적용되고 있었지만 항공기 탐지를 위한 레이더 시스템은 영국과 독일에 모두 도입돼 있는 상황이었다. 앞서 언급했듯이, 영국은 1934년에 항공연구위원회를 설립했는데 이 위원회의 가장 중요한 임무 중 하나가 침입하는 폭격기를 탐지하는 시스템을 만드는 것이었다. 전파연구소(Radio Research Station)의 과학자들은 상당히 떨어져 있는 항공기와 같은 고체의 물체에서 반사된 전파를 탐지하는 것이 실현 가능한 일임을 보여주었다(흥미롭게도, 이와 관련한 첫 번째 계산은 항공기를 파괴하려는 '죽음의 광선(death ray)' 이라는 발상이 가능하지 않음을 보이기 위해 이루어졌다). 1930년대 후반에는 케임브리지 대학 캐번디시 연구소 출신의 물리학자 상당수가 체인 홈 레이더 기지국(Chain Home radar stations)으로 알려진 대공조기경보체제의 기반을 놓는 작업에 채용되었다. 영국 남부 해안가의 거대한 철탑에서부터 작동하는 이 기지국은 독일 공군이 침략의 서막으로 영국의 제공권을 확보하려 했던 1940년의 영국 전투(Battle of Britain: 제2차 세계대전 중 1940년 7월부터 1941년 6월까지 독일 공군이 영국을 공격한 것에 대한 영국 측의 항전—옮긴이)에서 결정적인 역할을 했다(그림 20.1). 후에 차월 경이 된 옥스퍼드 대학의 물리학자 린데만은 적외선을 이용해 항공기를 탐지하는 방법을 비롯한 여타의 탐지 시스템에 관한 연구를 독려했다. 린데만은 후에 윈스턴 처칠의 과학보좌관이 되었고, 티저드와는 전쟁 초기 레이더에 관한 우선권을 두고 격렬하게 다투기도 했다.

해군과 공군은 높은 정확성을 갖춘 단거리 레이더 시스템도 필요로 했는데 이를 위해서는 짧은 파장의 전파, 즉 극초단파(microwave)를 사용해야 했다. 그러나 1940년 영국의 물리학자들이 공동 마그네트론(cavity magnetron: 극초단파를 발진하기 위한 진공관의 하나. 원통형의 양극과 그 중심축에 음극을 가지며, 대출력의 펄스가 생기므로 레이더 · 전자레인지 따위에 사용된다—옮긴이)을 개발할 때까지는 실용적인 출력의 극초단파를 발진할 수 있는 시스템이 없었다. 티저드가 이끄는 연구팀은 이 시스템의 초기 모델

그림 20.1 1940년 영국 남부 해안가의 체인 홈 레이더 기지국. 이 거대한 탑들은 독일에 점령당한 프랑스에서 영국을 향해 날아가던 독일의 항공기를 일찌감치 탐지하여 영국 공군의 전투기들이 요격할 수 있는 기회를 제공했다.

을 가지고 1940년 8월 미국으로 건너갔고, 곧 극초단파 레이더는 대서양 양편 미국과 영국 모두에서 생산되게 됐다. 극초단파 레이더는 적의 폭격기에 접근해야 하는 야간 전투기들이 주로 사용했지만, 디젤엔진을 가동하기 위해서 동작 시간의 일부를 수면 위에서 보내야 하는 잠수함을 수색하던 해군 초계기에 의해 더욱 중요하게 쓰였다. 이로써 레이더는 대서양 전투의 핵심적인 무기로서 소나와 합쳐졌다.

대서양 전투는 또한 점차 오퍼레이션 리서치로 더 잘 알려지게 된, 관리에 대한 과학적 접근법의 이득을 보여준 고전적 사례를 제공했다. 자기기뢰(magnetic mine) 등 많은 무기를 개발한 물리학자 패트릭 블래킷은 영국 공군 연안사령부에 오퍼레이션 리서치부(Operations Research Section)를 만들고, 호송선단의 생존에 영향을 주는 요인들에 대해 체계적으로 연구했다. 블래킷은 해군 측 전문가들의 권고에 맞서 이전보다 큰 호송선단을 도입하고 규모가 큰 호송선단일수록 손실률이 적다는 것을 보여주었다. 이러한 대형 호송선단의 운영은 보급 문제 완화에 중요한 역할을 했다. 오퍼레이션 리서치는 독일에 맞선 공중 공격의 관리에도 성공적으로 적용되었다. 전쟁이 끝나갈 무렵에는, 다양한 배경을 가진 과학자들이 오퍼레이션 리서치에 고용되어 폭격의 효율성, 유럽 침공시 가용 병력의 최적 사용법 등에 대해 조언했다. 이들이 모두 물리학자였던 것도 아니다. 가령 전쟁의 후기 단계와 그 이후에 가장 영향력이 있었던 영국의 조언자 중 한 사람은 생물학자 졸리 주커만이었다(Peyton, 2001; Zuckerman, 1978; 1988 참조).

독일은 자국의 응용과학자들을 수많은 신무기를 개발하는 데 동원했지만, 히틀러 치하 혼란스러운 상태의 명령체계와 그의 변덕스러운 기질은 종종 신무기의 도입에 지장을 초래했다. 독일은 훌륭한 레이더망을 보유하고 있었지만, 조종사에게 정보를 전달할 수 있는 공조 시스템은 갖추지 못하고 있었다. 독일은 제트엔진도 개발했으며 이는 영국의 프랭크 휘틀이 이끈 유사한 연구에 필적했다. 전쟁의 후기 단계에서는 많은 관심이 장거리 공격용 V-무기(복수의 무기: 여기서 V는 복수의 무기를 뜻하는 독일어 'Vergeltungswaffe'에서 따온 것이다—옮긴이)에 집중됐다. V-1은 펄스제트(pulse jet)로 추동되는 무인 항공기였다. 물리학자 베르너 폰 브라운이 이끌던 연구팀이 개발한 V-2는 세계 최초의 장거리 로켓으로 향후의 잠재력이라는 관점에서 볼 때 상상을 뛰어넘는 것이었다(Neufeld, 1995). V-2가 전쟁의 마지막 해에 영국에 대항해 사용되었을 때만 해도, 그것은 막을 수 없는 무기였다. 그러나 때는 이미 독일에 불리하던 전세를 역전하기에는 너무 늦은 상황이었다. 폰 브라운과 그의 연구팀은 수많은 기술적 문제를 풀어냈고, 자신들의 연구를 계속하고 싶어했다. 당시 대부분의 로켓 과학자들과 마찬가지로 이들 역시 우주 공간의 탐사에 관심이 있었다. 전쟁이 끝나자 폰 브라운은 미국에 투항했고, 이내 군사적 목적과 우주탐사 모두를 위해 로켓을 개발하려는 미국의 연구 프로그램의 발전을 이끌게 되었다. 소련 역시 많은 독일 전문가들을 그러모았고, 동일한 목적을 위해 이들을 고용하기 시작했다.

■ 원자폭탄

독일이 방사성 원소에서 방출되는 에너지를 기반으로 하는 폭탄, 즉 원자폭탄을 개발하기 시작했을까라는 질문은 전쟁이 지속되는 내내 연합국 측을 괴롭혔다. 20세기 초 물리학의 혁명을 통해 원자 안에는 엄청난 힘이 갇혀 있다는 것이 밝혀져 있었다(『현대과학의 풍경1』 11장 "20세기 물리학" 참조). 대부분의 과학자들이 회의적인 반응을 보이기는 했지만, 이 힘이 속박에서 풀려나 도시 전체를 파괴시킬 만한 폭탄이 될 수 있다는 예측도 종종 제기됐다. 1940년, 독일 나치정권으로부터 도망친 유대인 물리학자들은 그러한 폭탄의 실현 가능성을 보여주는 계산을 최초로 수행했다. 그러나 독일에는 여전히 정상급 물리학자들이 남아 있었고 그중 가장 주목할 만한 베르너 하이젠베르크의 경우 히틀러나 히틀러의 정책에는 불만이 있다손 치더라도 전쟁 중인 국가에 충성하기 위해 폭탄을 개발할 수도 있는 노릇이었다. 히틀러가 그러한 초강력 무기를 보유할 수도 있다는 공포심은 연합국이 원자폭탄 개발을 위해 맨해튼 프로젝트로 귀결된 기획에 자원을 쏟아붓게 된 중대한 요인으로 작용했다. V-2와 달리 원자폭탄은 마지막 순간에도 독일 쪽으로 전세를 역전시킬 수 있었기 때문이다. 사실, 독일 물리학자들이 원자폭탄을 개발한다는 것은 요원한 일이었고, 그들이 가진 유일한 원자로 역시 사실상 무용지물이었다. 하이젠베르크와 그의 동료들이 연합국에 잡혀 심문을 받게 되면서, 이들이 우라늄의 연쇄반응에 필요한 임계질량을 너무 큰 값으로 생각하고 있었고 이미 독일 군대에게 원자폭탄을 만들 수 없다고 언급했다는 사실이 분명히 드러났다. 임계질량을 너무 큰 값으로 계산한 것이 단순한 부주의였는지, 아니면 나치가 폭탄을 갖지 못하도록 의도한 행위였는지에 관해서는 그 이후 지금까지 논쟁이 계속되고 있다(Powers, 1993; Rose, 1998). 브로드웨이에서 성공한 연극 〈코펜하겐〉은 하이젠베르크가 원자폭탄 문제를 제기한 것으로 보이는 1941년, 하이젠베르크와 그의 멘토인 덴마크의 원자물리학자 닐스 보어 간의 잘 알려진 대면을 소재로 하고 있다(Frayn, 1998).

독일이 원자폭탄을 만드는 것에 관심이 없다는 것을 알아채지 못한 채 매일 재래식 폭탄의 폭격에 고통받던 영국은 원자폭탄 제작의 가능성을 타진하는 첫걸음을 내디뎠다(Gowing, 1965). 1939년쯤이면 보어와 다른 과학자들은 방사성이 있는 원자의 분열 혹은 붕괴에서 상당한 양의 에너지를 끌어내기 위해서는 '연쇄반응'을 일으키는 방법밖에 없다는 것을 분명히 알게 되었다. 일반적으로 방사성 원자의 핵분열은 자연적으로 매우 느린 속도로 이루어지며, 각각의 핵은 적지만 간과할 수 없는 양의 방사선을 방출한다. 그러나 몇몇 방사성원소들, 그중에서도 특히 우라늄-235와 인공원소인 플루토늄의 경우에는 중성자도 방출되며 이들 입자들은 다른 핵과 충돌할 때 분열을 일으킬 수 있다. 소량의 방사성원소에서는 중성자의 대부분이 다른 핵에 부딪치기 전에 빠져나가지만, 방사성원소의 양이 '임계질량'을 넘어서면 중성자는 충분히 많은 여분의 원자들을 분열시켜 잇따른 일련의 단계적 충돌, 즉 연쇄반응을 일으키기 시작할 것이다. 원자로 혹은 '파일(pile)'에서 일어나는 연쇄반응은 일정한 양의 에너지를 생산할 수준으로 유지된다. 그러나 통제되지 않은 연쇄반응에서는 모든 원자가 수분의 1초 안에 분열을 일으켜 엄청난 양의 에너지를 폭발의 형태로 방출하게 될 것이다. 따라서 가장 단순한 형태의 원자폭탄은 임계량 이하의 두 방사성원소를 합쳐서 임계질량에 이르게 함으로써 즉각적인 폭발을 일으키게 하는 장치로 구성된다. 1940년쯤에는 많은 과학자들이 이미 이런 상황에 관해 숙고하고 있었다. 핵심적인 문제는 임계질량이 어느 정도인가 라는 것이었다. 하이젠베르크는 무심코 임계질량이 수톤에 달할 것이라고 추측했고 때문에 폭탄을 만드는 것이 비현실적인 일이라고 생각했다. 그러나 만약 그가 임계질량이 훨씬 적은, 예컨대 몇 킬로그램 정도밖에 되지 않는다는 것을 알았다면 무슨 일이 벌어졌을까?

1940년 3월, 두 독일인 과학자에 의해 실제로 계산이 이루어졌는데, 나치로부터 탈출해 당시 영국 리버풀 대학에서 연구하고 있던 오토 프리슈와 루돌프 파이에를스가 그 장본인들이었다. 계산값은 5킬로그램 정도였다. 아직은 천연원료에서 그 정도 양의 핵분열성 물질과 같은 무언가를 추출하는 방법이 개발되지 않은 상태였지만, 이는 분명 쓸 만한 폭탄을 만들 수 있을 만큼 충분히 적은 양이었다. 대부분의 천연우라늄은 연쇄반응이 불가능한 U-238로 이루어져 있고 전체 우라늄의 0.7퍼센트만이 활성 U-235였다. 그러므로 원자폭탄을 만들려면 다량의 U-235를 추출하는 방법이 고안되어야만 했다. 그러나 프리슈와 파이에를스의 비망록이 헨리 티저드에게 보내졌고, 이내 방사성동위원소를 분리하여 원자폭탄을 제조할 수 있는 가능성을 조사할 위원회가 구성되었다. 이 위원회는 모드(MAUD) 위원회라고 불렸다(보어는 덴마크에서 보낸 전보에 'Maud'에 관해 쓴 적이 있었다. 이는 암호명으로 생각되었으나 사실 그것은 보어가 영국에서 알고 있던 한 여성의 이름이었다). 위원회의 구성원에는 조지 패짓 톰슨, 제임스 채드윅, 마크 올리펀트, 패트릭 블래킷 등 정상급 물리학자들이 포함되어 있었다.

마침내 튜브합금(Tube Alloys)이란 이름으로 위장한 채, 가스 확산법을 통해 동위원소를 분리하는 과정을 고안하는 연구가 옥스퍼드 대학에서 시작되었다.

블래킷과 위원회의 다른 구성원들은 침공의 위협이 임박했기 때문에 실제 생산은 미국에서 하는 것이 가장 좋겠다고 생각했다. 올리펀트는 1941년 8월 레이더 연구에 관해 논의하기 위해 미국을 방문했으나, 그의 또 다른 다른 임무는 당시 영국에서 진행 중이던 원자폭탄 프로젝트의 중요성을 미국 측에 전하는 것이었다. 1939년, 알베르트 아인슈타인이 헝가리의 물리학자 레오 질라드의 촉구로 루스벨트 대통령에게 위험을 경고하는 편지를 보내기도 했지만, 이때까지만 해도 미국은 전혀 반응을 보이지 않았다. 올리펀트는 1941년에야 어니스트 로렌스의 관심을 이끌어낼 수 있었으며, 로렌스는 미 행정부의 핵심 과학고문인 버니버 부시와 제임스 코넌트에게 이 프로젝트의 성공 가능성을 납득시켰다. 일본의 진주만 공격이 있기 하루 전인 1941년 12월 6일, 루스벨트 대통령은 연구에 대한 재정 지원을 재가했고, 다음 해 여름에는 시험 생산공장을 설립할 계획이 만들어졌다. 원자폭탄 자체의 설계에 관한 연구도 시작되었다(Hoddeson et al, 1993).

연쇄반응은 당시까지 실제로 관찰된 적이 없었기 때문에, 그와 관련된 이론은 승인되지 못한 상황이었다. 엔리코 페르미가 시카고 대학 축구장 지하에 원자로를 만들고 통제된 연쇄반응을 처음 일으킨 1942년 12월까지 원자로의 한 가지 기능은, 우라늄-238을 폭탄에 쓰일 핵분열 원료의 또 다른 잠재적 원천인 플루토늄으로 바꾸어주는 것이었다. 사실, 원자로를 지어 플루토늄을 만드는 것은 핵분열성 물질을 만드는 더 나은 방법을 제공했는데, U-235와 U-238을 분리하는 것이 가스 확산이나 전자기학적 기술을 이용하는 아주 섬세한 물리적 과정을 포함하고 있던 반면, 화학적 수단을 이용하면 핵분열성 물질을 손쉽게 추출할 수 있었기 때문이다. 계획은 U-235와 플루토늄 둘 모두를 가지고 폭탄을 만든다는 목적하에 양 방향으로 진행됐다. 레슬리 그로브즈 육군 준장이 맨해튼 프로젝트로 알려진 이 계획의 책임자가 되었다. 그로브즈 준장은 대형 프로젝트를 여러 번 관리해본 경험이 있는 인물로서, 그의 조직관리기술은 이 프로젝트에 꼭 필요했다. 그러나 그는 과학자가 아니었고, 프로젝트에 모집된 과학자들 중 그의 군사적인 접근방식을 마음에 들어하지 않았던 많은 이들의 반발을 샀다. 그는 또한 반영국파였으며 따라서 한동안 영국의 과학자들은 프로젝트에서 배제됐다. 이런 상황은 이후 바뀌었고 심지어 보어조차 점령된 덴마크를 탈출한 뒤에 프로젝트에 합류했다.

프로젝트의 규모는 실로 엄청나게 변했다. U-235의 추출을 위한 공장이 테네시의 오크리지에 만들어지고, 워싱턴의 핸포드에는 플루토늄 제조 공장이 지어졌는데, 이 두 공장에서 사용된 수력 전력량은 큰 도시보다 많았다(그림 20.2; Hughes, 2002). 장비를 설계한 과학자들과 숙련된 기술을 지닌 엔지니어들은 완전히 혹사당했다. 그사이 뉴멕시코의 로스앨러모스에서는 로버트 오펜하이머의 지휘 아래 원자폭탄 자체의 설계가 시작됐다. 오펜하이머는, 오랜 기간에 걸쳐 확립된 유럽의 전통과 대등한 수준으로 발전한 당시 미국 물리학계의 지도적인 인물이었다(Goodchild, 1980; Kevles, 1995). 이제 그는 당국의 명을 받은 지도자로서 자신의 능력을 더욱 실용적인 목적에 쏟아야 할 새로운 도전에 직면하게 됐다. 의미심장한 점은 맨해튼 프로젝트가 전체적으로는 그로브즈 장군과 군부에 의해 조직됐지만 기술적인 문제에 천착한 과학팀들은 모두 민간인이었으며, 과학자들이 이들을 이끌었다는 것이다. 이는 과학자들이 단순히 군부에서 명령을 받기만 한 것이 아니라 자신들이 하고 있는 일의 결과에 대해 자유롭게 생각할 수 있었다는 뜻이다. 결국 이러한 자유는 원자폭탄 개발에 참여하는 행위의 도덕성에 관한 중요한 논쟁을 낳았지만, 그 당시에는 나치 독일

그림 20.2 1944년 Y-12 공장에 있던 Alpha-1 레이스트랙(racetrack)(출처: 테네시주 오크리지, 맨해튼 공병지구[Manhattan Engineering District], 미 공병대. 사진: James E. Westcott). Alpha-1 레이스트랙은 우라늄 동위원소의 분리에 이용되었다. 이 장치는 군산복합체의 자원들이 투여되면서 작동하기 시작한 초기 거대 과학의 규모를 어느 정도 짐작할 수 있게 해준다. 배선공사에만 미 재무성이 내놓은 6천 톤의 은이 사용됐다.

로부터 감지된 위협으로 인해 대부분의 과학자들이 원자폭탄 개발에 뛰어들었다.

훌륭한 물리학자였음에도 오펜하이머는 실질적인 결과가 모든 것을 말해주는 이 새로운 환경에서 과학자들 특유의 개인주의로는 성과를 얻을 수 없다는 것을 알고 있었다. 그는 모든 팀이 당면한 목표에 집중하도록 하는 준군대식 관리 스타일을 채택해야 한다는 것을 깨달았지만, 문제해결 과정에서 개인적인 창의성이 발현될 여지는 여전히 남겨두었다. 오펜하이머는 또한 정부 및 군부위원회와 함께 일하는 데에도 곧 능숙해졌는데, 이는 연구실에서만큼이나 권력의 회랑에서 이뤄지는 일에도 정통한, 새로운 종류의 과학 리더가 탄생했음을 의미했다. 어떤 의미에서는, 맨해튼 프로젝트가 정상급 과학자들에게 군사적·산업적 이해관계에 더 밀접하게 협력하기를 요구하면서 과학을 행하는 방식을 변화시키고 있었다. 오펜하이머는, 과학자들이 자신들의 연구를 바탕으로 행해질 일에 어떤 영향력을 행사하고자 한다면 이처럼 새로운 방식으로 연구하는 법을 배워야 한다는 점을 깨달았다.

그 사이 이론물리학자들과 엔지니어들이 더더욱 밀접한 공동 작업을 수행해야 하는 기술적인 문제들이 발생하고 있었다. 이러한 문제를 해결하기 위해서는 새로운 이론적 개념이 요구되었고, 그러한 이론들은 실제 폭탄을 만들지 않고서는 시험해볼 수 없는 것이었다. 물리학자들은 응용과학을 압박 속에서 마지못해 해내야 할 하찮은 일로 여기지 않았다. 오히려 실질적인 적용의 과정에서 생긴 문제들을 해결하기 위해 고안해야 했던 이론적 혁신들에 자신들이 매혹돼 있음을 깨닫곤 했다. 원자폭탄의 설계는 본래 '총'에 기초를 두었는데, 이는 U-235탄이 원통 안으로 발사되어 같은 U-235 표적에 부딪치는 방식이었다(그림 20.3). 그렇게 합쳐진 질량은 임계질량을 초과했고 곧바로 통제 불가능한 연쇄반응으로 이어질 것이었다. 그러나 1944년 봄에 있었던 플루토늄을 이용한 시험은, 플루토늄이 임계질량 이하의 각각의 두 물질이 합쳐지기도 전에 분해될 정도로 높은 자발분열률(spontaneous fission rate)을 갖고 있기 때문에 이 원소로는 '총' 방식이 작동하지 않을 것임을 보여주었다. 이는, 핵분열물질이 효과적인 연쇄반응이 일어날 정도로 충분히 작은 공간에서 결합되기 전에 붕괴될 것이라는 의미였다. 완전히 새로운 타입의 폭탄은, 임계질량보다 약간 적은 질량 덩어리를, 조심스럽게 구체로 만든 일반 폭발물로 압축하여 임

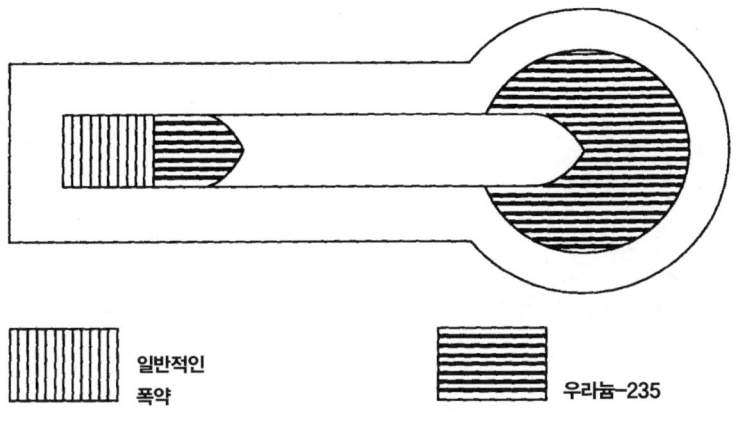

그림 20.3 우라늄-235를 폭발시키는 '총' 방식의 폭탄을 보여주는 그림. 한 발 분량의 폭발물이 소형 우라늄 탄환을 발사하여 이것이 총신을 따라 내려간 뒤 우측의 큰 우라늄 본체에 맞으면, 임계질량을 넘게 되어 연쇄반응이 시작된다.

계상태에 이르게 하는 '내파(implosion)' 방식으로 설계되어야 했다. 독일에서 망명해서 프로젝트에 참여한 파이에를스를 포함한 영국의 물리학자들도 이 새로운 설계와 관련한 상당량의 연구를 수행했다. 그러나 그 설계는 너무 파격적이었고 이 때문에 코넌트와 같은 과학 자문관들은 그것이 작동할 것인가에 의문을 가졌다. 1945년 7월 16일, 뉴멕시코 앨라모고도의 사막에서 플루토늄 폭탄이 시험대에 올랐다. 폭탄은 심지어 과학자들이 예측했던 것보다도 훨씬 많은 TNT 2만 톤 수준의 폭발을 일으켰다(그림 20.4와 20.5). 폭발을 지켜보던 오펜하이머는 힌두교 서사시인 "바가바드기타(Bhagavad-Gita)"의 한 구절을 훌륭하게 인용했다. "나는 죽음, 세상의 파괴자가 되었다." 다른 물리학자 케네스 베인브리지는 좀더 직설적으로 평했다. "음, 이제 우리는 모두 개자식들이야(Schweber, 2000, 3에서

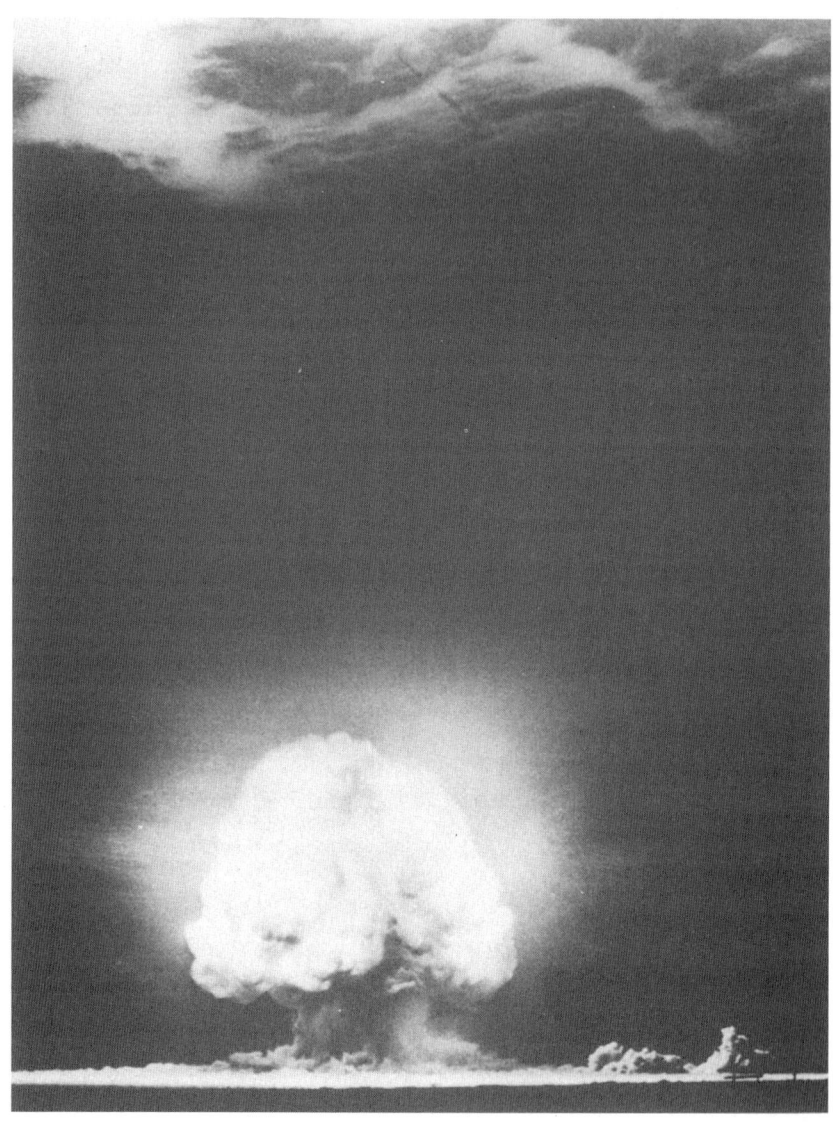

그림 20.4 최초의 원자폭탄 폭발.

그림 20.5 로버트 오펜하이머와 그로브즈 장군이 최초의 원자폭탄의 폭발 직후 트리니티에 있는 모습(출처: Popperfoto/Retrofile.com). 오펜하이머는 뛰어난 물리학자였지만, 거대 과학이라는 신세계에서 군대 및 대형산업 내의 권력자들과 협력하는 법을 배워야 했다.

인용).”

　원자폭탄의 실제 사용은 독일이 이미 항복한 상태에서 일본과의 전쟁을 빨리 끝내기 위해 이루어졌다. 8월 6일, 이놀라 게이라는 이름의 B-29 폭격기가 우라늄 폭탄 '리틀 보이(Little Boy)'로 히로시마를 폐허로 만들었다. 3일 후, 플루토늄 폭탄 '팻맨(Fat Man)'이 나가사키에 떨어졌다. 원자폭탄을 사용하게 된 실제 동기를 두고는 격렬한 논쟁이 벌어진 바 있다. 공식적인 입장은 일본의 빠른 항복을 받아냈고 그럼으로써 일본의 습격으로 인해 죽을지도 모르는 수십만 명의 미국 군인을 구했다는 것이다. 그러나 이는 확실히 과장된 평가였고, 미국의 새로운 대통령이었던 해리 트루먼이 러시아와의 전후 교섭에서 사용할 수 있는 여분의 수단을 획득하기 위해 원자폭탄을 사용했다는 의혹은 좀처럼 사라지지 않았다(Alperowitz, 1996; Giovannitti and Freud, 1965; Walker, 1996).

　우리의 주제와 좀더 관계있는 질문은 그렇게 파괴적인 무기를 만드는 과정에 관여한 것에 관해 과학자들 자신은 어떻게 느끼고 있었을까라는 것이다. 원자폭탄을 만들자는 최초의 구상이 핵분열을 활용해 폭탄을 만드는 것의 가능성을 인식한 과학자들로부터 나왔던 것은 분명하다. 독일에서 실제로 그랬던 것처럼, 과학자들이 그 아이디어를 지지하지 않았다면, 원자폭탄 프로젝트는 시작되지 않았을 것이다. 그러나 나치가 동일한 가능성을 타진할 수 있다는 공포감으로 인해 영국과 이후 미국의 과학자들은 프로젝트를 추진하는 것에 대해 별 거리낌을 느끼지 않았던 것으로 보인다. 어쨌든 잔인한 전쟁이었고, 도시는 이미 통상적인 폭격으로 황폐화돼 있었다. 결정적 시기는 독일이 무너지고, 소규모의 원자력 계획만을 가지고 있던 일본이 유일한 표적으로 남았을 때 찾아왔다. 바로 이 시점에 몇몇 과학자들은 원자폭탄을 사용해서는 안 되며, 적어도 우선은 경고의 의미로 일본의 외진 곳에 떨어뜨려야 한다고 주장하기 시작했다. 원래 아인슈타인으로 하여금 루스벨트 대통령에게 핵무기의 가능성에 관하여 편지를 쓰도록 독려했던 레오 질라드는 그 후 군부의 원자폭탄 사용정책을 가장 앞장서 비판한 선도적인 인물로 떠올랐다. 그는 물리학자 제임스 프랑크가 이끌고 있던 '사회정치적 함의를 위한 위원회'를 압박하여 우선 과시적인 실연을 수행해볼 것을 주장하는 보고서를 제출하게 만들었다(이 보고서는 Giovannitti · Freud, 111~115에 다시 수록돼 있다). 그러나 많은 과학자들은 질라드의 제안을 받아들이지 않았는데, 어떤 이들은 미국인의 목숨을 구할 수 있다는 주장을 받아들였고, 또 어떤 사람들은 여전히 막바지 기술적인 문제로 고심하고 있던 터라 한 발 물러서서 자신들의 입장을 재고할 시간이 없었기 때문이다. 오펜하이머 자신은, 전쟁 이후에는 더욱더 강력한 수소폭탄을 개발하려는 결정을 앞장서 비판했지만, 당시에는 원자폭탄이 미국인의 목숨을 구할 수 있다는 입장을 받아들였고, 로스앨러모스에서 논쟁을 촉발하는 일에 관해서는 소극적이었던 것으로 보인다.

■ 과학과 냉전

전후 시기에는 서구 민주주의에 대한 위협으로 인식된 대상이 나치에서 소련으로 대체됨으로써 국제적인 긴장이 계속되었다. 냉전의 소리 없는 적대적 행위들이 자리를 잡은 뒤로 양편의 과학자들은 군사 연구에 참여하는 것이 정당한 일이라는 오랜 주장을 쉽게 부활시킬 수 있었다. 단지 소수의 유력 인사들만이 이러한 경향을 거부했고, 이들은 불충한 행위로 배척당할 위험에 직면했다. 그러나 과학자들이 막 군산복합체로 알려지기 시작하던 연구여건에 지속적으로 연루된 데는 다른 이유들이 존재했다. '거대 과학'은 이론 검증에만도 엄청나게 비싼 설비를 갖춘 건물을 필요로 했기에 이런 분야의 연구를 위해서는 막대한 자금이 불가피했는데, 정부가 이처럼 막대한 돈을 투자하는 상황은 외세의 위협에 직면할 때뿐이었다. 그러므로 과학자들이 군사 응용 프로젝트에 참여하도록 하는 유혹이나 어쩌면 심지어 그러한 참여를 조장하는 유혹은 엄청나게 컸다. 어떤 때는 이것이 상당한 규모의 연구를 수행하기 위한 자금을 확보하는 유일한 방법인 것처럼 보이기도 했다. 원자폭탄 프로젝트 역시 순수과학과 응용과학의 상호 침투를 필요로 했고, 이는 이론적 혁신과 실질적 응용의 구분을 어렵게 만들었다. 이런 과정을 거치며 과학의 많은 영역은 군산복합체와 단단히 결합됐으며, 때때로 과학자들은 하고 싶은 연구를 수행하기 위한 자금을 얻기 위해 군사적 함의를 띤 프로젝트를 제안하기도 했다(Mendelsohn, Smith · Weingart, 1988).

소련은 미국 원자폭탄의 위협에 재빠르게 대응했다(Holloway, 1975). 전쟁 전, 소련의 물리학자들은 정부의 무관심에도 불구하고 이 분야에서 훌륭한 연구를 수행했었다. 환경과학자 블라디미르 베르나드스키는 우라늄이 평화적 목적을 위해 사용될 수 있을 것이라는 희망으로 원료로서의 가능성을 타진해볼 것을 주장한 바 있었다. 전쟁 중에 소련 당국자들은 스파이를 통해 영국과 미국의 핵 프로젝트에 관한 약간의 정보를 입수했지만, 독일이 이에 관련돼 있지 않다는 것이 분명해지자 스탈린은 흥미를 잃어버렸다. 그의 심복 베리아는 심지어 맨해튼 프로젝트에 대한 이야기들이 소련이 이 분야에 자금을 낭비하도록 만들기 위해 주입된 것이라고까지 의심했다. 그러나 미국이 원자폭탄을 갖고 있음이 분명해지자 스탈린은 이내 이것이 전쟁에서 사용되는 실질적인 위협은 아니라 하더라도 소련의 세계적 영향력에 대한 중대한 위협이 된다고 판단했고, 원자폭탄을 개발하기 위한 긴급 계획을 세웠다. 미국이 독자적으로 이러한 힘을 행사하는 것을 허용할 수 없다는 스탈린의 생각을 공유하고 있던 소련의 과학자들은 이 계획에 협력했다. 부분적으로 스파이들이 전해준 정보의 결과로 소련은 빠른 진척을 보였고, 1949년 10월 첫 번째 원자폭탄을 폭발시키자 미국인들은 대경실색했다. 1950년대를 지나면서, 양편이 서로를 완전히 괴멸시킬 만한 무기를 충분히 획득함에 따라 세계는 핵 교착상태에 들어갔다. 영국 역시 자신들이 핵클럽에서 벗어나 있다고 생각했다. 영국은 이 분야의 연구를 처음 시작했고, 맨해튼 프로젝트에서도 핵심적인 역할을 담당한 바 있었다. 전후 시기에 국제적 영향력을 상당히 상실한 영국은 국제사회에서 자신들이 차지했던 과거의 위상을 외견상으로라도 유지하기 위해서 독자적인 핵 억지력을 개발할 필요가 있다고 보았다. 영국은 원자폭탄과 그것들을 운반할 항공기를 지속적으로 개발했지만, 초강대국들이 대륙 간 미사일과 핵잠수함의 시대로 이행해감에 따라 이류 강대국이라는 영국의 지위는 좀더 분명해졌다. 그렇다 하더라도 냉전이라는 상황 속에서 영국의 과학자들은 유럽의 다른 어떤 나라의 과학자들보다도 군사 연구용으로 배정된 자금으로부터 많은 혜택을 받았다(Bud · Gummett, 1999). 과학자들이 적극적으로 새로운 군 프로젝트를 장려했다는 것은 정부의 과학 보좌관이던 졸리 주커만에 의해 이후에 확증됐다. 그는 "우리의 '전문가들'은 별로 어렵지 않게 공무원들과 군인들에게 정보를 제공하고 그들을 설득할 것이고, 그러면 그 아이디어는 대부분 장관의 손에 닿을 때까지 제 길을 찾아 올라갈 것이다"(Zuckerman, 1988, 390)라고 논평했다. 대부분의 경우, 연구 프로젝트를 실행에 옮기는 데 필요한 자원들은 영국이 사용할 수 있는 범위를 벗어나 있었다. 물론 대부분의 연구들이 프로젝트 운용상의 제약이 명백해지기 이전에 이루어지기는 했지만 말이다.

미국에서는 소련의 첫 번째 원자폭탄 폭발로 인해 또 다른 논쟁이 첨예하게 일어났다. 물리학자들은 수소원자들을 융합하여 사실상 태양 자체의 에너지 원천을 복제하면 분명 또 다른, 좀더 강력한 폭탄을 만들 수 있으리라 보았다. 수소원자의 융합은 원자폭탄이 폭발할 때 도달되는 엄청난 온도와 압력을 사용해야만 가능했기 때문에, 수소폭탄은 기폭제로 원자폭탄을 필요로 했다. 이 '슈퍼폭탄(superbomb)'의 개발 프로그램을 설계한 사람은 물리학자 에드워드 텔러였다(York, 1976). 텔러는 헝가리 출신의 유대인이었기 때문에 그의 친척들은 소련 점령하의 유럽에 살고 있었다. 그는 자신들의 체제를 온 세계에 강요하려는 소련의 결단으로 인해 제기된 위협을 날카롭게 감지하고 있었고, 군비경쟁에서 미국이 반드시 우월성을 유지해야만 한다고 생각했다. 그는 로스앨러모스에서 핵융합 폭탄의 물리학에 관한 연구를 시작했고 군과 정부의 지원을 위해 끊임없이 로비를 벌였다. 소련의 첫 번째 원자폭탄에 관한 뉴스로 인해 그의 캠페인은 더욱 다급해졌다. 1949년 10월, 오펜하이머가 주관한 원자력 위원회의 총자문위원회(General Advisory Committee)는 텔러가 주장하는 슈퍼폭탄을 만드는 대신 원자폭탄의 성능 개량을 권고했다. 텔러는 이러한 결정이 항복이나 마찬가지라고 보고, 오펜하이머의 입장을 약화하기 위해 자신이 가진 모든 정계 인맥을 이용하기 시작했다. 오펜하이머에게는 젊은 시절 좌파 조직과 접촉했다는 약점이 있었고, 더구나 당시는 상원의원 조지프 매카시가 주도하던 반공산주의 마녀사냥의 시대였다. 장기간의 수사 끝에 1954년 오펜하이머의 기밀사항 취급 인가는 취소되었고, 그는 전체 원자력 프로그램에서 퇴출되었다. 수소폭탄 프로젝트에 대해 오펜하이머와 같이 유보적 입장을 취하던 코넌트 역시 중심에서 밀려났다.

1949년, 원자력위원회는 텔러와 그의 '매파(hawks)' 동료들의 입장을 지지하고, 오펜하이머 위원회의 권고를 받아들이지 않았다. 이듬해 트루먼 대통령은 국가안보회의의 권고에 따라 수소폭탄의 개발을 허가했다. 핵심적인 기술적 문제는 로스앨러모스에서 텔러-울람(Teller-Ulam) 장치를 개발함으로써 극복되었다. 첫 번째 수소폭탄은 1952년 말 태평양의 에니위톡 환초(Eniwetok Atoll)에서 폭발했는데, TNT 1천만 톤, 즉 히로시

마을 파괴했던 폭탄이 지닌 성능의 1천 배나 되는 위력을 보여주었다. 그러나 미국의 우세는 오래가지 못했는데, 소련이 다른 방법으로 기술적 문제를 해결하고 1955년 말에 자신들의 첫 번째 수소폭탄을 폭발시켰기 때문이다. 핵무기가 지구상의 모든 생명체까지는 아니어도 인류의 문명을 파괴할 가능성은 이제 너무나 엄연한 현실이 돼 있었고, 대중들에게 엄청난 영향을 주었다(Boyer, 1994). 많은 과학자들은, 미국에게 겨우 일시적인 우월감을 안겨준 채 군비경쟁을 격화해 위험수위를 새로운 단계로 높여버린 텔러의 매파 전략을 좋지 않게 보았다. 과학적 탐구에 필수적인 자유는 그와 동등한 정도의 사회 전체의 자유를 필요로 한다는 오펜하이머의 주장은 많은 사람들을 각성시켰지만, 그는 과학계에서조차 다소 고립되어 있었다. 새로운 무기를 개발하기 위해 과학을 무제한적으로 사용하는 것에 대한 저항은 독일 태생의 망명자이자 이후 항성 내부의 핵융합에 관한 이론으로 노벨상을 수상한 코넬 대학의 한스 베테에 의해 훨씬 효과적으로 제기됐다(Schweber, 2000). 베테는 원자력 무기 프로젝트에 참여한 적이 있었지만 점차 핵전쟁의 함의에 관심을 갖게 되었고, 1963년 핵실험 금지 협정을 협상했던 미국 대표단의 고문으로 핵심적인 역할을 했다.

물론, 더 강력한 핵무기를 개발한 것만이 군비경쟁에서 과학이 기여한 바는 아니었다. 폰 브라운과 그의 연구팀은 V-2의 성취를 바탕으로 대륙간 탄도미사일이라는 새로운 미사일 발사 시스템을 가능하게 만든 로켓 프로그램의 토대를 놓았을 뿐 아니라, 미국 우주 프로그램의 기반을 다지기도 했다. 사실 우주 프로그램은, 냉전의 경쟁과 이 분야에서 러시아가 거둔 초기의 성과들, 특히 1957년 10월에 이뤄진 스푸트니크(Sputnik) 인공위성의 발사에 자극을 받아 행해진 것이었다. 얼마 지나지 않아 미사일은 수색을 피해 몇 달씩 수중에 머무를 수 있는 핵잠수함에서 발사되고 있었다. 해군은 이와 같은 핵잠수함을 찾을 수 있는 새로운 방법을 원했고, 핵잠수함이 숨어 있을지도 모르는 심해저층에 대한 더 많은 지식을 필요로 했다. 여기서 생긴 하나의 부산물이 해저층에 관한 더 나은 정보였거니와, 이는 판구조론에 대한 결정적인 증거를 제시했다. 한편, 원자폭탄에서 발생한 방사능이 어떻게 인간과 다른 종의 돌연변이 비율을 증가시킬 수 있는가에 관한 연구로 인해 생물학자들은 중요한 재정 지원의 원천을 확보하게 됐다(Beatty, 1991). 이처럼 과학과 군대의 상호 작용은 다양한 방향으로 나아가며 융성하기 시작했고, 정보의 흐름 역시 항상 일방적이지만은 않았다. 하나의 영역에서 응용과학으로 시작된 연구는 때때로 완전히 다른 분야에서 새로운 통찰을 위한 증거를 제공했던 것이다.

■ 결론

20세기 동안 과학과 군대의 관계는 엄청나게 확장되었다. 초창기 단계는 성격상 임시적인 관계였다. 국가적 위기라는 압박 속에서 애국심을 가진 과학자들이 무기의 성능을 향상시키거나 새로운 무기를 만들어낼 방식을 제안했으나 군부의 당국자들은 이를 거부하거나 웃음거리로 만들었다. 제1차 세계대전을 통해 처음으로 과학과 군대의 상호 작용을 능률적으로 만들려는 시도가 등장했지만, 어떤 신무기도 결정적인 것으로 입증되지는 않았다. 전간기 동안, 몇몇 나라들은 그와 같은 초기의 시도를 바탕으로 과학계, 산업계, 군대를 연결하는 통합 프로그램을 시작했는데, 이를 통해 레이더처럼, 해군과 특히 공군의 전투방식을 변화시킬 수 있는 아주 새로운 시스템을 개발해냈다. 제2차 세계대전은 이후 냉전기간 동안 과학자들이 군사-산업적 갈등에 연루되는 기반을 놓았다. 이러한 발전의 결과 이론적 과학은 새로운 수준에서 산업계, 군대, 정부와 연결되었다. 순수과학과 응용과학의 경계는 점점 더 희미해졌고, 특히 장비 때문에 막대한 양의 재정 지원이 필요한 분야에서는 그 정도가 더욱 컸다. 또한 과학자들은 기술적인 문제들이 때때로 흥미로운 이론적 쟁점들을 만들어낼 수 있다는 것을 깨달았다. 이제 정상급 과학자들은 산업계와 정부로부터 엄청난 자금을 끌어들여 대형 프로젝트를 관리하게 됐고, 재정 지원을 제공한 쪽과의 상호 작용에 필요한 관리기술을 갖추어야 했다.

과학과 군의 긴밀한 관계는 서로 다른 태생을 가진 두 전문가 집단의 피할 수 없는 상호 의심으로 인해 그 출현이 지체됐다. 그러나 이러한 관계가 한 번 형성되고 나자, 과학자들은 그러한 관계로부터 얻을 수 있게 된 재정 지원에 이끌릴 수밖에 없었는데, 이는 특히 그것을 통해 그들이 정말로 관심을 가진 프로젝트를 수행할 수 있게 된 것을 볼 때 결코 놀라운 일이 아니다. 1950년대가 되면, 미국 대학의 물리학 연구 재정 지원의 90퍼센트는 원자력위원회에서 나왔고, 그중 상당량은 군사 프로젝트와 관련된 연구를 위한 것이었다(Hoch, 1988, 95; Forman, 1987 참조). 많은 과학자들이 자신들의 연구를 이런 방향으로 바꿀 의향이 있고, 정부와 기업계와 상호 작용하는 데 필요한 관리기술을 익히려 한다는 것은 그리 이상한 일이 아니다. 이러한 관계의 도덕적 결과를 염려하는 이들에게 더 심각한 문제는, 단순히 정부의 금고를 열어 새로운 연구 분야에 재정 지원을 하도록 유도할 수 있을 것이라는 이유만으로 새로운 무기 시스템의 개발을 장려할 유혹이 존재한다는 것이다. 텔러가 수소폭탄을 원했던 것은 분명 소련의 위협이 두려웠기 때문이었다. 그러나 더욱 최근의 스타워즈 미사일 방어 시스템에 대한 제안은 무기 설계자들이 주도권을 쥐게 된 것이 아닌가 하는 의혹을 유발해 왔다. 방위산업계에서 실제로 일하고 있는 과학자들은 상업적 관심을 최우선으로 생각하는 엔지니어와 관리자들에 의해 통제되고 있다.

소련 체제는 과학자들 역시 다른 모든 사람들처럼 공공선(이는 늘 국가와 동일시된다)을 위해 일해야 한다는 경쟁적 견해를 조장했고 부분적으로는 그 때문에 제2차 세계대전 이후 서구 일각에서는 오직 지식을 얻는 것만을 목적으로 수행되는 순수과학의 이상을 재건하자는 노력이 있었다. 미국의 선도적인 과학 고문이었던 버니버 부시는 1945년, 「과학: 그 끝없는 도전(Science: The Endless Frontier)」이라는 제목의 보고서를 작성해, 자연의 이해를 향한 사심 없는 추구라는 과학의 이미지를 재창조하려 했다. 순수 연구의 기반은 기술적 부산물이 계속해서 출현하리라는 것을 보증하기 위해서도 확고히 다져질 필요가 있었다. 이는 지금도 많은 학계의 과학자들이 장려하는 과학에 대한 정통적 관념이지만, 이 관점은 오늘날 얼마나 많은 명백한 순수 연구가 기업과 군이 제공한 재정으로 이루어지고 있는지를 인식하지 못하고 있다. 이처럼 새로운 상황에 의해 제기된 도덕적 딜레마에 가장 효과적으로 맞선 과학자들은 고립주의로 물러나버린 이들이 아니라, 실제 세계와의 계약을 받아들이고 자신들의 연구가 이용되는 방식을 통제하는 데 자신들이 가진 영향력을 활용해야 한다고 주장한 이들이었다. 이들의 노력에는 단지 연구기회를 제공할 것이라는 이유로 새로운 군사기술을 장려하려는 유혹에 대항하는 적극적인 캠페인도 포함돼 있었지만, 또한 최소한 핵무기 시험에서 초래될 위험을 제한해줄 핵확산금지조약에 서명하게 하는 데 공헌한 베테의 경우처럼, 군사적·정치적 현실에 건설적으로 개입하려는 이들의 시도도 포함돼 있었다. **[박동오 옮김]**

21 Making Modern Science

■■ 과학과 젠더

■■ 과학과 젠더의 관계는 지난 반세기 이상 지속적으로 논쟁이 되어온 주제 중 하나다. 과학은 많은 경우 행위자들의 계급, 정치적·종교적 신념, 인종 혹은 젠더에 의해 오염되지 않은, 객관적 탐구의 전형으로 여겨진다. 하지만 우리가 이미 살펴보았듯이, 과학사, 과학철학, 과학사회학에서 최근 수십 년간 이루어진 많은 발전은 가치중립적 지식의 최고봉이라는 과학의 이미지를 점점 더 유지하기 어렵게 만들었다. 과학적 객관성에 대한 비판들 중에서도 여성주의 학자들이 제기한 비판은 특히 더 많은 논쟁을 야기했다. 여성주의자들은 객관적인 과학적 탐구에 대한 전통적인 서술이 가진 많은 문제점들을 지적해왔다. 예를 들어, 1960~70년대에 출간된 많은 주요 저작들은 과학이 본질적으로 남성적 활동이라고 비판했고, 심지어 그중 몇몇 저작은 남성과 여성은 자연세계와 상호 작용하는 방식이 근

본적으로 다르다고 말하기도 했다. 역사적으로 볼 때 과학의 행위자는 대부분 남성들이었음을 지적한 사람들도 있다. 또 다른 사람들은 과학자들뿐만 아니라 과학사학자들까지 과학적 탐구의 노력에서 여성이 공헌한 바를 간단히 무시해버렸다고 비난했다. 이 장에서 우리는 여성주의 학자들이 제기한 핵심 쟁점들과 과학적 활동의 성격이 근본적으로 젠더화되어 있다는 그들의 주장을 검토해볼 것이다.

이블린 폭스 켈러와 캐럴린 머천트 같은 논평자들은 소위 16~17세기의 과학혁명은 유럽인들이 자연세계와 상호 작용하는 방식에 변화를 가져왔다고 말한 바 있다(『현대과학의 풍경1』 2장 "과학혁명" 참조). 특히 이들은 과학혁명을 자연에 대한 남성 특유의 관점이 점차 우세해진 상황과 관련지었다. 개괄적으로 말하자면 이들은 르네상스 이전의 자연철학자들이 그들을 둘러싼 세계와의 조화로운 삶이 중요함을 강조했다고 주장했다. 그때까지 사람들은 자연에 대해 '어머니 대지(Earth Mother)'라는 이미지를 갖고 있었다. 그러나 새로운 과학이 등장하면서 자연은 점차 개발될 자원으로 인식되기 시작했다. 자연철학자들은 점차 자신들의 활동을 수동적이고 여성적인 자연을 드러내고 그 속으로 침투한다는 견지에서 묘사했다. 여성은 지식을 추구하는 활동에서 점차 주변으로 밀려났다. 예나 지금이나 자연철학자들과 과학자들은 주로 남자다. 몇몇 여성주의 학자들은 과학연구에 대한 여성의 공헌이 역사 기록에서 조직적으로 배제되어 왔다고 지적한 바 있다. 그들은 그냥 두면 잊힐 여성 과학자들의 이력과 삶을 복원함으로써 여성이 어떤 방식으로 자연을 이해했는지를 연구하는 것이 중요하다고 주장한다. 그들은 과학에 대한 여성의 공헌을 재평가하고 더욱 많은 여성들이 과학에 종사하도록 격려함으로써 과학의 실행과 과학과 자연과의 관계를 결정적으로 변화시키기를 희망한다.

여성주의 과학사학자들은 과학혁명의 여파로 여성들의 몸 자체가 점차 과학적 탐구의 대상이 되었다고 주장한 바 있다. 예를 들어, 역사학자 토머스 라커는 남성과 여성의 몸을 본질적으로 유사한 것으로 보던 시각이 과학혁명기 동안 이 둘을 근본적으로 다른 것으로 보는 시각으로 전환되었다고 주장했다(Laqueur, 1990). 남성의 몸이 정상이라면 여성의 몸은 점차 병적인 것으로 여겨졌고 이에 따라 여성의 몸은 점점 더 의학적·과학적 개입을 필요로 하는 것으로 생각되었다. 다른 역사학자들은 18세기의 해부학자들이 여성의 골격을 남성보다 더 작은 두개골을 가진 것으로, 그러므로 더 작은 뇌를 가진 것으로 표현한 방식들을 정리해 보여준 바 있다. 19세기의 의사들과 과학자들은 여성의 몸이 더욱더 조심스러운 의학적 조정을 필요로 한다고 여기게 됐다. 남성의 몸은 확실히 마음의 통제 아래 있다고 상정된 반면, 여성의 마음은 일반적으로 그들의 몸, 특히 생식기관의 통제 아래 놓여 있는 것으로 간주되었다. 그 결과, 여성은 선천적으로 남성보다 정신적·지적으로 열등한 존재로 생각되었다. 이와 같은 주장들은 19세기 후반에 여성의 교육과 정치 참여를 반대하기 위한 논거로 사용되었다. 유럽의 백인들이 자신들의 인종적 우월함을 옹호했던 것처럼, 여성해방에 반대한 이들은 여성이 비유럽인들처럼 대학 교육은 물론이고, 종속적이고 가정 내에 한정된 생활 이외의 다른 어떤 활동에도 육체적·정신적으로 적합하지 않은 조건을 갖고 있음을 과학이 보여주었다고 주장했다.

그렇다면 과학은 본질적으로 성 차별적인가? 몇몇 여성주의 학자들은 근대 초부터 발전해온 과학이 근본적으로 자연에 대한 남성적 관점을 표상한다고 주장한다. 그들은 과학이 인간과 나머지 자연세계 사이에 존재하는 본질적으로 착취적인 관계를 유지하는 데 주요한 역할을 수행한다고 주장한다. 더군다나 과학과 과학자들은 자연을 더 보살피고 자연과 생태학적으로 친밀한 관계를 맺도록 고무하는 다른 방식, 본질적으로 여성적인 앎의 방식을 의도적으로 훼손하는 잘못을 저질러왔다. 또 다른 측면에서도 과학은 본래부터 성 차별적이었다고 간주되었다. 전반적으로 과학은 여전히 압도적으로 남성들만의 활동이다. 자연철학과 과학의 실행이 지난 수세기 동안 거의 전적으로 남성의 영역이었던 것은 틀림없는 사실이다. 과학활동에 참여할 수 있었던 소수의 여성들조차 대부분 과학의 변두리로 밀려났다. 이는 남성 과학자들이 여성을 의도적으로 차별했음을 보여주는 증거로 받아들일 수 있다. 또한 그것은 과학이 근본적으로 남성적 사고의 산물이고, 그 결과 과학을 매력적인 활동으로 생각한 여성이 거의 없다는 것을 입증하는 증거가 될 수도 있다. 이러한 쟁점들을 바라보는 방식들은 다양하지만, 이 장에서 우리는 간략한 개요만을 제공할 수 있을 것이다.

■ 자연을 길들이다

몇몇 여성주의 과학사학자들은 16~17세기의 과학혁명을 전통적인 묘사와는 전혀 다른 관점에서 바라보고 있다. 전통적으로 과학혁명은 적어도 새로운 계몽시대의 여명으로 평가되어 왔다. 이런 관점에 따르면 새로운 과학의 출현은 권위에 대한 경험의 승리를 선포했다. 경험적 방법이 등장하고 자연법칙을 이해하기 위해 인간의 이성을 체계적으로 적용하면서 구래의 스콜라풍의 아리스토텔레스주의 철학과는 결정적인 단절이 이루어졌다는 것이다. 이러한 관점에서 보면 과학혁명은 의심할 바 없이 진보적이며 본질적으로 긍정적이었다. 과학혁명은 근본적으로 좋은 것이었다. 그렇지만 이미 살펴보았듯이, 새로운 세대의 과학사학자들은 거칠 것 없는 과학적 진보에 대한 전통적인 장밋빛 묘사에 다소 의심의 눈길을 던져왔다(『현대과학의 풍경1』 2장 "과학혁명" 참조). 오늘날의 과학사학자들과 과학철학자들은 유일무이한 과학적 방법과 같은 것이 존재한다는 확신을 상당 부분 잃어버렸다. 이제 과학사학자들은 새로운 과학의 출현을 보편적인 인간 이성의 적용에 따른 필연적 결과로 간주하기보다는, 근대 초 유럽 문화라는 특정한 맥락 속에서 바라보고자 한다. 덧붙여 몇몇 여성주의 과학사학자들은 과학혁명이 이론과 실행 모두의 측면에서 극히 남성적이며 성 차별적인 기획이었다고 말하기도 했다.

여성주의 환경사학자인 캐럴린 머천트는 1980년에 근대과학의 출현에 대한 영향력 있는 저서를 출간했다. 이 책에서 그녀는 과학혁명은 자연과 조화를 이루는 삶에 관한 전통적인 관념을 전복시켰으며, 여성을 지배하는 것마저 용인하게 된 생태학적 착취를 지지했다고 말했다(Merchant, 1980). 그녀는 여성과 자연의 '매우 오래된 결합'을 지적하며, 과학혁명은 새로운 기계적 세계관을 초래하여 여성과 자연을 착취하게 만든 책임이 있다고 주장했다. 자연에 관한 전통적인 철학들은 자연을 본질적으로 여성적인 것으로 간주했다. 대지는 인류의 필요와 욕구를 채워주는 양육하는 어머니였다. 대지를 어머니로 그리는 이러한 이미지에는 자연자원의 착취에 저항하는 강한 윤리적 제약이 포함되어 있었다. 인류가 대지의 자원을 약탈하는 것은 자녀가 부모를 적대시하는 것과 도덕적으로 매한가지였다. 따라서 자연에 관한 전통적인 철학들은 자연을 착취하기보다는 자연과 조화롭게 살 것을 옹호했다. 어머니로서의 자연의 이미지와 더불어 우주를 단일한 유기체로 보아야 한다는 견해도 등장했다. 우주는 그 자체로 하나의 생명체라는 은유가 널리 받아들여진 것이다(그림 21.1).

머천트와 이블린 폭스 켈러를 비롯한 다른 연구자들은 이처럼 우주를 살아 있는 여성적 존재로 보던 전통적 은유가 전복되고, 그것이 기계로서의 우주의 이미지로 대체된 것이 과학혁명의 핵심적인 결과였다고 주장했다(Merchant, 1980; Fox-Keller, 1985). 전근대 유럽인들이 우주란 살아 있는 존재로 여겼던 데 반해 과학혁명의 선동자들은 우주란 생기 없는 기계 부

그림 21.1 로버트 플러드의 『대우주와 소우주, 두 세계에 대한 형이상학적·물리학적 기술적 역사 (Utrinsque cosmi maiors scilicet et minoris metaphysica, 1617)』에 그려져 있는 여성적인 세계의 영혼.

품들의 집합체로 가장 잘 이해될 수 있다고 생각했다. 자연의 작동을 설명하면서 그들이 가장 많이 빌려온 은유는 시계였다. 예컨대 고대 그리스의 철학자 플라톤은 『티마이오스(Timaeus)』에서 우주가 여성의 영혼을 가진 살아 있는 존재라고 명시적으로 서술했다. 유사한 방식으로 영국의 연금술사 로버트 플러드를 비롯한 르네상스 신플라톤주의자들은 플라톤을 계승하여 세계의 영혼을 여성으로 묘사했다. 이와 같은 이미지는 우주 자체가 살아 있는 (여성적) 존재라는 관념을 분명하게 뒷받침했다. 반대로, 르네 데카르트를 비롯한 새로운 과학의 선구자들은 명백히 기계적인 관점에서 자연을 바라보았다. 자연은 신이 작동시킨 영혼 없는 기계였다. 데카르트에 따르면 동물들조차 영혼을 갖고 있지 않았다. 잉글랜드인인 프랜시스 베이컨이나 잉글랜드계 아일랜드인인 로버트 보일과 같은 17세기의 다른 자연철학자들도 데카르트와 유사한 관점에서 자연을 바라보았다. 여성주의 과학사학자들이 주장한 것은 이러한 기계적 은유가 점차 널리 확산되면서 유럽인들이 자연과의 관계에서 스스로를 이해하는 방식이 급격히 바뀌었다는 것이다. 자연은 더 이상 양육하는 어머니가 아닌 착취할 자원이 되었다.

사실, 몇몇 여성주의 역사학자들은 자연과 새로운 과학의 관계를 묘사함에 있어 점차 강간이라는 은유가 많이 사용되었다고 말하기도 했다. 과학혁명의 선동자들이 여전히 자연을 여성으로 간주하는 한에서 그들은 자신들과 자연의 관계를 지배와 침투라는 용어로 묘사했다. 프랜시스 베이컨은 실험과정을 "자연에 대한 심문"으로 묘사했으며, "자연의 자궁에는 놀랍도록 유용한 비밀이 여전히 많이 쌓여 있다"고 말했다. 새로운 과학의 목적은 자연의 베일을 벗겨 그녀의 비밀을 완전히 드러내고, 그녀의 신비에 침투하는 것이었다(Merchant, 1980). 폭스 켈러 역시 이러한 맥락에서 베이컨의 언어사용에 주목할 것을 촉구했으며, 나아가 베이컨이 남성적인 힘과 권위가 여성적 자연을 강제로 굴복시킨다는 견지에서 실험적 방법을 묘사한 것에도 주의를 기울여야 한다고 주장했다(Fox-Keller, 1985). 『새로운 아틀란티스(New Atlantis)』에 등장하는 솔로몬의 집이라는 과학적 유토피아를 묘사할 때도 베이컨의 설명에는 여성의 지식을 위한 자리가 거의 없었다. 여성의 역할이 거의 없는, 본질적으로 남성적인 활동으로서의 자연철학이 더욱 강조된 것이다. 여성주의 과학사학자들은 기계적 철학의 등장과 함께 과학이 점진적으로 남성화된 것과, 여성이 경제적으로 점차 주변화되고 마녀재판류의 제도를 통해 여성의 문화적 지위를 공격한 현상이 서로 나란히 진행되고 있었음을 지적한다.

이러한 관점에서 보면 과학혁명은 자본주의의 등장 및 산업화의 시작과 긴밀하게 연결된 것으로 보인다(17장 "과학과 기술" 참조). 근대과학은 최소한 만연하게 행해지는 환경파괴와 자연자원에 대한 계획적인 과잉 착취를 정당화하는 철학으로 특징지어진다. 머천트는 자연을 양육하는 어머니의 모습으로 보는 유기적 관점은 적어도 과도한 환경 남용에 제동을 거는 기능을 했다고 주장한다. 그녀는 로마의 저술가 플리니우스와 같은 고대인들이 분명 어머니 대지의 은유에 의거해 과도한 채광과 삼림 벌채에 대해 경고했다고 지적한다. 예를 들어 그는 지진이 보물을 강탈당한 대지가 분노를 표출한 것이라고 말했다. 자원을 과도하게 착취하여 대지의 몸이 지닌 신성함을 파괴하는 것은 탐욕, 이기심, 욕망의 표현으로 간주되었다. 기계적 철학은 우주를 단일한 유기체로 보는 전통적인 설명을 파괴하고 우주를 영혼 없는 기계로 묘사함으로써 환경에 대한 광범위한 공격을 허용했다. 베이컨과 같은 자연철학자들은 "지식은 힘"이며 자연철학의 목적은 자연의 자원을 인간의 경제적 이익에 유용하도록 만드는 것임을 명시적으로 주장했다. 이런 방식으로 자연철학 일반과, 특히 기계적 철학은 무한한 상업적·산업적 팽창을 옹호하는 철학적·이데올로기적 정당화로 여겨질 수 있었을 것이다.

　남성적 권력의 표현으로서의 과학과, 환경 개발을 위한 도구이자 정당화로서의 과학 사이의 관계를 지적하는 이러한 주장들은 20세기 후반에 여성주의와 환경운동이 서로 점점 긴밀히 연관되었음을 보여준다. 예를 들어, 캐럴린 머천트는 자신의 저술을 통해 노골적으로 급진적 에코페미니즘의 성장을 촉진하고자 했다. 머천트와 다른 여성주의자들이 보기에 과학에 대한 자신들의 설명은 그들이 근대과학의 남성적인 시각이라고 지각한 것을 역사적인 맥락 속에 위치 지으려는 노력이자, 자연세계에 대한 인간의 관계를 바라보는 전체적이고 여성주의적인 관점을 부활시키려는 시도였다. 근본적으로 남성적이고 반여성적인 활동으로서의 근대 초기의 자연철학에 관한 그들의 언급 대부분은 논박하기가 쉽지 않다. 17세기 자연철학자들의 세계관은 틀림없이 지극히 남성 지향적이었다. 그러나 이로 인해 자연철학이 근대 초기의 어떤 다른 활동들보다 더욱 성적으로 편향된 활동이었는가 하는 것은 다시 생각해볼 문제다. 고대와 중세의 저술가들이 한층 더 유기적이고 여성 지향적인 철학을 갖고 있었다는 그들의 주장을 액면 그대로 받아들이기는 좀더 어렵다. 역사적으로 사상가들은 각기 유기적인 자연관과 기계적인 자연관을 동등한 정도로 주장해왔다. 예컨대 플라톤과 같이 좀더 유기적인 자연관 쪽으로 기울어진 철학자들이 기계적인 자연관을 가진 철학자들보다 확실히 더 여성 친화적이라는 증거는 거의 찾아보기 힘들다.

■ 과학의 여성 영웅들

　　　　　　　　　　　　　　　　　어떤 여성주의 과학사학자들은 과학활동의 남성 편향적 본성을 증명하기 위해 애쓰는 반면, 다른 여성주의 과학사학자들은 과거의 여성들이 과학지식의 성장에 중요하고도 영향력 있는 공헌을 많이 했음을 증명하고자 노력한다. 이러한 연구의 주요 목적은 종종 두 가지 측면을 띤다. 몇몇 여성주의 역사학자들은 남성 과학자들과 과학사학자들이 여성 과학자들의 성과를 과소평가하고 무시함으로써 어떻게 여성을 의도적으로 차별해왔는지를 보이고자 한다. 다른 한편으로, 과학에 공헌한 여성들의 잊힌 역사를 복원하려는 많은 시도들은 그러한 공헌을 칭송하려는 의도를 숨김없이 드러낸다. 간단히 말해서 그들의 목적은 여성의 공헌을 칭송하고 야심 있는 여성 과학자들을 여성의 역할모델로 규정하는 것이다(Alic, 1986). 자연 탐구에 남성과는 다르게 접근하는 방식의 사례로서 과거의 여성 과학자들의 실례를 제시하려고 하는 사람들도 있다(Fox-Keller, 1983). 이런 방법으로 그들은 여성들의 과학 참여가 과학지식 자체의 본성을 바꾸어놓을 수도 있음을 보여주고자 한다. 과학의 발전에 기여한 여성들의 공헌을 살펴보는 것은 최소한 과학을 위대한 남성들에 의한 연속적인 영웅적 발견과 영감의 산물로 보는 전통적인 관점으로부터 초점을 옮기는 데 일조할 수 있다. 이는 과학이 무엇이며, 과학이 어떻게 그리고 누구에 의해 실행되는지에 대한 다양한 대안적 시각들이 늘 우리 곁에, 그것도 아주 광범위하게 존재해왔음을 보여주는 데도 도움이 된다(Abir-Am · Outram, 1987).

캐럴린 머천트는 자연세계의 탐구에 접근하는 여성적 방식이 지배적인 남성적 에토스 하의 방식과 구별될 수 있다고 말하면서, 그 중요한 예로 근대 초기의 여성 자연철학자 앤 콘웨이를 거론했다. 유복하고 정치적으로 영향력 있는 가문(그녀의 아버지는 하원의 대변인이었다)에서 태어난 콘웨이는 오빠의 교사들 중 한 명이었던 케임브리지의 플라톤주의자 헨리 모어와 다방면의 주제에 관해 서신을 주고받았다. 그녀는 모어에게 보내는 편지에서 데카르트주의적 이원론을 철학적으로 비판했다. 그녀는 또한, 훗날 뉴턴주의 자연철학에 대해 특히 목청껏 비판한 하노버 왕가의 철학자 고트프리트 빌헬름 폰 라이프니츠와도 서신을 교환했다. 라이프니츠가 이원론을 철학적으로 공격할 때 사용한 '모나드(monad)'라는 용어는 아마도 콘웨이의 글에서 유래했을 것이다. 콘웨이는 말년에 17세기 영국에서 위험천만한 독자적 활동을 펼쳤던 퀘이커 교도가 되었다(15장 "과학과 종교" 참조). 젊은 나이에 죽은 그녀가 유일하게 완성한 철학 저서인 『고대와 현대 철학의 원리들(The Principles of the Most Ancient and Modern Philosophy)』은 1690년에 유작으로 출간되었다. 콘웨이의 철학적 통찰력은 널리 칭송받았다. 모어는 "남자든 여자든 레이디 콘웨이보다 더 탁월한 재능을 갖고 태어난 사람을 만나본 적이 거의 없다"고까지 말했다. 여성주의 학자들은 자주 콘웨이의 플라톤주의와, 데카르트의 철학적 이원론 및 유물론에 대한 그녀의 반대를 인용하며 그것이 근대 초기의 지식인 그룹 내에 팽배한 기계적 철학에 맞선 독특한 여성적 저항을 가리킨다고 말한다.

영국의 철학자 마거릿 캐번디시 역시 콘웨이와 마찬가지로 유물론에 반대했다. 찰스 1세 치하와 영국 내전기간 동안에 왕당파였던 가문에서 태어난 마거릿은 여왕의 시녀 중 한 명이었고 왕당파의 패배 이후 여왕과 함께 파리로 도망갔다. 거기서 그녀는 저명한 왕당파이자 탁월한 자연철학자인 윌리엄 캐번디시와 결혼했다. 프랑스로 추방되어 있던 시기와 다시 영국으로 돌아온 후에 캐번디시는 자연철학을 포함한 많은 주제들에 관해 다방면의 저작들을 출간했다. 이것 자체로도 17세기의 여성으로서는 매우 보기 드문 일이라 할 수 있었다. 1667년에 캐번디시는 왕립학회의 회합에 참석할 수 있는 허락을 받아 로버트 보일의 실험을 목격하게 되었다. 물론 왕립학회의 회원은 남성들로 제한돼 있었고, 아무리 뛰어난 실력을 가졌다지만 여성에게 회합에 참석할 수 있는 권리를 부여해야 하는가에 관해서는 상당한 논쟁이 있었다(『현대과학의 풍경1』 2장 "과학혁명" 참조). 캐번디시는 1666년에 출간된 유토피아적인 소책자, 『빛나는 세계라고 불린 신세계에 대한 묘사(The Description of a New World Called the Blazing World)』에서 한 여성, 즉 그녀 자신이 이끄는 이상적인 과학 아카데미를 묘사했다. 이 과학 아카데미는 자연에 대한 지식을 의인화된 동물 조력자들의 도움을 받아 획득했다. 『실험철학에 대한 관찰(Observations upon Experimental Philosophy, 1666)』과 『자연철학의 기초(Grounds of Natural Philosophy, 1668)』와 같은 저작에서 그녀는 자연이란 스스로를 인식하는 존재라는 관점을 옹호했고, 자연철학에서 실험이 차지하는 역할에 관한 로버트 보일의 몇몇 주장을 논박했다.

과학적 공헌에 관해 가장 놀라운 평가를 받은 19세기의 여성은 누가 뭐라 해도 에이다 러브레이스이다(Stein, 1985). 그녀는 종종 '최초의 컴퓨터 프로그래머'로 칭송받는다. 러브레이스는 영국의 낭만파 시인 바이런 경과 그의 부인인 앤 이사벨라의 딸이었다. 러브레이스의 부모는 그녀가 태어나자마자 이혼했고, 그래서 그녀는 한 번도 아버지를 만난 적이 없었다. 에이다는 특히 케임브리지의 수학자 윌리엄 프렌드와 런던 대학 최초의 수학 교수인 아우구스투스 드 모르간 등으로부터 개인교습을 받았다. 에이다는 철학자 집단에서 사회적으로 활동했으며, 마이클 패러데이와 찰스 배비지를 포함한 많은 저명한 과학자들과 잘 알고 지냈다. 1843년에 그녀는 배비지를 위해 이탈리아의 엔지니어 매네브레아가 배비지의 해석기관(analytic engine)에 관해 설명한 것을 번역했는데, 여기에 해석기관을 프로그래밍하여 베르누이 수(Bernoulli numbers)를 도표화할 수 있는 방법들에 대한 자신의 서술을 포함시켰다. 러브레이스가 최초의 컴퓨터 프로그래머, 심지어 더욱 최근에는 '최초의 컴퓨터 해커'로서 명성을 얻은 것은 바로 이 일 때문이다. 이것은 최초의 전자공학적 컴퓨터가 발명되기 한

세기도 더 이전 시대에 대한 완전히 시대착오적인 설명이지만, 그럼에도 러브레이스는 몇몇 여성들이 19세기 초의 과학 공동체에서 실제로 수행한 역할이 어땠는지를 잘 보여준다(Toole, 1992). 그녀는 철학자 집단에서 마음 편히 활동할 수 있는 사회적 지위를 가지고 있었다. 그녀는 자연철학에 대해 견문을 넓힐 수 있는 여력과 관심을 가지고 있었고, 그녀와 과학적 대화를 나누는 남성들은 그녀의 견해와 의견을 진지하게 받아들였다. 러브레이스가 여성이라는 이유로 얻지 못한 것은 체계적인 과학교육, 혹은 과학자 사회에 가입할 수 있는 기회, 그리고 과학에 대한 공헌자로 독자적으로 인정받을 수 있는 기회였다.

19세기 중반까지는 남성 과학자라 하더라도 자신의 분야에서조차 공식적인 대학 교육을 받은 이가 비교적 드물었다는 것을 주목할 필요가 있겠지만, 그 수가 얼마든지 간에 여성들이 대학 수준의 과학교육을 받을 수 있게 된 것은 19세기 말에 들어서였다. 폴란드에서 마리아 스쿼도프스카라는 이름으로 태어난 마리 퀴리는 점차 전문 영역으로 자리 잡고 있던 19세기 후반의 물리학계에 중요한 영향을 미친 최초의 여성 중 한 명이었다. 파리의 소르본 대학에서 수학한 그녀는, 프랑스의 물리학자인 앙리 베크렐이 우라늄염의 표본에서 발견한, 신비스러운 새로운 유형의 방사능에 관한 연구에 흥미를 가지게 됐다. 마리는 남편인 피에르 퀴리와 함께 폴로늄과 라듐이라는 두 개의 새로운 방사능 물질을 분리해냈다. 그녀와 그녀의 남편은 이 연구로 1903년 노벨상을 받았다. 여성으로서는 처음으로 노벨상 수상의 영예를 차지한 것이었다. 퀴리는 남편이 죽은 뒤에도 새로운 방사능 분야를 확립하는 데 핵심적 역할을 수행하면서 이 분야 최고의 권위자로서 연구를 지속했다. 퀴리는 지속적으로 중요한 공헌을 했을 뿐 아니라, 자신의 실험실의 책임자를 역임하고 과학과 산업 사이의 연계를 구축함으로써 물리학계에서 진정한 영향력을 발휘하게 되었다(그림 21.2). 그

그림 21.2 실험실에서 작업하고 있는 마리 퀴리(메릴랜드 칼리지 파크에 있는 미국물리학협회의 허가를 받아 게재).

러나 이러한 위업에도 불구하고 퀴리는 성공에 이르는 길에서 확실히 남성 과학자들보다 더 많은 장애물에 맞닥뜨려야 했다. 예를 들어, 동료 물리학자 폴 랑주뱅과의 불륜을 의심받았을 때, 그녀는 거의 모든 경력을 박탈당했다(Curie, 1938; Quinn, 1995).

　로잘린드 프랭클린의 예는 여성 과학자들이 업적을 인정받을 때 직면하는 어려움과 선입견을 사실적으로 보여주는 데 종종 언급된다(Maddox, 2002). 프랭클린은 케임브리지의 뉸햄 칼리지에서 자연과학을 공부했고, 그곳에서 1941년에 학위를 받았다. 그녀는 1945년에 물리화학으로 박사학위를 받은 후, 파리의 국립화학중앙연구소에 들어갔고 여기서 X선 결정학의 최신 기법들을 익히게 됐다. 그녀는 1950년대 초에 런던의 킹스 칼리지에서 일하면서 선명한 DNA의 X선 사진을 최초로 찍어냈고, 그것은 프랜시스 크릭과 제임스 왓슨이 DNA 분자의 이중나선 구조를 발견하는 데 결정적인 도움을 준 것으로 판명됐다. 그녀의 남자 동료들은 시종일관 DNA 이중나선 구조의 발견에 기여한 프랭클린의 공헌을 평가절하했고, 프랭클린은 남자 동료들이 연구에 관해 논의하는 비공식적인 모임에서 자신이 제외되고 있음을 종종 깨닫게 되었다. 그녀의 선구적인 DNA X선 사진은 그녀의 허락 없이 왓슨과 크릭에게 공개되었다(『현대과학의 풍경1』 8장 "유전학" 참조). 프랭클린은 왓슨과 크릭이 그녀의 킹스 칼리지 동료였던 모리스 윌킨스와 함께 DNA의 이중나선 구조의 발견으로 노벨상을 타기 4년 전인 1958년, 향년 37세의 나이에 난소암으로 유명을 달리했다. 제임스 왓슨은 그의 베스트셀러『이중나선(The Double Helix)』에서 DNA 구조의 발견과정을 기술할 때, 프랭클린을 불만이 많고 잘난 척하는 방해꾼으로 묘사함으로써 DNA의 구조를 명확하게 밝히는 과정에서 그녀의 사진이 기여한 역할을 상당 부분 평가절하했다(Watson, 1968).

　프랭클린의 사례는 남성 지배적인 전문가 세계에서 여성 과학자들이 직면하는 어려움을 보여주는 좋은 예다. 그녀의 동료이자 X선 결정학자인 도러시 크로풋 호지킨은 여성 과학자가 남성 지배적인 과학계에서 여성 특유의 경력을 쌓기 위해 노력한 방식을 보여주는 예로 거론되곤 한다. 도러시 크로풋은 옥스퍼드에서 화학을 공부한 후에 케임브리지로 가서 아일랜드계 X선 결정학자이자 마르크스주의자인 버널과 함께 연구했다. 그녀의 스승이었던 버널처럼 그녀도 사회주의자이자 평화주의자였으며, 과학노동자연합(Association of Scientific Workers)과 케임브리지 과학자 반전그룹(Cambridge Scientists' Anti-War Group) 같은 곳에 소속되어 활발히 활동했다. 그녀는 1937년에 노동자교육연합(Workers' Education Association)의 강사인 토머스 호지킨과 결혼했다. 호지킨은 인슐린, 비타민 B_{12}, 페니실린과 같은 의학적으로 유용한 분자의 구조를 규명하는 데 일익을 담당할 생각으로 X선 결정학을 이용한 과학적 연구를 수행했다. 이 연구를 추진한 그녀의 목적은 분명히 과학적 지식을 인도주의적으로 사용한다는 것이었다. 그녀는 1964년에 결정학 연구로 노벨 화학상을 받았다. 또한 호지킨은 그녀의 사회주의적인 이상에 걸맞게 과학을 개인적 활동이라기보다는 협동적 활동으로 여겼다. 그녀는 실험실의 책임자로서 경쟁보다는 아이디어를 공개하고 공유하도록 장려했다. 이 같은 특성은 과학에 접근하는 여성 특유의 방식을 가리키는 것으로 여겨져왔다(Hudson, 1991).

우리가 예상할 수 있듯이, 개별 여성 과학자들의 경력은 과학사학자들에 의해 여러 상이한 방식으로 이용돼왔다. 어떤 사례들은 여성이 과학적 탐구에 실제로 중요한 공헌을 해왔음을 규명하는 데 사용되었고, 어떤 사례들은 여성의 과학적 노고가 얼마나 무시되고 손상되어 왔는지를 보여주는 데 사용되었다. 또 몇몇 여성 과학자들이 어떻게 여성 특유의 과학을 수행해왔는지를 보여주는 데 사용된 적도 있다. 또한 과학사학자들은 여성들이 과학활동을 지지하고 지탱해온 방식을 더 일반적인 견지에서 바라보기 시작했다. 18~19세기에 과학지식인의 아내나 누이는 종종 조력자나 조수로서 중요한 역할을 수행했다. 프랑스 화학자인 라부아지에의 아내는 라부아지에의 실험적 연구에서 적극적인 역할을 수행했고, 영국계 독일 천문학자 윌리엄 허셜은 그의 누이 캐롤라인 허셜의 도움을 자주 받았다. 제인 마르셋이나 메리 서머빌과 같은 19세기의 여성들은 다양한 청중을 위한 과학서적을 저술함으로써 과학을 대중화하는 데 중요한 역할을 담당했다(Neeley, 2001). 게다가 여성들은 18~19세기 동안 종종 과학 청중의 중요한 구성원이었다(16장 "대중과학" 참조). 또한 그들은 최면술과 골상학과 같은 대안 과학을 촉진하는 과정에서도 정기적으로 중요한 역할을 했다(Winter, 1998). 이것이 오늘날 점점 더 많은 과학사학자들이 과학에서 여성이 차지하는 역할을 바라보는 방식이다. 그들은 위대한 남성들의 위대한 발견으로 계승되는 과학에 대한 전통적인 서술에 여성들을 끼워 맞추려고 하기보다는 과학문화 내에서 변화하는 여성들의 위치를 살펴보고 있다.

■■ 몸 정의하기

좀더 최근의 역사적 관심은 과학이 과거에 젠더의 특징을 어떤 식으로 규정했는가 하는 점에 집중되었다. 여성주의 역사학자들은 종종 과학 자체가 현저하게, 혹은 심지어 본질적으로 남성적인 활동이었을 뿐만 아니라, 과거에 과학이 여성과 여성의 몸을 묘사하고 정의한 방식들 역시 본질적으로 성 차별적이라고 주장한다. 이런 관점에 따르면, 과거에는 여성의 몸이 본질적으로 남성의 몸보다 열등한 것으로 특징지어졌고, 이러한 열등함이 여성의 정신적 능력과 사회적 위치에 대해 중요한 함의를 지닌다고 가정돼왔다. 여성의 신체, 특히 생식기관은 여성을 현저하게 정신장애 또는 신경장애에 걸리기 쉽게 만든다고 여겨졌다. 여성들은 남성보다 이론적 추론능력이 열등한 존재로 취급되었으며, 따라서 좋은 과학자가 될 수 있는 능력 역시 떨어진다고 생각되었다. 이런 종류의 주장들은 19세기 동안 종종 여성의 교육을 반대하는 논거로 제시되었다. 예컨대 에너지 보존과 같은 새로운 물리학 이론, 다윈의 자연선택이론과 같은 새로운 생명과학이론들이 여성의 선천적인 정신적·육체적 열등함을 설명하는 데 이용되었다. 과학적 인종주의가 유럽인에 대한 비유럽인들의 종속을 정당화하는 데 이용된 것과 흡사한 방식으로, 이런 종류의 과학적 이론들은 남성에 대한 여성의 사회적 종속을 정당화하는 데 이용되었다.

역사학자이자 인류학자인 토머스 라커는 남성의 몸과 여성의 몸이 선천적·본질적으로 구분된다는 근대적 시각이 등장한 것은 비교적 최근의 일이라고 말한 바 있다(Laqueur, 1990). 고대 그리스 시대부터 근대 초기까지 남성과 여성의 신체적 차이는 주로 종류의 차이라기보다는 정도의 차이로 간주되었다. 여성의 몸은 단순히 남성의 몸의 불완전한 변형으로 간주되었다. 여성의 생식기관은 거꾸로 뒤집어진 남성의 생식기관이라는 식이었다. 예를 들어, 난소는 정소와 대응되는 것으로 간주되었다. 자궁은 뒤집어진 음낭이었고, 질은 뒤집어진 음경이었다. 고대 그리스의 철학자 아리스토텔레스에 따르면, 남성의 몸과 여성의 몸의 주요한 차이는 그들 각각이 소유한 열의 양에서 비롯되었다. 남성의 몸은 여성의 몸보다 더욱 뜨거웠고, 그 결과 남성의 성기는 바깥으로 밀려나온 반면 여성의 성기는 몸 안에 남아 있게 되었다는 것이다. 16세기 또는 17세기까지, 젊은 여성이 갑작스런 충격에 의해 생식기관이 바깥으로 나오게 되어 남성으로 변형되었다는 통속적인 이야기가 널리 유행했고, 자연철학자들과 남자 의사들은 이런 이야기를 액면 그대로 받아들였다. 그러나 17세기 이후로는 점점 남성과 여성의 몸의 차이가 해부학적인 차이로 간주됐다. 젠더의 단일 성(one-sex) 모델이 양성(two-sex) 모델로 대체된 것이다.

과학사학자 론다 슈빙어는 18세기 말이 되면 해부학자들이 점차 남성과 여성의 신체적 차이는 생식기관의 위치와 기능의 차이보다 훨씬 많은 것을 수반한다는 견해를 채택하게 됐다고 말한다. 바로 몸 전체를 다르게 보았다는 것이다. 그녀는 "모든 생명은 여성적이거나 남성적인 특성을 가진다"라고 평한 19세기 초의 한 논평자의 말을 인용한다(Schiebinger, 1989). 18세기 중반이 되자, 새로운 세대의 해부학자들은 인간의 몸, 특히 골격의 세부를 상세하게 그림으로써 여성들과 남성들이 모든 수준에서 해부학적으로 구별됨을 보여주었다. 남성의 골격에서 다리는 전형적으로 여성의 것보다 길게 그려졌다. 여성의 골격에서 골반대는 출산 기능에 적합하도록 더 넓고 강하게 표현되었다. 또한 여성의 두개골은 보통 몸의 나머지 부분에 견주어볼 때 남성의 두개골보다 비례적으로 더 작게 그려졌는데, 이것은 남성의 지적 능력이 더 우월하다는 것을 표시한 것이었다. 에든버러 대학의 해부학자 존 바클레이는 1829년에 출판된 그의 책 『인체의 뼈에 대한 해부학(Anatomy of the Bones of the Human Body)』에서 남성의 골격을 말과 비교하여 그림으로써 남성이 지닌 구조상의 강인함과 튼튼함을 강조했다. 이와 반대로, 여성의 골격은 타조와 비교하여 그림으로써 큰 골반과 우아한 목, 그리고 비교적 작은 두개골을 강조했다(그림 21.3과 21.4).

19세기에 접어들면서, 여성은 점차 신체적 기질의 결과로 인해 남성보다 현저하게 신경장애와 정신장애를 가지기 쉬운 존재로 표현되었다. 몇몇 역사가들이 지적했듯이, 남성의 몸은 보통 정상으로 간주된 반면, 여성의 몸은 병적이기 때문에 지속적인 의학적·과학적 조정이 필요한 것으로 간주되었다(Moscucci, 1991). 여성의 생식기관은 뇌를 쉽게 교란시켜 여성에게는 히스테리가 현저하게 많이 일어나는 것으로 생각되기도 했다. 사실 '히스테리'라는 용어는 '자궁'을 뜻하는 그리스어로부터 유래된 단어다. 에든버러 대학의 토머스 레이콕 같은 19세기 중반의 여성 신경질환 전문가들은 여성의 생식기관 장애는 뇌의 반사작용을 자극하여 정신적 불안을 가져온다고 주장했다. 이런 장애의 결과로 "상냥하고, 정직하고, 금

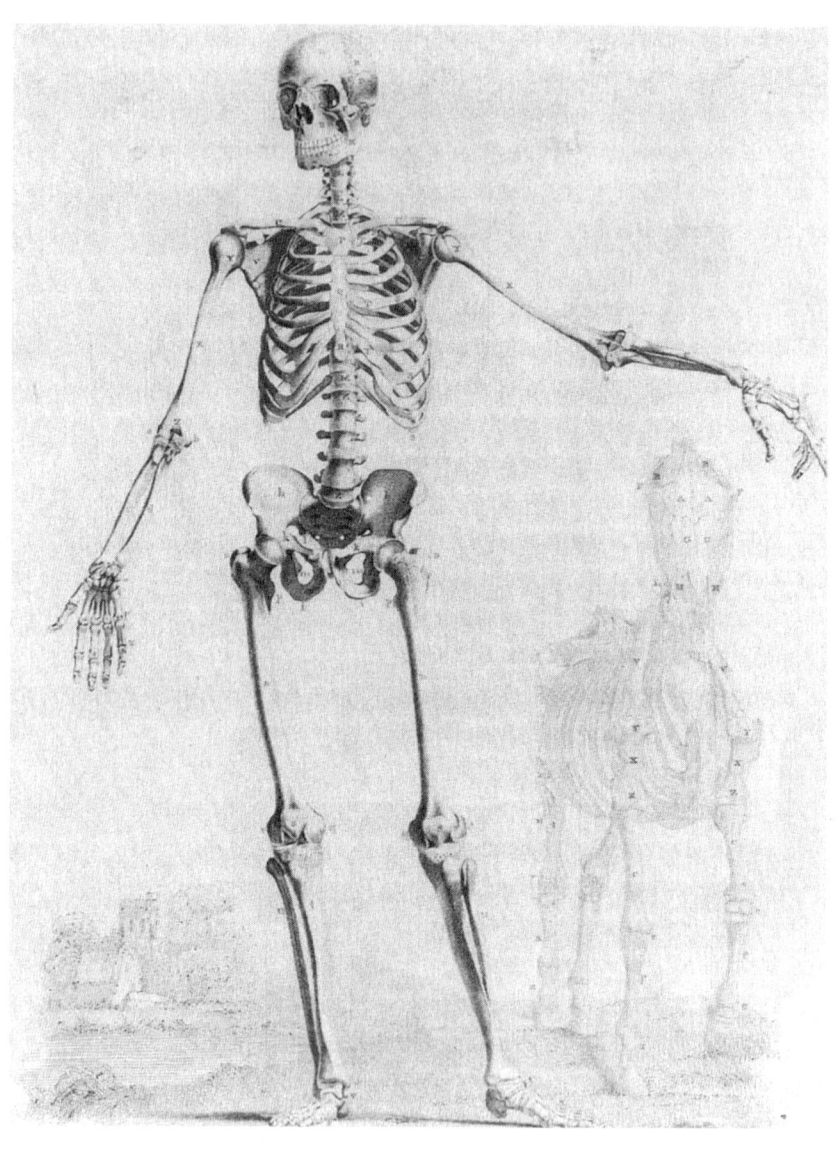

그림 21.3 인간 남성의 골격이 지닌 강인하고 남성적인 특성이 말의 골격과 비교됨으로써 입증되고 있다. 존 바클레이, 『인체의 뼈에 대한 해부학』에서.

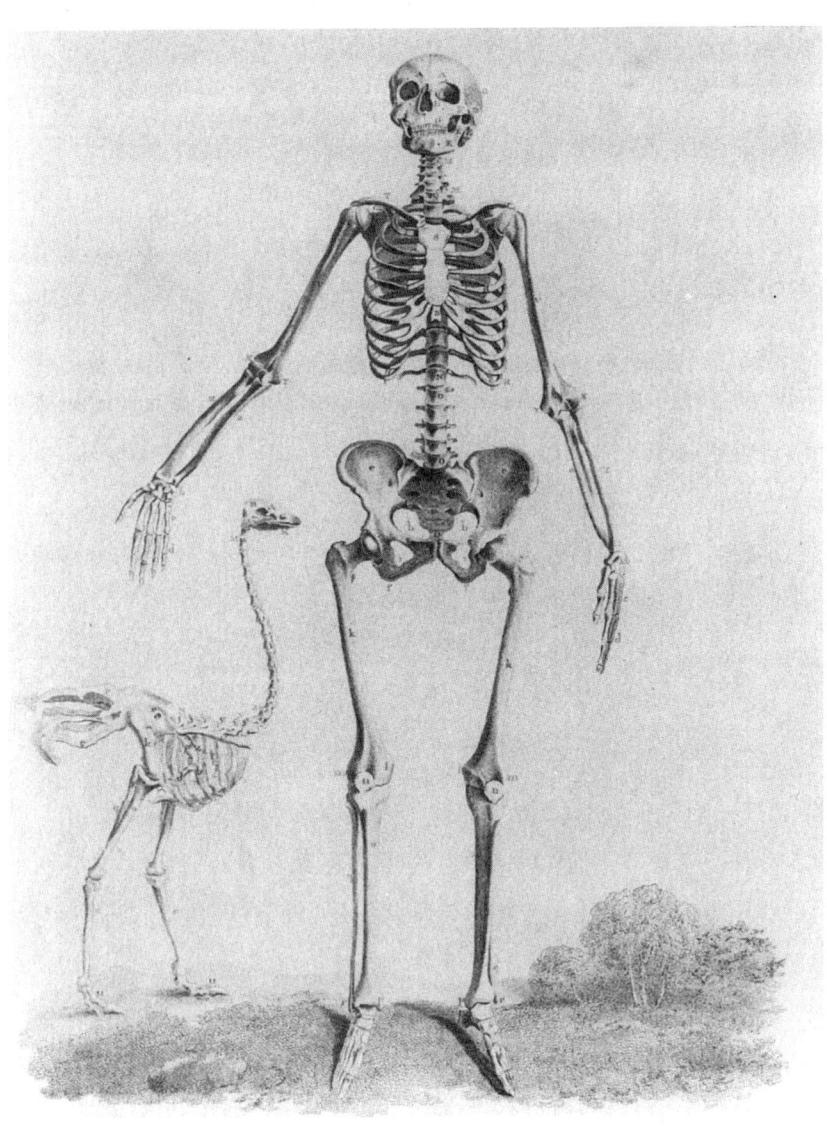

그림 21.4 인간 여성의 골격이 지닌 연약한 여성성이 타조의 골결과 비교됨으로써 강조되고 있다. 존 바클레이, 『인체의 뼈에 대한 해부학』에서.

욕적인 여성"이 "간사하고, 싸우기 좋아하고, 이기적으로 변하며, 신앙심은 위선 또는 부도덕으로까지 타락하고, 다른 사람들의 체면이나 감정에 대한 존중이 사라지게 된다"는 것이었다. 빅토리아인들의 이상적 여성성은 과학적으로 확립된 여성의 행위에 대한 규범들로 표현되고 있었다(Showalter, 1987). 따라서 이상적 전형으로부터 벗어나는 것은 종종 정신적 질병의 증거로 간주되었다. 19세기 중반에 활동한 레이콕이나 헨리 모즐리 같은 전문가들, 혹은 19세기 말에 활동한 장-마르탱 사르코나 지그문트 프로이트 같은 전문가들은 자신들이 여성의 정신과 육체의 작용에 대한 올바른 과학적 지식을 가지고 있기 때문에 정신적 일탈로 나아가려는 여성들의 자연적 경향을 통제할 수 있다고 단언했다(Masson, 1986).

새로운 과학이론이 등장하면 이 이론들은 종종 재빨리 채택되어 여성의 지적·육체적 열등함을 설명하는 데 이용됐다. 19세기 중반의 에너지 보존에 대한 물리학 이론이 그에 적합한 사례 중 하나다. 19세기의 많은 의사와 과학자들은 인체가 지닌 신경의 힘은 유한하며, 따라서 한 가지 목적에 너무 많은 에너지를 사용하면 다른 기능에 사용할 수 있는 에너지가 부족해진다는 견해에 대체로 동의했다. 에너지 보존 이론은 널리 확산된 이러한 가설을 강력하게 지지하는 새로운 이론적 근거를 제공했다. 그것은 무엇보다 여성의 교육이 초래할 위험을 보여주었다. 예를 들어, 만약 여성들이 너무 많은 교육을 받을 경우, 유한한 신경 에너지 자원이 뇌에 지나치게 많이 이용될 것이며, 결과적으로 출산과 같은 다른 기능에는 충분한 에너지가 사용될 수 없을 것이었다. 따라서 에너지 보존은 여성이 대학 교육을 받게 되면 불임으로 이어질 수 있다는 가설을 논증하는 이론으로 사용될 수 있었다. 그것은 또한 대부분의 여성이 교육의 기회를 누릴 수 없는 이유를 제시했다. 아주 단순히 말하면, 여성이 이용할 수 있는 신경 에너지의 아주 많은 부분이 그들의 생식기관을 유지하는 데 사용되는 까닭에, 지적 활동을 위해서는 비교적 적은 에너지밖에 사용할 수 없다는 것이었다. 이는 여성의 몸의 물리학 자체가 여성이 공적이거나 전문적인 활동보다는 가정생활에 더 적합하다는 것을 암시하는 것처럼 보였다(Russett, 1989).

똑같은 방식으로, 자연선택에 의한 다윈의 진화 이론은 여성의 사회적 위치가 사회적 제약에 의해서라기보다는 자연적으로 결정된 과정임을 보여주는 데 사용되었다. 이런 관점에 따르면, 빅토리아인들이 전형적인 남성 또는 여성이라고 간주한 신체적·정신적 특성은 단순히 자연선택에 의한 진화의 결과였다. 특히 다윈은 남성과 여성의 차이는 주로 성 선택과정으로 인해 생긴 것이라고 주장했다. 남성은 성적으로 가장 매력적인 여성을 얻기 위해 다른 남성들과 경쟁했다. 그 결과 가장 강하고, 재치와 수완이 뛰어난 남성만이 번식에 성공했다. 이러한 환경에서 여성은 신체적 강인함이나 지적 능력 같은 특성보다는 단지 성적 매력에 의해 선택되었다. 다윈은 자연선택과 성 선택의 최종 결과로 "깊은 사고나 이성 또는 창의력을 요하는 일이건, 혹은 그저 감각과 손을 사용하는 일이건 어떤 일을 택하든 남성이 여성보다 더 탁월한 위치에 이르게 된다"는 관점을 견지했다. 남성과 여성이 특정한 사회적 역할에 진화적으로 적응했다는 이러한 관점은 다윈의 친구이자 동맹자인 토머스 헉슬리에 의해서도 발전했다(『현대과학의 풍경1』 6장 "다윈 혁명"과 18장 "생물학과 이데올로기" 참조). 19세기 후반과 20세기 초반의 인류학자들 역시 상이한 문화에서 남성과 여성이 특정한 사회적 역할에 적응한 방식에 관해 19세기의 진화론자들과 유사한 주장을 폈다.

여성주의 과학사학자들의 주장에 따르면, 이 같은 예들은 여성의 사회적 종속을 강력하게 뒷받침하기 위해 과학이 어떻게 이용되어 왔는지를 보여준다. 이러한 관점에서, 과학은 여성의 사회적 위치에 대한 편파적인 사회적 태도를 실제로 만들어내지는 않았을지 몰라도 그것을 강화한 것만은 분명하다고 할 수 있다. 이러한 주장은 여성 차별적인 남성 과학자들이 자신의 편견으로 어떻게 과학적 객관성을 왜곡시켜 왔는지를 보여주는 예로서 종종 제시되었다. 이런 견해에 따르면, 문제는 과학 자체에 있는 것이 아니라 여성의 열등함에 대한 정형화된 시각을 퍼뜨린 남성 과학자 개개인에게 있었다. 비슷한 주장들이 과학적 인종주의에 관해서도 제시된 바 있다. 이러한 견해는 과학이 본질적으로 객관적이며 그것이 생겨난 장소의 문화에 오염되지 않는다는 것을 당연시한다. 이에 의하면 과학을 하는 데는 '좋은' 방법과 '나쁜' 방법이 있으며, 인종차별적인 과학처럼 성 차별적인 과학은 그저 나쁜 과학일 뿐이다. 다른 여성주의 과학사학자들은 과학 자체가 본질적으로 성 차별적이며, 따라서 과학이 남성의 편견을 강화하는 여성관을 만들어내는 것은 당연하다고 주장한다. 이런 관점에서 보면 좋은 과학 따위는 존재할 수 없었다. 그러나 과학이 언제나 특정한 문화적 환경의 산물이라는 견해를 채택한다면, 우리는 과학이 종종 자신이 탄생한 특정한 문화의 가치를 반영하는 방식들을 목격할 때 느끼게 될 놀라움을 덜 수 있을 것이다.

■ 과학은 성 차별적인가?

여성주의자들이 과학을 바라보는 가장 급진적인 관점은 과학 자체가 혹은 적어도 현재 수행되고 있는 과학은 본질적으로 성 차별적인 활동이라는 것이다. 이러한 주장은 대개 두 가지 유형 중 하나로 표현된다. 몇몇 논평자들은 과거에서 현재까지 과학 공동체의 구성에 존재하는 실질적인 젠더 불균형을 지적한다. 그들은 이것이 과학 공동체 내의 제도적인 성 차별주의를 가리키는 지표이며, 여성이 과학활동에 참여하는 것을 포기하게 만든다고 주장한다. 이러한 논평자들은 과학이 여성들에게 더욱 매력적으로 보이게 만들 특별한 방책을 도입할 필요가 있다고 주장한다. 이는 앞서 논의했던 경향, 즉 과거에 존재했던 여성의 역할을 새로운 발견과 통찰에 의미 있는 공헌을 한 것으로 회복시키려는 경향에 깔려 있는 하나의 동인이다. 몇몇 역사학자들은 이러한 인물들이 잠재적인 여성 과학자들의 역할 모델로 제시될 수 있을 것이라고 기대한다. 그러나 과학에 대한 더 급진적인 여성주의 비평가들은 젠더 불균형을 더욱 근본적인 문제의 징후라고 생각한다. 이러한 견해에 따르면, 과학은 지극히 남성적이고 근본적으로 성 차별적인 사유방식이자 그런 성격을 띤 주변 세계와의 상호 작용방식이 낳은 산물이기 때문에 여성들이 과학 공동체 내에서 과소평가되는 경향이 있다. 이런 관점에서 볼 때, 젠더 불균형은 그저 바로잡을 수 있는 역사적 방향성의 문제가 아니라, 과학 자체의 구조 속에 붙박아져 있는 문제다(Harding, 1986).

상당 부분 이러한 주장은 이 장의 서두에서 논의했던 주장, 즉 근대과학은 자연을 침해되기를 기다리는 여성의 몸으로 인식하는 관점에서 출현했다는 주장을 바탕으로 구축돼 있다. 이러한 급진적인 여성주의 비판자들은 과학적 방법, 특히 실험적 방법에 대한 근대 초기의 설명에서 침투, 강간, 그리고 폭력의 은유가 유행했음을 지적하고, 이러한 은유들은 세계를 인식하는 고금의 과학적 방식에 내재하는 어떤 근본적인 부분의 지표라고 결론짓는다. 그들은 이 같은 은유들이 과학적 세계관에 필수적인 요소이자 과학적 탐구의 핵심에 놓여 있다는 견해를 갖고 있다. 게다가 급진적 여성주의 비판자들은 그들이 과학의 중심에 놓여 있다고 말하는 사유의 방식이 근본적으로 남성적이라고 주장한다. 이러한 관점에서 보면 여성들이 과학자가 되지 않으려 한다는 것은 별로 놀라운 일이 아니다. 과학자가 되기 위해서는 남성처럼 사유하기 시작해야 할 것이기 때문이다.

이와 같은 많은 여성주의 과학 비판의 핵심에는 근대과학이 자연세계와 근본적으로 착취적이고 파괴적인 관계를 유지하고 있다는 견해가 자리하고 있다. 예를 들어, 샌드라 하딩이 과학의 특성을 "자연은 분리되어 있고 통제를 필요로 한다는 자연관"을 견지하는 것에서 찾을 때 그녀가 염두에 둔 것이 바로 그러한 생각이었다. 반복해서 말하면 여성주의 비판자들은 이것이 남성 특유의 사유방식이라고 주장한다. 남성은 보통 자신들이 자연으로부터 분리되어 있기 때문에 스스로를 자연의 통제를 위해 필요한 존재로 간주하는 반면, 여성은 보통 자신이 자연의 일부이며 따라서 스스로를 자연과 조화를 이루는 존재로 간주한다. 과학 비판자 브라이언 이즐리는 그의 영향력 있는 책 『과학과 성적 억압(Science and Sexual Oppression)』에서 과학은 여성에 대한 남성의 억압과 뗄 수 없을 정도로 연결돼 있을 뿐만 아니라, 더 넓게는 비유럽 문화에 대한 서구 남성의 억압, 그리고 환경파괴와도 연루돼 있다고 주장했다. 이즐리는 "과학이 모든 인류의 삶의 질을 향상시키기 위해 제공하고 있고, 또 제공하려고 하는 잠재력을 16세기 이후의 과학의 특징으로 자리 잡은 억압과 파괴적 현실에 비추어 평가한다면, 과학적 실행은 매우 비합리적이었다는 데 이견이 없을 것"이라고 주장한다(Easlea, 1989). 그는 과학을 구원하는 유일한 방법은 과학의 근저에 있는 자연과 사회적 관계에 대한 지배적인 남성적 시각을 뒤집는 것이라고 제안한다.

많은 여성주의 비판자들은 남성적인 과학의 대안으로서 본질적으로 여성적인 사유방식에 토대를 둔 과학의 가능성을 제시한다. 그들은 여성들이, 과학을 지배하는 남성적 시각을 묵인하지 말고 그들 자신의 여성주의적인 과학을 발전시켜야 한다고 주장한다. 이 같은 논평자들 중에서도 가장 급진적인 주장을 하는 사람들은, 여성주의자들은 더 많은 여성들이 과학에서 경력을 쌓도록 격려할 것이 아니라, 근본적으로 여성 차별적인 기획에 종사하는 것을 그만두게 하기 위해 적극적으로 노력해야 한다고 말한다. 이러한 여성주의 과학은 자연과의 조화를 장려하는, 본질적으로 여성적인 특성 위에 세워질 것이다. 이러한 견해에 따르면, 남성적인 과학이 근본적으로 남성적인 사유방식에 토대를 둔 것과 매한가지로, 여성주의적인 과학은 근본적으로 여성적인 사유방식에 토대를 둘 것이다. 예를 들어, 여성주의적인 과학은 이성적이기보다는 직관적이고, 추상적이기보다는 실천적이며, 경쟁적이기보다는 협동적이고, 착취적이기보다는 양육적일 것이다. 모순적이게도 어쩌면 이러한 여성주의 과학 비판자들 중 어떤 이들은 남성과 여성이 실제로 극히 다른 방식으로 사유한다고 주장한 빅토리아시대의 여성 차별적인 견해에 동의하는 것처럼 보인다. 사실, 그들은 종종 그러한 차이가 무엇인가에 대해서도 동의하고 있는 듯하다. 물론 여성주의 비판자들이 본질적으로 여성적인 앎의 방식을 세계에 대한 남성적인 시각보다 우월한 것으로 칭송한다면, 빅토리아시대의 사상가들은 대조적으로 그와 같은 여성적 앎의 방식을 폄하했다.

그러나 몇몇 여성주의 과학 비판자들은 남성적 과학의 문제에 대한 해결책으로 포스트모더니즘에 눈을 돌렸다. 도나 해러웨이와 같은 여성주의자들은 남성적 과학의 객관성을, 그와 반대로 더욱 포괄적인 것으로 간주되는 여성적 객관성으로 대체하려 하기보다는, 자연세계와 상호 작용하고 자연세계를 이해하는 방법이 한정돼 있지 않다는 사실을 수용하라고 촉구한다. 그녀는 그와 같은 모든 상이한 앎의 방식들이 똑같이 타당한 것으로 인정돼야 한다고 제안한다(Haraway, 1991). 그녀가 제시하는 모델은 일종의 대화 모델이다. 해러웨이는 과학자들이 이 세계를 정밀하게 측정되고 조작되는 수동적인 존재로 보기보다는 자연을 독자적인 행위능력을 가진 것으로 이해하고 그러한 견지에서 자연과 상호 작용해야 한다고 주장한다. 그녀는, 과학적 객관성을 '어디에도 기반을 두지 않은 관점(view from nowhere)'으로 보는 전통적인 남성적 견해를 채택하기보다는, 과학자들과 다른 이들이 모든 지식은 '상황적(situated)'이라는 사실을 인정하고 공표해야 한다고 제안한다. 해러웨이가 제안한 바에 따르면, "상황적 지식이 요구하는 바는, 지식의 대상은 행위자이자 작인이지, 지식의 필터 혹은 근거 혹은 자원으로 묘사돼서는 안 될뿐더러, 결코 행위자의 고유한 행위성 내에 담긴 변증법적 모순(dialectic)을 차단하는 주인의 노예라거나 '객관적' 지식의 출처에 불과한 것으로 묘사돼서도 안 된다"(1991, 188). 여기에서 그녀가 말하고자 하는 것은, 포스트모던적인 관점을 자연세계를 이해하려고 노력하는 과학자들이 자기 자신을 어떤 식으로든 나머지 자연세계의 외부나 우위에 있다고 보기보다는 그와 동등한 수준에 놓여 있다고 상상해야 함을 제안하는 것으로 읽을 수 있다는 것이다.

■ 결론

우리가 살펴보았듯이, 과학에 대한 여성주의적인 설명은 여러 층위에서 이루어진다. 몇몇 여성주의 과학사학자들은 과학이 노골적으로 여성 차별적인 것은 아니었는지 몰라도 처음부터 남성적인 함의들로 물들어 있었다고 주장했다. 그들은 과학이 자연은 여성적·수동적이고 지배와 통제가 가능하다는 관점을 채택했다고 주장한다. 다른 과학사학자들은 과학의 발전에 기여한 과거 여성들의 공헌을 회복하려고 노력했다. 그들은 과학에 대한 여성의 공헌이 불공정하게 무시되어 왔다고 주장하며, 뉴턴이나 아인슈타인과 같은 남성 과학 영웅들에 견줄 만한 여성 과학 영웅들을 찾기 위해 노력한다. 또 다른 이들은 과학적 활동에서 청중, 조력자, 또는 보급자와 같은 여성의 더욱 다양한 역할을 복원하기 위해 노력한다. 몇몇 여성주의 과학사학자들이 과거의 특정한 과학 이론 및 실행이, 여성이 있어야 할 적절하고 종속적인 사회적 위치에 대한 지배적인 믿음을 뒷받침하는 데 이용되어온 방식을 입증한 것은 아마도 가장 성공적인 작업인 듯하다. 과학은 여성의 종속이 문화가 아닌 자연의 결과임을 입증하는 데 이용되었다. 몇몇 여성주의 역사학자들은 남성 과학자들이 자신들의 여성 차별적인 믿음을 지지하기 위해 고의적으로 증거를 왜곡해왔으며, 이러한 방식으로 '나쁜 과학'을 만들어냈다는 견지에서 그러한 견해를 표출해왔다. 다른 이들은 이러한 '왜곡'이 고의적인 음모의 결과라기보다는 특정한 역사적 환경의 산물임을 인정했다.

이미 암시한 것처럼, 몇몇 여성주의자들의 과학에 대한 설명은 본질주의적인 방향으로 기울어져 있다. 다시 말해 그들은 과학에는 '본질', 즉 역사가 흐르는 동안 고정돼 있는 특징들을 규정하는 변치 않는 핵심이 있다는 것을 당연하게 받아들인다. 과학사학자, 과학철학자, 그리고 과학사회학자들의 견해가 과학이란 종종 지속적인 변화의 과정에 처한 경쟁 중인 활동, 태도, 아이디어, 실행, 이론, 그리고 세계관들로 이루어진 조각보(patchwork)로서 가장 잘 이해될 수 있다는 쪽으로 점차 기울면서, 과학이 본질적으로 남성적인 제도라거나, 또는 본질적으로 남성적이거나 여성적인 앎의 방식이 존재한다는 주장은 더욱 받아들여지기 어려워졌다. 이 장에서 개괄한 과학에 대한 여러 여성주의적 관점들이 모두 상호 정합적인 것은 아니다. 예를 들어, 과학이 본질적으로 성 차별적이라는 몇몇 여성주의자들의 견해는, 여성 과학자들을 육성하기 위한 역할 모델을 제시하는 방법으로서, 여성들의 과학적 성취들을 드러내려는 다른 여성주의자들의 노력과 조화되기 어렵다. 아마도 전자의 관점에 따르면 결국 과학에서 좋은 여성 역할 모델이란 존재하지 않는 게 분명하다. 그럼에도 여성주의 과학사학자들은 과학활동과 그것의 사회적 관계에 대해 더욱 균형감 있고 풍부한 뉘앙스를 갖춘 설명을 만들어내는 데 결정적인 역할을 했다. 과거에 사회적 불평등을 유지하는 데 과학이 실제로 중심적이고 해로운 역할을 했다는 점에 대해서는 이제 대부분의 과학사학자들이 동의할 것이다. 현대적인 용어로 말해서, 과학의 제도가 종종 여성들이 과학활동에 동등하게 참여할 수 없도록 낙담시키고 배제하는 등 제도적으로 성 차별적이었다는 것 역시 분명하다. 여성주의자들은 만약 어떤 사회에 젠더 구분이 존재한다면, 문화적 활동인 과학 역시 그 사회가 만들어내는 젠더 구분을 반영하리라는 것을 분명히 성공적으로 입증해왔다. **(정성욱 옮김)**

22 Making Modern Science

■■ 에필로그

■■ 『현대과학의 풍경1, 2』를 잇달아 읽은 독자라면 이제 전체 이야기를 깔끔하게 정리한 결론을 내리는 것이 거의 불가능하다는 점을 알아차렸을 것이다. 우리의 목적은 근현대과학의 부상을 인류의 사고방식과 생활방식을 명확히 규정하는 일관된 방법론과 세계관의 승리로 제시하려는 것이 아니다. 오히려 우리는 과학과 전쟁, 과학과 젠더와 같은 주제로 이 책을 끝맺으면서, 오늘날 과학사학자들이 과학의 본성과 사회와의 상호 작용을 검토하려 할 때 반드시 고려해야 하는 다양한 이해관계와 그에 따른 결과가 있었음을 기술했다. 『현대과학의 풍경1』에서는 과학이 발전하는 과정에는 수많은 방향이 있었으며, 또 여러 영역에서 다양한 방법론과 이론들이 출현했음을 살펴보았다. 단일한 과학방법론이란 존재하지 않는데, 핵물리학자는 진화생물학자와는 다른 종류의 질문을 던지며, 해답에 이르기

위해 그들이 사용하는 방법도 다르기 때문이다. 또한 물리학자들과 생물학자들의 이론적 틀은 일군의 중간 분야들을 경유하지 않는 한 서로 교차하지 않으며, 생화학에서 지질학에 이르는 각각의 분야들은 나름의 문제와 해결기법을 가지고 있다.

현대과학의 이데올로기에 따르면, 과학을 포괄하는 통일성은 경쟁하는 여러 가설들 중 하나를 선택할 때 합리적 논증과 객관적 증거를 이용하는 데 헌신한다는 데 있다. 이런 해석을 따르자면, 과학지식의 객관성은 그것이 실제 상황에 적용되어 잘 작동할 때 보장된다. 기술을 이용해 자연현상을 조작할 수 있을 정도로 자연의 움직임을 예측할 수 있다면, 자연의 작동방식을 제대로 이해하는 일에 한 걸음 더 다가섰음이 분명하다는 것이다. 이 주장은 일면 타당한 점이 있지만, 그렇다고 하여 과학이 세계에 대한 고유하고 일관되며 영구히 타당한 모델을 만들어낸다고 주장하기는 어렵다. 객관적인 시험을 요구함으로써 분명 과학자들이 아무 근거도 없이 이론을 만들어내는 것을 어느 정도 방지할 수는 있겠지만, 그렇다고 해서 정확한 예측을 제공할 단 하나의 모델이 보장되는 것은 아니기 때문이다. 과학이론이 시간의 흐름에 따라 변해왔으며, 이전 이론과 완전히 다른 토대에 근거를 둔 최근의 이론이 더 낫거나 폭 넓은 예측을 할 수 있다는 사실이 이를 증명한다. 자연의 작동방식 중에는 명시적인 것들도 있으나, 너무나 미묘해 시간이 흐른 뒤에야 명확해지는 것들도 있다. 역사적으로 볼 때, 이와 같은 자연의 작동방식을 개념화하는 데 따르는 제약은 객관성에 대한 과학자들의 헌신을 너무나 자주 제한해왔다.

『현대과학의 풍경2』는 이와 같은 제약과 그것이 미치는 영향을 살펴보면서, 과학은 사회적 환경에 의해 정의된 틀 속에서만 객관적 증거에 호소할 수 있다는 핵심 전언을 강조했다. 군산복합체와 과학자들의 관계는 연구의 방향이 어느 정도는 돈을 내는 사람에 의해 결정된다는 사실을 가장 분명하게 보여준다. 순수하게 지적 호기심을 충족시키려는 활동도 여전히 존재하겠지만, 이런 동기조차 자금 지원이 가능한 분야에서 추구될 때 훨씬 더 큰 성과를 낳을 것이다. 일부 첨단기술 분야에서는 산업계와 정부를 설득하여 자금을 확보하지 못하면 사실상 연구를 진척하는 것이 불가능하다. 그러나 사회적으로 특권층이었던 과학자들이 순수한 호기심 차원에서 자유롭게 연구했던 시절에도, 과학자들이 전개하는 이론의 배경인 자연관이 종교, 철학, 정치적 이데올로기의 영향 아래서 형성되기는 매한가지였다. 오늘날 거의 모든 역사학자들은 이런 외부적 영향의 보편성 때문에 주관적 요소에 전혀 오염되지 않은 순수하고 객관적인 연구의 경계를 찾아내는 것은 불가능하다는 점을 인정한다. 경우에 따라서, 성공적인 이론의 지지자들조차 명시적이든 암묵적이든 간에 더 큰 의제를 염두에 두고 있었다. '좋은' 과학, 예컨대 정통 지식의 일부로 편입된 과학 역시 때로는 과학자의 종교적·정치적 견해에 영향을 받았음을 본다면, 그 외의 모든 과학을 가치나 사견으로 인해 왜곡된 '나쁜' 과학으로 치부해버릴 수도 없다.

젠더라는 주제로 마무리하면서, 우리는 과학적 객관성이라는 전통적 이상을 옹호하는 사람들이 아마도 가장 난처해할 문제를 제기했다. 몇몇 학자들은 과학에서 여성이 점차 배제됨에 따라 거칠고 남성적인 관점으로 자연을 대하는 태도가 등장하게 되었고, 그 결과 상호 작용적이고 전체론적인 관점을 추구하는 이론들이 주변화되었다고 주장한다. 만약 그렇다면, 과학자들은 그들이 당연시하고 도덕적으로 중립적이라고 간주한 개념들이, 실은 그 실체를 파악하고 도전하기 불가능할 정도로 깊숙이 파묻힌 가치를 반영하고 있을지도 모른다는 점을 인정해야 한다. 이런 관점에서 볼 때, 인종과 계급을 반영하는 사회적·정치적 가치가 과거 과학자들이 연구해온 이론에 무의식적으로 영향을 끼쳤으리라는 점은 훨씬 더 타당해 보인다. 다원주의와 사회다원주의를 타당한 과학과 무가치한 수사학으로 나눌 수는 없으며, 이는 유전학과 우생학도 마찬가지다. 이 말이, 자연선택 이론과 유전자 개념이 몽상가의 허구이므로 폐기되어야 마땅하다는 뜻은 아니다. 단지 연구현장과 연구소에서 개념을 낳는 영감들은 이후의 시각에서 보자면 순전히 객관적이지만은 않은 원천으로부터 나왔다는 것을 의미할 따름이다. 이런 개념들을 시험하는 방법론 또한 당시에는 반증 가능성을 분명치 않게 만드는 방식으로 조정될 여지가 다분했다. 이것이 역사적 교훈이라면 과학자나 일반인 할 것 없이, 과학과 그 영향에 대한 오늘날의 논쟁에 관여하는 사람들 모두가 이를 배워야만 한다. **(박동오 옮김)**

:: 참고한 문헌 · 더 읽을 만한 문헌 ::

14장. 과학단체 I

Alter, Peter. 1987. *The Reluctant Patron: Science and the State in Britain, 1850-1920*. Oxford and Hamburg: Berg; New York: St. Martin's Press.

Barton, Ruth. 1990. "'An Influential Set of Chaps': The X Club and Royal Society Politics, 1864-85." *British Journal for the History of Science* 23:53-81.

_____. 1998. "Huxley, Lubbock, and Half a Dozen Others': Professionals and Gentlemen in the Formation of the X Club, 1851-1864." *Isis* 89:410-44.

Ben-David, Joseph. 1971. *The Scientists' Role in Society*. Englewood Cliffs, NJ: Prentice-Hall.

Berman, Morris. 1978. *Social Change and Scientific Organization: The Royal Institution, 1799-1844*. Ithaca, NY: Cornell University Press.

Biagioli, Mario. 1993. *Galileo Courtier: The Practice of Science in the Culture of Absolutism*. Chicago: University of Chicago Press.

Boas Hall, Marie. 1991. *Promoting Experimental Learning: Experiment and the Royal Society, 1660-1727*. Cambridge: Cambridge University Press.

Bruce, Robert V. 1988. *The Launching of Modern American Science, 1846-1876*. Ithaca, NY: Cornell University Press.

Cannon, Susan F. 1978. *Science in Culture: The Early Victorian Period*. New York: Science History Publications.

Cardwell, D. S. L. 1972. *The Organization of Science in England*. New ed. London: Heinemann.

Crosland, Maurice. 1992. *Science under Control: The French Academy of Sciences,

1795-1914. Cambridge: Cambridge University Press.

Desmond, Adrian. 1994. *Huxley: The Devil's Disciple*. London: Michael Joseph.

_____. 1997. *Huxley: Evolution's High Priest*. London: Michael Joseph.

Dupree, A. Hunter. 1957. *Science in the Federal Government: A History of Policies and Activities to 1940*. Cambridge, MA: Harvard University Press.

Feingold, Mordechai. 1984. *The Mathematicians' Apprenticeship: Science, Universities and Society in England, 1560-1640*. Cambridge: Cambridge University Press.

Hahn, Roger. 1971. *Anatomy of a Scientific Institution: The Paris Academy of Sciences, 1666-1803*. Berkeley: University of California Press.

Heilbron, John. 1979. *Electricity in the Seventeenth and Eighteenth Centuries: A Study of Early Modern Physics*. Berkeley: University of California Press.

Hunter, Michael. 1989. *Establishing the New Science: The Experience of the Early Royal Society*. Woodbridge, Suffolk: Boydell Press.

MacLeod, Roy. 2000. *The "Creed of Science" in Victorian England*. Aldershot: Variorum.

Makay, David. 1985. *In the Wake of Cook: Exploration, Science and Empire, 1780-1801*. London: Croom Helm.

Manning, Thomas G. 1967. *Government in Science: The United States Geological Survey, 1867-1894*. Lexington: University of Kentucky Press.

McClellan, James E., III. 1985. *Science Reorganized: Scientific Societies in the Eighteenth Century*. New York: Columbia University Press.

Middleton, W. E. Knowles. 1971. *The Experimenters: A Study of the Accademia del Cimento*. Baltimore: Johns Hopkins University Press.

Morell, Jack B., and Arnold Thackray. 1981. *Gentlemen of Science: The Early Years of the British Association for the Advancement of Science*. Oxford: Oxford University Press.

Oleson, Alexandra, and Sanborn C. Brown, eds. 1976. *The Pursuit of Knowledge in the Early American Republic: American Scientific and Learned Societies from Colonial Times to the Civil War*. Baltimore: Johns Hopkins University Press.

Ornstein, Martha. 1928. *The Role of Scientific Societies in the Seventeenth Century*. Chicago: University of Chicago Press.

Price, Derek J. De Solla. 1963. *Little Science, Big Science*. New York: Columbia University Press. [번역서] 데릭 솔라 프라이스, 남태우·정준민 옮김, 『과학커뮤니케이션론: 계량과학을 통한 과학사』(민음사, 1999). *개정판 『Little Science, Big Science······ and Beyond』의 번역서임.

Pyenson, Lewis, and Susan Sheets-Pyenson. 1999. *Servants of Nature: A History of Scientific Institutions, Enterprises and Sensibilities*. London: Fontana; New York: Norton.

Reingold, Nathan. 1976. "Definitions and Speculations: The Professionalization of Science in America in the Nineteenth Century." In *The Pursuit of Knowledge in the Early American Republic: American Scientific and Learned Socieities from Colonial Times to the Civil War*, edited by Alexandra Oleson and Sanborn C. Brown. Baltimore: Johns Hopkins University Press, 33-69.

Rossiter, Margaret W. 1982. *Women Scientists in America: Struggles and Strategies to 1940*. Baltimore: Johns Hopkins University Press.

Rudwick, M. J. S. 1985. *The Great Devonian Controversy: The Shaping of Scientific Knowledge among Gentlemanly Specialists*. Chicago: University of Chicago Press.

Rupke, Nicolas, ed. 1988. *Science, Politics and the Public Good*. London: Macmillan.

Shapin, Steven, and Simon Schaffer. 1985. *Leviathan and the Air-Pump: Hobbes, Boyle, and the Experimental Life*. Princeton, NJ: Princeton University Press.

15장. 과학과 종교 |

Bowler, Peter J. 2001. *Reconciling Science and Religion: The Debate in Early-Twentieth-Century Britain*. Chicago: University of Chicago Press.

Brooke, John Hedley. 1991. *Science and Religion: Some Historical Perspectives*. Cambridge: Cambridge University Press.

Burnet, Thomas. [1691] 1965. *The Sacred Theory of the Earth*. Edited by Basil Willey.

London: Centaur.

Cohen, I. Bernard, ed. 1990. *Puritanism and the Rise of Science: The Merton Thesis*. New Brunswick, NJ: Rutgers University Press.

De Santillana, Giorgio. 1958. *The Crime of Galileo*. London: Heinemann.

Durant, John. 1985. *Darwinism and Divinity: Essays on Evolution and Religious Belief*. Oxford: Blackwell.

Eddington, Arthur Stanley. 1928. *The Nature of the Physical World*. Cambridge: Cambridge University Press.

Ellegård, Alvar. 1958. *Darwin and the General Reader: The Reception of Darwin's Theory of Evolution in the British Periodical Press, 1859-1871*. Göteburg: Acta Universitatis Gothenbergensis. Reprint, Chicago: University of Chicago Press, 1990.

Gillespie, Charles C. 1951. *Genesis and Geology: A Study in the Relations of Scientific Thought, Natural Theology, and Social Opinion in Great Britain, 1790-1850*. Reprint, New York: Harper & Row.

Gray, Asa. 1876. *Darwiniana: Essays and Reviews Pertaining to Darwinism*. New York: Appleton. Reprint edited by A. Hunter Dupree. Cambridge, MA: Harvard University Press, 1963.

Greene, John C. 1959. *The Death of Adam: Evolution and Its Impact on Western Thought*. Ames: Iowa State University Press.

Harrison, Peter. 1998. *The Bible, Protestantism, and the Rise of Natural Science*. Cambridge: Cambridge University Press.

Jaki, Stanley. 1978. *The Road of Science and the Way to God*. Chicago: University of Chicago Press.

Larson, Edward J. 1998. *Summer for the Gods: The Scopes Trial and America's Continuing Debate over Science and Religion*. New York: Basic Books; Cambridge, MA: Harvard University Press.

Lindberg, David C., and Ronald L. Numbers, eds. 1986. *God and Nature: Historical Essays on the Encounter between Christianity and Science*. Berkeley: University of California Press. [번역서] 데이비드 C. 린드버그, 이정배 외 옮김, 『신과 자연』(이화여

자대학교 출판부, 1998)

_____. 2003. *When Science and Christianity Meet*. Chicago: University of Chicago Press.

Livingstone, David N. 1987. *Darwin's Forgotten Defenders: The Encounter Between Evangelical Theology and Evolutionary Thought*. Grand Rapids, MI: Eerdmans.

Merton, Robert K. 1938. *Science, Technology and Society in Seventeenth-Century England*. St. Bruges: Catharine Press. Reprint, New York: Harper, 1970.

Moore, James R. 1979. *The Post-Darwinian Controversies: A Study of the Protestant Struggle to Come to Terms with Darwinism in Great Britain and America, 1879-1900*. Cambridge: Cambridge University Press.

Noble, David F. 1997. *The Religion of Technology: The Divinity of Man and the Spirit of Invention*. New York: Knopf.

Numbers, Ronald L. 1992. *The Creationists*. New York: Knopf.

_____. 1998. *Darwinism Comes to America*. Cambridge, MA: Harvard University Press.

_____. 2003. *When Science and Christianity Meet*. Chicago: University of Chicago Press.

Oppenheim, Janet. 1985. *The Other World: Spiritualism and Psychical Research in Britain, 1850-1914*. Cambridge: Cambridge University Press.

Ospovat, Dov. 1981. *The Development of Darwin's Theory: Natural History, Natural Theology, and Natural Selection, 1838-59*. Cambridge: Cambridge University Press.

Redondi, Pietro. 1988. *Galileo Heretic*. London: Allen Lane.

Turner, Frand Miller. 1974. *Between Science and Religion: The Reaction to Scientific Naturalism in Late Victorian England*. New Haven, CT: Yale University Press.

Webster, Charles. 1975. *The Great Instauration: Science, Medicine and Reform, 1626-1660*. London: Duckworth.

Westfall, Richard. 1958. *Science and Religion in Seventeenth-Century England*. New Haven, CT: Yale University Press.

16장. 대중과학 |

Beauchamp, Ken. 1997. *Exhibiting Electricity*. London: Institution of Electrical Engineers.

Berman, Morris. 1978. *Social Change and Scientific Organization: The Royal Institution, 1799-1844*. London: Heinemann.

Bowler, Peter J. 2001. *Reconciling Science and Religion: The Debate in Early Twentieth Century Britain*. Chicago: University of Chicago Press.

Cooter, Roger. 1984. *The Cultural Meaning of Popular Science: Phrenology and the Organization of Consent in Nineteenth-Century Britain*. Cambridge: Cambridge University Press.

Desmond, Adrian. 1994. *Huxley: The Devil's Disciple*. London: Michael Joseph.

Eisenstein, Elizabeth. 1979. *The Printing Press as an Agent of Change: Communications and Cultural Transformations in Early Modern Europe*. Cambridge: Cambridge University Press. [번역서] E. L. 아이젠슈타인, 전영표 옮김, 『인쇄 출판문화의 원류』 (법경출판사, 1992).

Fayter, Paul. 1997. "Strange New Worlds of Space and Time: Late Victorian Science and Science Fiction." In *Victorian Science in Context*, edited by Bernard Lightman. Chicago: University of Chicago Press.

Golinski, Jan. 1992. *Science as Public Culture: Chemistry and Enlightenment in Britain, 1760-1820*. Cambridge: Cambridge University Press.

Hays, J. N. 1983. "The London Lecturing Empire, 1800-50." In *Metropolis and Province: Science in British Culture, 1760-1850*, edited by Ian Inkster and Jack Morrell. London: Hutchison, 1983.

Heilbron, John. 1979. *Electricity in the Seventeenth and Eighteenth Centuries: A Study of Early Modern Physics*. Berkeley: University of California Press.

Johns, Adrian. 1998. *The Nature of the Book: Print and Knowledge in the Making*. Chicago: University of Chicago Press.

Marvin, Carolyn. 1988. *When Old Technologies Were New*. Oxford: Oxford University

Press.

Morrell, Jack, and Arnold Thackray. 1981. *Gentlemen of Science: The Early Years of the British Association for the Advancement of Science*. Oxford: Oxford University Press.

Morton, Alan. 1993. *Public and Private Science: The King George III Collection*. Oxford: Oxford University Press.

Morus, Iwan Rhys. 1998. *Frankenstein's Children: Electricity, Exhibition and Experiment in Early Nineteenth-Century London*. Princeton, NJ: Princeton University Press.

Porter, Roy. 2000. *Enlightenment: Britain and the Creation of the Modern World*. London: Allen Lane.

Secord, James. 2000. *Victorian Sensation: The Extraordinary Publication, Reception, and Secret Authorship of Vestiges of the Natural History of Creation*. Chicago: University of Chicago Press.

Snow, C. P. 1959. *The Two Cultures and the Scientific Revolution*. Cambridge: Cambridge University Press. [번역서] C.P.스노우, 오영환 옮김, 『두 문화』(사이언스북스, 2001).

Stewart, Larry. 1992. *The Rise of Public Science: Rhetoric, Technology, and Natural Philosophy in Newtonian Britain, 1660-1750*. Cambridge: Cambridge University Press.

Winter, Alison. 1998. *Mesmerized: Powers of Mind in Victorian Britain*. Chicago: University of Chicago Press.

17장. 과학과 기술 |

Alder, Ken. 1997. *Engineering the Revolution: Arms and Enlightenment in France, 1763-1815*. Princeton, NJ: Princeton University Press.

Ashworth, Will. 1996. "Memory, Efficiency and Symbolic Analysis: Charles Babbage, John Herschel and the Industrial Mind." *Isis* 87: 629-53.

Bernal, J. D. 1954. *Science in History*. London: Watts & Co. [번역서] J. D. 버널, 김상민 외 옮김, 『과학의 역사: 돌도끼에서 수소폭탄까지』 전 4권 (한울, 1995).

Butterfield, Herbert. 1949. *The Origins of Modern Science, 1300-1800*. London: Bell. [번역서] 허버트 버터필드, 차하순 옮김, 『근대과학의 기원: 1300년부터 1800년에 이르기까지』 (탐구당, [1973] 1980).

Cardwell, Donald. 1957. *The Organisation of Science in England*. London: Heinemann.

_____. 1971. *From Watt to Clausius: The Rise of Thermodynamics in the Early Industrial Age*. Ithaca, NY: Cornell University Press.

Headrick, Daniel. 1988. *The Tentacles of Progress: Technology Transfer in the Age of Imperialism, 1850-1940*. Oxford: Oxford University Press.

Hessen, Boris. [1931]1971. "The Social and Economic Roots of Newton's 'Principia'." In *Science at the Cross Roads*, edited by N. I. Bukharin. London: Frank Cass.

Hughes, Thomas P. 1983. *Networks of Power: Electrification in Western Society, 1880-1930*. Baltimore: Johns Hopkins University Press.

Hunt, Bruce. 1991. *The Maxwellians*. Ithaca NY: Cornell University Press.

Koyré, Alexandre. 1968. *Metaphysics and Measurement*. Cambridge, MA: Harvard University Press.

Latour, Bruno. 1987. *Science in Action: How to Follow Scientists and Engineers through Society*. Milton Keynes: Open University Press.

Marvin, Carolyn. 1988. *When Old Technologies Were New: Thinking about Electric Communication in the Late Nineteenth Century*. Oxford: Oxford University Press.

Merton, Robert K. 1938. *Science, Technology and Society in Seventeenth-Century England*. Bruges: St. Catherine's Press.

Millard, Andre. 1990. *Edison and the Business of Innovation*. Baltimore: Johns Hopkins University Press.

Morus, Iwan Rhys. 1998. *Frankenstein's Children: Electricity, Exhibition and Experiment in Early Nineteenth-Century London*. Princeton, NJ: Princeton

University Press.

Sarton, George. 1931. *The History of Science and the New Humanism*. New York: Holt & Co.

Schaffer, Simon. 1994. "Babbage's Intelligence: Calculating Engines and the Factory System." *Critical Inquiry* 21: 203-27.

Shapin, Steven. 1994. *A Social History of Truth: Civility and Science in Seventeenth-Century England*. Chicago: University of Chicago Press.

Smith, Crosbie. 1999. *The Science of Energy*. Chicago: University of Chicago Press.

Stewart, Larry. 1992. *The Rise of Public Science: Rhetoric, Technology and Natural Philosophy in Newtonian Britain, 1660-1750*. Cambridge: Cambridge University Press.

Webster, Charles. 1975. *The Great Instauration: Science, Medicine and Reform, 1626-1660*. London: Duckworth.

Zilsel, Edgar. 1942. "The Sociological Roots of Science." *American Journal of Sociology* 47: 245-79.

18장. 생물학과 이데올로기 |

Bannister, Robert C. 1979. Social Darwinism: *Science and Myth in Anglo-American Social Thought*. Philadelphia: Temple University Press.

Barkan, Elazar. 1992. *The Retreat of Scientific Racism: Changing Concepts of Race in Britain and the United States between the World Wars*. Cambridge: Cambridge University Press.

Bowler, Peter J. 1986. *Theories of Human Evolution: A Century of Debate, 1844-1944*. Baltimore: Johns Hopkins University Press; Oxford: Blackwell.

_____. 1989. *The Invention of Progress: The Victorians and the Past*. Oxford: Blackwell.

_____. 1993. *Biology and Social Thought*. Berkeley: Office for History of Science and Technology, University of California.

Caplan, Arthur O., ed. 1978. *The Sociobiology Debate*. New York: Harper & Row.

Cooter, Roger. 1984. *The Cultural Meaning of Popular Science: Phrenology and the Organization of Consent in Nineteenth-Century Britain*. Cambridge: Cambridge University Press.

Cravens, Hamilton. 1978. *The Triumph of Evolution: American Scientists and the Heredity-Environment Controversy, 1900-1941*. Philadelphia: University of Pennsylvania Press.

Crook, Paul. 1994. *Darwinism, War and History: The Debate over the Biology of War from the "Origins of Species" to the First World War*. Cambridge: Cambridge University Press.

Gasman, Daniel. 1971. *The Scientific Origins of National Socialism: Social Darwinism in Ernst Haeckel and the Monist League*. New York: American Elsevier.

Gould, Stephen Jay. 1977. *Ontogeny and Phylogeny*. Cambridge, MA: Harvard University Press.

_____. 1981. *The Mismeasure of Man*: New York: Norton. 〔번역서〕 스티븐 제이 굴드, 김동광 옮김, 『인간에 대한 오해: '인간은 만물의 영장'이라는 잘못된 척도에 대한 비판』(사회평론, 2003).

Greene, John C. 1959. *The Death of Adam: Evolution and Its Impact on Western Thought*. Ames: Iowa State University Press.

Haller, Johns S. 1975. *Outcasts from Evolution: Scientific Attitudes of Racial Inferiority, 1859-1900*. Urbana: University of Illinois Press.

Haller, Mark H. 1963. *Eugenics: Hereditarian Attitudes in American Thought*. New Brunswick, NJ: Rutgers University Press.

Hawkins, Mike. 1997. *Social Darwinism in European and American Thought. 1860-1945: Nature as Model and Nature as Threat*. Cambridge: Cambridge University Press.

Hofstadter, Richard. 1955. *Social Darwinism in American Thought*. Revised ed. Boston: Beacon Press.

Jones, Greta. 1980. *Social Darwinism in English Thought*. London: Harvester.

Joravsky, David. 1970. *The Lysenko Affair*. Cambridge, MA: Harvard University Press.

Kevles, Daniel. 1985. *In the Name of Eugenics: Genetics and the Uses of Human Heredity*. New York: Knopf.

Knox, Robert. 1862. *The Races of Man: A Philosophical Enquiry into the Influence of Race on the Destiny of Nations*. 2nd ed. London: Henry Renshaw.

Lewin, Roger. 1987. *Bones of Contention: Controversies in the Search for Human Origins*. New York: Simon & Schuster.

Mackenzie, Donald. 1982. *Statistics in Britain, 1865-1930: The Social Construction of Scientific Knowledge*. Edinburgh: Edinburgh University Press.

Magnello, Eileen. 1999. "The Non-Correlation of Biometry and Eugenics." *History of Science* 37: 79-106, 123-50.

Pearson, Karl. 1900. *The Grammar of Science*. 2nd ed. London: A. and C. Black.

Richards, Robert J. 1987. *Darwin and the Emergence of Evolutionary Theories of Mind and Behavior*. Chicago: University of Chicago Press.

Searle, G. R. 1976. *Eugenics and Politics in Britain, 1900-1914*. Leiden: Noordhoff International Publishing.

Secord, James A. 2000. *Victorian Sensation: The Extraordinary Publication, Reception and Secret Authorship of "Vestiges of the Natural History of Creation."* Chicago: University of Chicago Press.

Shapin, Steven. 1979. "Homo Phrenologicus: Anthropological Perspectives on a Historical Problem." In *Natural Order: Historical Studies of Scientific Culture*, edited by Barry Barnes and Steven Shapin. Beverly Hills, CA: Sage Publications, 41-79.

Smith, Roger. 1992. *Inhibition: History and Meaning in the Sciences of Mind and Brain*. London: Free Association Books.

―――. 1997. *The Fontana/Norton History of the Human Sciences*. London: Fontana; New York: Norton.

Stanton, William. 1960. *The Leopard's Spots: Scientific Attitudes toward Race in*

America, 1815-1859. Chicago: Phoenix Books.

Stepan, Nancy. 1982. *The Idea of Race in Science: Great Britain, 1800-1960.* London: Macmillan.

Sulloway, Frank. 1979. *Freud, Biologist of the Mind: Beyond the Psychoanalytic Legend.* London: Burnett Books.

Young, Robert M. 1970. *Mind, Brain and Adaptation in the Nineteenth Century.* Oxford: Clarendon Press.

_____. 1985a. "Darwinism Is Social." In *The Darwinian Heritage,* edited by David Kohn. Princeton, NJ: Princeton University Press, 609-38.

_____. 1985b. *Darwin's Metaphor: Nature's Place in Victorian Culture.* Cambridge: Cambridge University Press.

19장. 과학과 의학 |

Brock, T. D. 1988. *Robert Koch: A Life in Medicine and Bacteriology.* Madison: University of Wisconsin Press.

Brock, William H. 1977. *Justus von Liebig: The Chemical Gatekeeper.* Cambridge: Cambridge University Press.

Burrows, E. H. 1986. *Pioneers and Early Years: A History of British Radiology.* Alderney: Colophon.

Bynum, William. 1994. *Science and the Practice of Medicine in the Nineteenth Century.* Cambridge: Cambridge University Press.

Bynum, Wiiliam and Roy Porter, eds. 1985. *William Hunter and the Eighteenth-Century Medical World.* Cambridge: Cambridge University Press.

Caufield, C. 1989. *Multiple Exposures: Chronicles of the Radiation Age.* Harmondsworth: Penguin.

Foucault, Michel. 1979. *The Birth of the Clinic:.* Harmondsworth: Penguin. [번역서] 미셸 푸코, 홍성민 옮김, 『임상의학의 탄생: 의학적 시선에 대한 고고학』(이매진, 2006).

French, Roger D. 1975. *Antivivisection and Medical Science in Victorian Society.*

Princeton, NJ: Princeton University Press.

Geison, Gerald L. 1995. *The Private Science of Louis Pasteur*. Princeton, NJ: Princeton University Press.

Hall, T. S. 1975. *History of General Physiology*. 2 vols. Chicago: University of Chicago Press.

Holmes, F. L. 1974. *Claude Bernard and Animal Chemistry: The Emergence of a Scientist*. Cambridge, MA: Harvard University Press.

Jewson, N. 1976. "The Disappearance of the Sick Man from Medical Cosmology." *Sociology* 10: 225-44.

Kevles, B. 1996. *Naked to the Bone: Medical Imaging in the Twentieth Century*. New Brunswick, NJ: Rutgers University Press.

Latour, Bruno. 1988. *The Pasteurization of France*. Cambridge, MA: Harvard University Press.

Lawrence, Christopher. 1985. "Incommunicable Knowledge." *Journal of Contemporary History 20*: 503-20.

_____. 1994. *Medicine and the Making of Modern Britain, 1700-1920*. London: Routledge.

MacFarlane, G. 1984. *Alexander Fleming: The Man and the Myth*. London: Chatto & Windus.

Peterson, M. J. 1978. *The Medical Profession in Mid-Victorian London*. Berkeley: University of California Press.

Porter, Dorothy. 1999. *Health, Civilization and the State: A History of Public Health from Ancient to Modern Times*. London: Routledge.

Porter, Loy. 1997. *The Greatest Benefit to Mankind*. London: Harper Collins.

Porter, Roy, and D. Porter, eds. 1989. *Patient's Progress: Doctors and Doctoring in Eighteenth-Century England*. Cambridge: Cambridge University Press.

Shapin, S. 2000. "Descartes the Doctor: Rationalism and its Therapies," *British Journal for the History of Science* 33: 131-54.

Spink, Wesley W. 1978. *Infectious Diseases: Prevention and Treatment in the*

Nineteenth and Twentieth Centuries. Minneapolis: University of Minnesota Press.

Waddington, I. 1984. *The Medical Profession in the Industrial Revolution*. Dublin: Gill & Macmillan.

Weatherall, M. 1990. *In Search of a Cure: A History of the Pharmaceutical Industry*. Oxford: Oxford University Press.

Wilson, A. 1995. *The Making of Man-Midwifery*. London: UCL Press.

20장. 과학과 전쟁 |

Alperowitz, Gar. 1996. *The Decision to Use the Atomic Bomb*. London: Fontana.

Beatty, John. 1991. "Genetics in the Atomic Age: The Atomic Bomb Casualty Commission, 1947-1956." In *The Expansion of American Biology*, edited by Keith R. Benson, Jane Maienschein, and Ronald Rainger. New Brunswick, NJ: Rutgers University Press, 284-324.

Boyer, Paul. 1994. *By the Bomb's Early Light: American Thought and Culture at the Dawn of the Atomic Age*. New ed. Chapel Hill: University of North Carolina Press.

Brown, L. 1999. *A Radar History of World War II*. Philadelphia: Institute of Physics.

Bud, Robert, and Phillip Gummett, eds. 1999. *Cold War, Hot Science: Applied Research in Britain's Defence Laboratories, 1945-1990*. Amsterdam: Harwood Academic Publishers.

Buderi, Robert. 1997. *The Invention That Changed the World: The Story of Radar from War to Peace*. Boston: Little, Brown.

Forman, Paul. 1987. "Behind Quantum Electronics: National Security as a Basis for Physical Research in the United States, 1940-1960." *Historical Studies in the Physical and Biological Sciences* 18: 149-229.

Frayn, Michael. 1998. *Copenhagen*. London: Methuen Drama.

Giovannitti, Len, and Fred Freud. 1965. *The Decision to Drop the Bomb*. New York: Coward-McCann.

Goodchild, Peter. 1980. *J. Robert Oppenheimer, "Shatterer of Worlds."* London: BBC.

Gowing, Margaret. 1965. *Britain and Atomic Energy, 1939–1945*. London: Methuen; New York: St. Martin's Press.

Haber, L. F. 1986. *The Poisonous Cloud: Chemical Warfare in the First World War*. Oxford: Clarendon Press.

Hackmann, Willem. 1984. *Seek and Strike: Sonar Anti-Submarine Warfare and the Royal Navy, 1914–1954*. London: HMSO.

Hartcup, Guy. 1988. *The War of Invention: Scientific Developments, 1914–1918*. London: Brassey's Defence Publishers.

_____. 2000. *The Effects of Science on the Second World War*. London: Palgrave.

Hoch, Paul K. 1988. "The Crystallization of a Strategic Alliance: The American Physics Elite and the Military in the 1940S." In *Science, Technology and the Military*, edited by Everett Mendelsohn, Merritt Roe Smith, and Peter Weingart. Dordrecht: Kluwer, I: 87–116.

Hoddeson, Lillian, Paul W. Henrickson, Roger A. Meade, and Catherine Westfall. 1993. *Critical Assembly: A Technical History of Los Alamos during the Oppenheimer Years, 1943–1945*. Cambridge: Cambridge University Press

Hogan, Michael J., ed. 1996. *Hiroshima in History and Memory*. Cambridge: Cambridge University Press.

Holloway, David. 1975. *Stalin and the Bomb: The Soviet Union and Atomic Energy, 1939–1956*. New Haven, CT: Yale University Press.

Hughes, Jeff. 2002. *Manhattan Project: Big Science and the Atom Bomb*. Cambridge: Icon Books.

Johnson, Brian. 1978. *The Secret War*. London: BBC.

Jones, R. V. 1978. *Most Secret War*. London: Hamish Hamilton.

Kevles, Daniel. 1995. *The Physicists: The History of a Scientific Community in America*. New ed. Cambridge, MA: Harvard University Press.

Mendelsohn, Everett, Merritt Roe Smith, and Peter Weingart, eds. 1988. *Science, Technology and the Military*. 2 vols. Dordrecht: Kluwer.

Neufeld, Michael. J. 1995. *The Rocket and the Reich: Peenemünde and the Coming of the Ballistic Missile Era*. New York: Free Press.

Peyton, John. 2001. *Solly Zuckerman: A Scientist out of the Ordinary*. London: John Murray.

Powers, Thomas. 1993. *Heisenberg's War: The Secret History of the German Bomb*. London: Jonanthan Cape.

Price, Alfred. 1977. *Instruments of Darkness: The History of Electronic Warfare*. New ed. London: MacDonald's & Jane's.

Rose, Paul Lawrence. 1998. *Heisenberg and the Nazi Atomic Bomb Project: A Study in German Culture*. Berkeley: University of California Press.

Schweber, Sylvan S. 2000. *In the Shadow of the Bomb: Bethe, Oppenheimer, and the Moral Responsibility of the Scientist*. Princeton, NJ: Princeton University Press.

Swann, Brenda, and Francis Aprahamian, eds. 1999. *J. D. Bernal: A Life in Science and Politics*. London: Verso.

Walker, J. Samuel. 1996. "The Decision to Use the Bomb: A Historiographical Update." In *Hiroshima in History and Memory*, edited by Michael J. Hogan. Cambridge: Cambridge University Press, 11-37.

York, Herbert F. 1976. *The Advisers: Oppenheimer, Teller, and the Superbomb*. San Francisco: W. H. Freeman.

Zachary, G. Pascal. 1999. *Endless Frontier: Vannevar Bush, Engineer of the American Century*. Cambridge, MA: MIT Press.

Zuckerman, Solly. 1978. *From Apes to Warlords: The Autobiography (1904-1946)*. London: Hamish Hamilton.

―――. 1988. *Monkeys, Men and Missiles: An* Autobiography, 1946-1988. Reprint. New York: Norton.

21장. 과학과 젠더 |

Abir-Am, Pnina, and Dorinda Qutram, eds. 1987. *Uneasy Careers and Intimate Lives: Women in Science, 1787-1979*. New Brunswick, NJ: Rutgers University Press.

Alic, M. 1986. *Hypatia's Heritage: A History of Women in Science from Antiquity to the Late Nineteenth Century*. London: Virago.

Curie, E. 1938. *Madame Curie*. London: Heinemann. 〔번역서〕 마리 퀴리, 전혜린 옮김, 『퀴리부인』(신구문화사, 1983).

Easlea, Brian. 1981. *Science and Sexual Oppression: Patriarchy's Confrontation with Women and Nature*. London: Weidenfeld & Nicolson.

Fox-Keller, E. 1983. *A Feeling for the Organism: The Life and Times of Barbara McClintock*. San Francisco: W. H. Freeman. 〔번역서〕 이블린 폭스 켈러, 김재희 옮김, 『생명의 느낌』(양문, 2001).

_____. 1985. *Reflections on Gender and Science*. New Haven, CT: Yale University Press. 〔번역서〕 이블린 폭스 켈러, 민경숙 외 옮김, 『과학과 젠더』(동문선, 1996).

Haraway, Donna. 1991. *Simians, Cyborgs, and Women: The Reinvention of Nature*. London: Routledge. 〔번역서〕 다나 J. 해러웨이, 민경숙 옮김, 『유인원, 사이보그, 그리고 여자』(동문선, 2002).

Harding, S. 1986. *The Science Question in Feminism*. Ithaca, NY: Cornell University Press. 〔번역서〕 샌드라 하딩, 이재경 옮김, 『페미니즘과 과학』(이화여자대학출판부, 2002).

_____. 1991. *Whose Science? Whose Knowledge?* Ithaca, NY: Cornell University Press.

Hudson, G. 1991. "Unfathering the Thinkable: Gender, Science and Pacifism in the 1930s." in *Science and Sensibility: Gender and Scientific Enquiry, 1780-1945*, edited by M. Benjamin. Oxford: Blackwell.

Laqueur, Thomas. 1990. *Making Sex: Body and Gender from the Greeks to Freud*. Cambridge, MA: Harvard University Press. 〔번역서〕 토머스 라커, 이현정 옮김, 『섹스의 역사』(황금가지, 2000).

Maddox, Brenda. 2002. *Rosalind Franklin*. London: HarperCollins. 〔번역서〕 브랜다 매독스, 나도선 외 옮김, 『로잘린드 프랭클린과 DNA』(양문, 2004).

Masson, J. M. 1986. *A Dark Science: Women, Sexuality and Psychiatry in the Nineteenth Century*. New York: Farrar, Straus and Giroux.

Merchant, Carolyn. 1982. *The Death of Nature: Women, Ecology and the Scientific Revolution*. San Francisco: W. H. Freeman. 〔번역서〕 캐럴린 머천트, 전규찬 옮김, 『자연의 죽음: 여성과 생태학, 그리고 과학혁명』(미토, 2005).

Moscucci, O. 1991. *The Science of Woman: Gynaecology and Gender in England, 1800-1929*. Oxford: Oxford University Press.

Needly. K. A. 2001. *Mary Somerville*. Cambridge: Cambridge University Press.

Quinn, Susan. 1995. *Marie Curie: A Life*. New York: Simon & Schuster.

Richards, Evelleen. 1989. "Huxley and Women's Place in Science: The 'Woman Question' and the Control of Victorian Anthropology." In *History, Humanity and Evolution*, edited by James R. Moore. Cambridge: Cambridge University Press, 253-84.

Russett, Cynthia E. 1989. *Sexual Science: The Victorian Construction of Womanhood*. Cambridge, MA: Harvard University Press.

Schiebinger, L. 1989. *The Mind Has No Sex? Women in the Origins of Modern Science*. Cambridge, MA: Harvard University Press. 〔번역서〕 론다 슈빈저, 조성숙 옮김, 『과학은 왜 여성을 배척했는가? 두뇌는 평등하다』(서해문집, 2007).

Showalter, Elaine. 1986. *The Female Malady: Women, Madness and English Culture, 1830-1980*. New York: Pantheon.

Stein, D. 1985. *Ada: A Life and a Legacy*. Cambridge, MA: Harvard University Press.

Toole, B. A. 1992. *Ada, Enchantress of Numbers*. San Francisco: Strawberry Press.

Watson, James D. 1968. *The Double Helix*. New York: Atheneum. 〔번역서〕 제임스 왓슨, 최돈찬 옮김, 『이중나선: 생명에 대한 호기심으로 DNA 구조를 발견한 이야기』(궁리, 2006).

Winter, Alison. 1998. *Mesmerized: Powers of Mind in Victorian Britain*. Chicago: University of Chicago Press.

■■ 옮긴이의 말

 과학사를 서술하는 목적과 이를 활용하는 맥락은 사람에 따라 다를 수 있다. 걸출한 업적을 남긴 옛 과학자에 대한 지적 호기심이 과학사를 살피는 동기가 될 수 있으며, 특정 이론이나 발견의 우선권이 자국 과학자에게 있음을 설파하려는 열망에서 과학사에 몰입하기도 한다. 또 과학사는 관찰과 실험, 추상적 사고, 실용적 관심이 어떤 복잡한 과정을 거쳐 과학이론으로 이어지는지를 역사를 통해 보여줌으로써, 현재의 과학도들에게 문제해결의 실마리를 제공할 수도 있다. 좀 더 원대하게는 자연과학과 인문학을 아우르는 과학사 특유의 학문적 풍토가 갈수록 소원해지는 '두 문화'의 간극을 잇는 교량 역할을 할 것이라 기대하는 이도 있다.
 이러한 이유 외에도 과학사는 '과학의 시대'를 적극적으로 살아가는 시민들의 교양으로 각별하게 중요하다. 완성된 산물로서의 과학지식보다 이를 만들어가는 과정을 중시하는 과학사의 관점은 과학에 대한 틀에 박힌 이해를 넘어서 현실세계의 과학이 실제 어떻게 작동하는지 심층적으로 이해할 수 있게 해준다. 이 같은 이해는 과학의 여러 산물이 대중의 일상에 심대한 영향을 미치고, 과학 또한 사회의 막대한 지원 없이 성장하기 어려운 현대사회에서 특히 긴요하다. 또한 과학사는 과학이 사회적·문화적 권위의 새 원천으로 부상한 역사적 맥락과 이 과정에서 과학자들이 활용한 다양한 전략들을 해체해 보여줌으로써, 현대사회에서 과학이 갖는 막대한 위상과 과학에 부과된 다층적 의미를 비판적으로 검토하도록 해줄 수 있다. 나아가 과학이 전문화·제도화되면서 구축해온 여러 사회적 네트워크에 대한 역사적 분석은 오늘날 과학과 정부, 산업체, 일반대중 간에 벌어지는 상호 작용의 복잡한 면모를 드러내줄 수 있다. 이 모든 것들이 그저 가능성에 그치는 것은 아니다. 1970년대를 전환점으로 삼아 비약적으로 성장해온 과학사 분야는 실제로 이런 방향을 향해 꾸준히 발전하고 있다.

과학사의 서술양식은 1970년대를 거치면서 눈에 띄게 달라졌는데, 이는 과학을 바라보는 관점의 변화에 기인한 바 크다. 70년대 이전에는 과학적 개념 및 이론의 발전을 추적하는 지성사적 접근이 과학사 연구의 주를 이루었다. 과학의 본질은 객관성과 합리성을 가지는 보편적 지식체계에 있다고 상정되었고, 이를 과학적 방법, 개념, 법칙을 통해 확립해 나간 역사적 과정이 과학사의 주된 관심사였다. 이런 맥락에서 16~17세기 과학혁명(Scientific Revolution)은 자연에 대한 근대적 이해방식을 태동시킨 특별한 사건으로 평가되며 집중 조명되었다. 그러나 70년대 이후 과학사학자들은 추상적 이론보다는 과학자들의 실행(practice)에 더 많은 관심을 기울이기 시작했다. 과학이 개념적 혁신만이 아니라 새로운 기법과 실험의 고안을 포함하는 실천적 활동이라는 인식과 함께, 과학 또한 종교, 정치, 경제 못지않게 국지적이고 사회적인 맥락 속에서 벌어지는 인간의 역동적 활동이라는 점이 새롭게 강조되었다. 과학자 사회에서도 일반 사회 못지않게 권위와 이해관계가 중요한 요소로 작용하고 있으며 개별 과학자의 종교적 믿음, 철학적 신념, 정치적 가치 등이 자연을 이해하는 방식에 큰 영향을 미친다는 사실이 밝혀졌다.

이런 관점의 변화는 과학사에서 다루는 시기와 대상의 폭을 크게 확장했다. 전통적인 과학사가 16~17세기의 물리과학에 초점을 맞추면서 진화론과 상대성이론 같은 몇몇 과학적 성과만을 추가로 다뤄왔다면, 70년대 이후의 과학사 연구는 이런 전통적 주제들을 끊임없이 재해석하면서도, 생태학, 고에너지물리학, 현대우주론, 분자생물학과 같은 18세기 이후에 태동한 다양한 과학 분과들을 본격적으로 조명하고 있다. 특히 과학 자체가 특정 시대의 역사적 산물이라는 점이 강조되면서, 현대적 형태의 과학활동이 정립되기 시작한 19세기와, 과학을 둘러싼 제반 제도들이 마련된 20세기에 많은 관심이 집중되고 있다. 이런 점에서 과학사의 무게중심은 점점 더 현대로 이동하고 있다. 또한 이론을 우선시하던 경향이 약해지면서, 근현대시기 과학활동을 뒷받침하며 등장한 각종 물적 토대들이 과학사의 새로운 연구대상으로 부상했다. 예컨대, 대학 내 과학연구 전통의 확립, 새로운 지식창출 공간으로서의 실험실의 부상, 정부 지원 거대과학 프로젝트의 등장, 과학의 전문화와 분과의 세분화 과정, 과학과 군부와의 관계와 같이 과학과 사회의 다른 제도 사이의 상호 작용, 연구학파 및 과학단체의 형성 등에 대한 연구가 활발히 이뤄지고 있다.

국내에서도 과학사 및 과학기술학(Science and Technology Studies)에 대한 일반인들의 관심은 꾸준히 높아지고 있다. 지난 몇 년 동안 과학사에 대한 두툼한 대중교양서들이 번역되어 국내 독자들의 호응을 불러 일으킨 바 있다. 아울러 많은 대학들이 교양강좌로 과학사 관련 강의를 개설하고 있어 학술적 차원에서 과학사를 본격적으로 다룰 수 있는 통로도 마련되어 있다. 그러나 이러한 교양과학사 서적들은 과학의 발전을 누적적이고 선형적인 것으로 간주하는 오래된 사관을 바탕으로 서술된 까닭에 최근의 전문적인 과학사 연구를 반영하지 못한 것들이 대부분이라는 문제가 있다. 대학의 과학사 강의들 역시 16~17세기 과학혁명에 초점을 맞추는 전통적 교육방식을 따르면서 근현대과학을 소홀히 다루고 있는데, 이렇게 된 데는 근현대시기의 과학에 대한 체계적 커리큘럼과 이 주제에 대한 교재가 없었던 탓이 크다. 근현대과학사의 최근 성과들을 일반 독자들에게 효과적으로 전하고자 하는 옮긴이들의 바람은 이런 사정에서 출발했고, 이는 2005년에 출간된 피터 보울러와 이완 모러스의 『현대과학의 풍경1, 2(Making Modern Science: A Historical Survey)』을 번역하게 된 직접적 계기가 되었다.

원저자들이 서문에서 밝히고 있듯이, 『현대과학의 풍경』은 대학생들을 대상으로 한 과학사개론 수업의 교재로 사용하기 위해 기획된 개설서이다. 물론 국내에 아직 소개되지 않은 훌륭한 과학사 개설서들이 여럿 있지만, 그 중에서도 유독 『현대과학의 풍경』을 번역하겠다고 결심하는 데는 별 망설임이 없었다. 평소 대학 강의에서 17세기 이후 근현대과학사에 대한 소개가 절실하다고 느꼈던 옮긴이들은 『현대과학의 풍경』이 이런 필요를 충족하는 최적의 교재가 될 것이라 확신했기 때문이다. 이 책은 개설서 중에서는 보기 드물게도 과학혁명기 이후의 역사에 초점을 맞추고 있으며, 너무나 폭발적으로 성장해 전공자들에게도 자칫 혼란스러워 보일 수 있는 근현대과학사의 여러 주제들을 매우 깔끔하게 정리하고 있다. 또한 이 책의 1권에서는 연대순에 따라 과학사의 주요 사건들을 다루고, 2권에서는 과학과 종교, 과학과 기술, 과학과 젠더(gender)와 같이 여러 시대를 포괄적으로 조망해야 하는 과학사의 주요 주제들을 다루고 있는데, 이러한 구성은 교재와 교양서로서의 이 책의 활용 가치를 더욱 높여준다. 17세기부터 현대까지 이어지는 과학의 역사에 대한 포괄적 조감도는 과학사에 관심 있는 일반 독자의 흥미를 충족할 것이며, 특정 주제에 대해 전통적 해석과 새로운 해석을 균형 있게 서술하는 각 장은 과학사 전공자들이 해당 주제를 개괄하는 데도 큰 도움을 줄 수 있을 것이다.

 번역 작업은 2006년 초 서울대학교 과학사 및 과학철학 협동과정의 전공주임을 맡고 있는 홍성욱 교수의 제의를 계기로, 이에 공감한 같은 과정의 대학원생들이 번역을 위한 모임을 꾸리면서 시작되었다. 초역은 홍성욱(1장), 김봉국(2장), 전다혜(3장, 17장), 오철우(4장, 5장), 성하영(6장, 8장), 김자경(7장), 오승현(9장, 10장), 서민우(11장, 13장), 전혜리(12장, 16장), 김준수(14장), 김지원(15장), 정세권(18장, 19장), 박동오(20장, 22장), 정성욱(21장)이 장별로 맡아 진행했다. 하지만 각 장의 번역은 개별 초역자들 못지않게 모임 참여자 전원이 다함께 노력한 성과로 보는 게 마땅하다. 각 장별로 두 차례씩 모임을 가지면서 초역 원고를 다듬어나간 과정은 여러모로 공동 작업이자 공동 학습의 경험이었다. 원문을 차근히 대조해 가면서 오역을 바로잡는 일 외에도 적합한 용어 선택이나 문장의 가독성 문제 같은 번역상의 여러 어려움들을 서로 의견을 교환해가면서 풀어갔고, 이 과정에서 번역자들은 서로의 장점을 배우면서 초역을 질을 높여나갈 수 있었다. 또 이 책을 강의교재로 잘 활용하기 위해서, 번역과 병행하여 책의 내용에 관해 토론하는 세미나도 진행했는데, 이 역시 번역의 질을 높이는 데 적잖은 도움을 주었다. 마지막으로 책임역자인 홍성욱과 김봉국, 서민우는 번역의 전체적인 과정을 총괄하면서, 초역 원고와 최종 수합된 원고를 각각 원문과 대조해서 남아 있는 번역상의 오류를 수정했고, 용어 및 문체의 통일성에 신경써가면서 책 전체의 일관성이 유지될 수 있도록 했다. 책을 만드는 과정에서 역자들 모두의 수고가 들어갔지만, 특히 전혜리, 김준수, 정성욱 선생이 애를 많이 썼다.

 많은 사람의 공동의 노력이 담긴 이 책이 과학사 강의를 맡은 선생님들과 그 수업을 수강할 학생들, 그리고 과학의 역사에 흥미를 느끼는 일반 독자들, 역사를 통해 과학의 본질을 짚어보고자 하는 인문사회과학도에게 근현대과학에 대한 좋은 개설서가 되었으면 한다. 끝으로 이 자리를 빌려 2년 가까운 기간 동안 물심양면 지원을 아끼지 않은 궁리출판에도 감사의 마음을 전한다.

:: 찾아보기 ::

인명

ㄱ

갈, 프란츠 요제프(Franz Joseph Gall, 1758-1828) 105, 145
갈릴레이, 갈릴레오(Galileo Galilei, 1564-1642) 15~17, 41, 46~48, 55, 95, 96, 114
게센, 보리스(Boris Hessen, 1893-1936) 115, 116, 120, 121, 139
게일, 레너드(Leonard Gale) 129, 130
골턴, 프랜시스(Francis Galton, 1822-1911) 143, 151, 165~167
굴드, 스티븐 제이(Stephen Jay Gould, 1941-2002) 150
그레셤, 토마스(Sir Thomas Gresham, 1519-1579) 16
그레이, 에이서(Asa Gray, 1810-1888) 64
그레이엄, 제임스(James Graham, 1745-1794) 82, 83
그로브, 윌리엄 로버트(William Robert Grove, 1811-1896) 97, 119
그로브즈, 레슬리(Leslie Groves, 1896-1970) 220, 225

ㄴ

나폴레옹(Napoléon Bonaparte, 1769-1821) 26, 118
노벨, 알프레드(Alfred B. Nobel, 1833-1896) 208
녹스, 로버트(Robert Knox, 1791-1862) 150, 151
놀레, 장 앙투안(Jean Antoine Nollet, 1700-1770) 82
뉴커먼, 토머스(Thomas Newcomen, 1663-1729) 121
뉴턴, 아이작(Isaac Newton, 1643-1727) 16, 55, 56, 82, 96, 114, 117, 137, 262

ㄷ

다마디언, 레이먼드(Raymond Damadian, 1936-) 200
다윈, 이래즈머스(Erasmus Darwin, 1731-1802) 24, 59, 60, 124

다윈, 찰스(Charles Darwin, 1809-1882) 13, 14, 31, 41, 44, 54, 59~66, 69, 70, 142, 148, 149, 151, 153~159, 161, 163, 165, 252, 257

달랑베르, 장 르 롱(Jean le Rond d'Alembert, 1717-1783) 96, 180

대번포트, 찰스 베네딕트(Charles Benedict Davenport, 1866-1944) 167

더프리스, 휘호(Hugo De Vries, 1848-1935) 167

데렐, 펠릭스(Felix d'Hérelle, 1873-1949) 190

데이비, 에드워드(Edward Davy, 1806-1885) 90

데이비, 험프리(Humphry Davy, 1778-1829) 32, 33, 84

데자글리에, 존(John Theophilus Desaguliers, 1683-1744) 81~83, 118

데카르트, 르네(René Descartes, 1596-1650) 56, 69, 144, 174, 240, 245

델뤽, 장-앙드레(Jean-Andre Deluc, 1727-1817) 52, 53

도마크, 게르하르트(Gerhard Domagk, 1895-1964) 190

도스토예프스키, 표도르 미하일로비치(F. M. Dostoevsky, 1821-1881) 78

두가, 벤저민(Benjamin M. Duggar, 1872-1956) 193, 194

듀어, 제임스(James Dewar, 1842-1923) 33

뒤보, 르네(René Dubos, 1901-1982) 193, 194

드 라 비치, 헨리(Henry De la Beche, 1796-1855) 29, 31, 86

드레이퍼, 존(J. W. Draper, 1811-1882) 41

드리슈, 한스(Hans Driesch, 1867-1941) 70

드 모르간, 아우구스투스(Augustus de Morgan, 1806-1871) 246

디드로, 드니(Denis Diderot, 1713-1784) 96, 144, 180

디킨스, 찰스(Charles Dickens, 1812-1870) 78, 99

ㄹ

라마르크, 장 바티스트(Jean-Baptiste Lamarck, 1744-1829) 23, 26, 65, 159, 160

라메트리, 쥘리앵 오프루아 드(J. O. de La Mettrie 1709-1751) 69, 144

라부아지에, 앙투안-로랑(Antoine-Laurent Lavoisier, 1743-1794) 208, 250

라에네크, 르네(René Theophile Hyacinthe Laennec, 1781-1826) 195, 200

라이엘, 찰스(Charles Lyell, 1797-1875) 86, 97, 154

라이프니츠, 고트프리트 빌헬름 폰 (Gottfried Wilhelm von Leibniz, 1646-1716) 245
라인골드, 네이선(Nathan Reingold, 1927-2004) 13
라커, 토마스(Thomas Laqueur) 237, 252
라투르, 브루노(Bruno Latour) 112
라플라스, 피에르 시몽(Pierre-Simon Laplace, 1749-1827) 57, 118
랑주뱅, 폴(Paul Langevin, 1872-1946) 248
랙스트로, 벤저민(Benjamin Rackstrow, ?-1772) 82
랭킨, 윌리엄 존 매퀀(W. J. Macquorn Rankine, 1820-1872) 126
러더퍼드, 어니스트(Ernest Rutherford, 1871-1937) 209
러드윅, 마틴(Martin Rudwick) 13, 31
러브레이스, 에이다(Ada Lovelace, 1815-1852) 246, 247
러브록, 제임스(James Lovelock, 1919-) 12
럼포드 백작(Count Rumford, 본명은 Benjamin Thompson, 1753-1814) 84
레디, 프란체스코(Francesco Redi, 1626-1697) 17
레이, 존(John Ray, 1627-1705) 17, 58, 59
레이콕, 토마스(Thomas Laycock, 1812-1876) 253, 256
레이테드, 윌리엄(William Leithead) 90
레일리 경(Lord Rayleigh, 본명은 John William Strutt, 1842-1919) 72, 208
렌, 크리스토퍼(Christopher Wren, 1632-1723) 17, 20
로든베리, 진 (Gene Roddenberry, 1921-1991) 101
로렌스, 어니스트(Ernest Lawrence, 1901-1958) 219
로마니스, 조지 존(George John Romanes, 1848-1894) 156
로버트슨, 조지프(Joseph Robertson, 1788-1852) 135
로빈슨, 존(John Robinson) 123, 124
로지, 올리버(Oliver Lodge 1851-1940) 72, 98, 131
롤런드, 헨리(Henry Rowland, 1848-1901) 131
롬브로소, 체사레(Cesare Lombroso, 1836-1909) 156
뢴트겐, 빌헬름(Wilhelm Roentgen, 1845-1923) 196
루돌프 2세(Rudolph II, 1552-1612) 17
루스벨트, 프랭클린(Franklin Roosevelt, 1882-1945) 212, 219, 227
루이 14세(Louis XIV, 1638-1715) 20, 21
루터, 마틴(Martin Luther, 1483-1546) 48
르뇨, 빅토르(Victor Regnault, 1810-1878)

르돈디, 피에트로(Pietro Redondi) 47
리비히, 유스투스 폰(Justus von Liebig, 1803-1873) 26, 27, 183, 184
리셴코, 트롬핀 데니소비치(T. D. Lysenko, 1898-1976) 169
리턴, 에드워드 불워(Edward Bulwer Lytton, 1803-1873) 100
린네, 카를 폰(Carl von Linné; Carolus [Carl] Linnaeus 1707-1778) 22, 24, 180
린데만, 프레더릭(Frederick Alexander Lindemann, 1886-1957) 212, 213

ㅁ

마르셋, 제인(Jane Marcet, 1769-1858) 97, 251
마르티노, 해리엇(Harriet Martineau, 1802-1876) 104
마이어, 한스(Hans Ferdinand Mayer, 1895-1980) 211
마틴, 벤저민(Benjamin Martin, 1704-1782) 83
매네브레아, 루이지(L. F. Menebrea) 246
매카시, 조지프(Joseph McCarthy, 1908-1957) 230
매켄지, 도널드(Donald Mackenzie) 166
매콜리, 토마스(Thomas B. Macaulay, 1800-1859) 95
맥브라이드, 어니스트(E. W. MacBride, 1866-1940) 167, 168
맥스웰, 제임스 클러크(James Clerk Maxwell, 1831-1879) 131
맬서스, 토머스(Thomas Malthus, 1766-1834) 62, 157
머천트, 캐럴린(Carolyn Merchant) 236, 239, 242~244
머튼, 로버트(Robert K. Merton, 1910-2003) 49, 50
메스머, 프란츠 안톤(Franz Anton Mesmer, 1734-1815) 102
멘델, 그레고어(Gregor Mendel, 1822-1844) 167
모건, 콘위 로이드(Conwy Lloyd Morgan 1852-1936) 66, 71
모건, 루이스 헨리(Lewis H. Morgan, 1818-1881) 154
모스, 새뮤얼(Samuel Morse, 1791-1872) 129~131
모어, 헨리(Henry More, 1614-1687) 244, 245
모즐리, 헨리(Henry Maudsley, 1835-1928) 256
모턴, 새뮤얼 조지(Samuel George Morton, 1779-1851) 150
몬드, 루드비히(Ludwig Mond, 1839-1909) 33

몽주, 가스파르(Gaspard Monge, 1746-1818) 118
무아뇨, 프레더릭(Frédéric Moigno, 1804-1884) 99
무어, 제임스(James Moore) 41, 42
뮈셴브루크, 페트루스 반(Petrus van Musschenbroek, 1692-1761) 22
미바트, 조지 잭슨(St. George Jackson Mivart, 1827-1900) 64

ㅂ

바넘, 피니어스 테일러(P. T. Barnum, 1810-1891) 88
바이런 경(Lord Byron, 1788-1824) 246
바클레이, 존(John Barclay, 1758-1826) 253~255
배비지, 찰스(Charles Babbage, 1792-1871) 29, 32, 113, 119, 120, 126, 137~139, 246
배젓, 월터(Walter Bagehot, 1826-1877) 162
뱅크스, 조지프(Sir Joseph Banks, 1743-1820) 23, 24, 31
버널, 존(John Desmond Bernal, 1901-1971) 113, 120, 121, 123, 139, 211, 250
버넷, 토머스(Thomas Burnet, 1635-1715) 51, 52

버클랜드, 윌리엄(William Buckland, 1784-1856) 27, 53, 60
버터필드, 허버트(Herbert Butterfield, 1900-1979) 115, 139
버틀러, 새뮤얼(Samuel Butler, 1835-1920) 65
베르그송, 앙리(Henri Bergson, 1859-1941) 66, 70
베르나드스키, 블라디미르 이바노프(Vladimir Ivanovich Vernadskii, 1863-1945) 228
베르나르, 클로드(Claude Bernard, 1813-1873) 184, 188
베르너, 아브라함 고틀로프(Abraham Gottlob Werner, 1749-1817) 22, 53
베른, 쥘(Jules Verne, 1828-1905) 100
베살리우스, 안드레아스(Andreas Vesalius, 1514-1564) 16
베리아, 라브렌티 파블로비치(Lavrenti Pavlovich Beria, 1899-1953) 228
베이시, 알렉산더 댈러스(Alexander Dallas Bache, 1806-1867) 34
베이컨, 프랜시스(Francis Bacon, 1561-1626) 18, 19, 80, 113, 116, 117, 138, 203, 241, 242
베이트슨, 윌리엄(William Bateson, 1861-1926) 167
베인, 알렉산더(Alexander Bain, 1810-1877) 135

베인브리지, 케네스(Kenneth Bainbridge, 1904-1996) 223

베크렐, 앙리(Henry Becquerel, 1852-1908) 197, 247

베테, 한스(Hans Albrecht Bethe, 1906-2005) 231, 234

벨, 알렉산더 그레이엄(Alexander Graham Bell, 1847-1922) 92, 197

보렐리, 조반니(Giovanni Borelli, 1608-1679) 17, 179

보스, 게오르크 마티아스(Georg Matthias Bose, 1710-1761) 82

보어, 닐스(Niels H. D. Bohr, 1885-1962) 217, 218, 220

보일, 로버트(Robert Boyle, 1627-1691) 16~19, 58, 133, 134, 138, 241, 245, 246

본드, 윌리엄 크랜치(William Cranch Bond, 1789-1859) 91

볼드윈, 제임스 마크(James Mark Baldwin, 1861-1934) 156

볼턴, 매슈(Matthew Boulton, 1728-1809) 24, 124

부르하페, 헤르만(Hermann Boerhaave, 1668-1738) 178

부시, 버니버(Vannevar Bush, 1890-1974) 37, 212, 219, 234

뷔퐁(Comte de Buffon, 본명은 Georges-Louis Leclerc, 1707-1788) 52, 53, 56, 73

브라운, 베르너 폰(Werner von Braun, 1912-1977) 215, 216, 231

브라헤, 티코(Tycho Brahe, 1546-1601) 16

브래그, 윌리엄 헨리(William Henry Bragg, 1862-1942) 209

브로카, 폴(Paul Broca, 1824-1880) 147, 150, 151

블래킷, 패트릭 메이너드 스튜어트(Patrick M. S. Blackett, 1897-1974) 214, 215, 218, 219

블랙, 조지프(Joseph Black, 1728-1799) 118~120

블루멘바흐, 요한(J. F. Blumenbach, 1752-1840) 149

ㅅ

사르코, 쟝-마르텡(Jean-Martin Charcot, 1825-1893) 256

사튼, 조지(George Sarton, 1884-1956) 114, 139

샨도스 공작(Duke of Chandos, 본명은 James Brydges, 1673-1744) 82

섀핀, 스티븐(Steven Shapin) 133, 147

세갱, 마르크(Marc Séguin, 1786-1875) 125

세즈윅, 애덤(Adam Sedgwick, 1785-

1873) 27
셰링턴, 찰스(Sir Charles Sherrington, 1861-1952) 148
소비지, 프랑수아(François Bossier de Sauvages, 1706-1767) 181
서머빌, 메리(Mary Somerville, 1780-1872) 97, 251
슈빙어, 론다(Londa Schiebinger) 252
슈탈, 게오르크 에른스트(Georg Ernst Stahl, 1660-1734) 178
스노, 찰스 퍼시(C. P. Snow, 1905-1980) 78, 108
스미스, 제임스(James Edward Smith, 1759-1828) 24
스위프트, 조너선(Jonathan Swift, 1667-1745) 97
스윈턴, 캠벨(Campbell Swinton, 1863-1939) 196
스코프스, 존 토마스(John Thomas Scopes, 1901-1970) 67
스탈린, 이오시프 비사리오노비치(Stalin, Iosif Vissarionovich, 1879-1953) 169, 228
스터전, 윌리엄(William Sturgeon, 1783-1850) 90
스티븐슨, 조지(George Stephenson, 1781-1848) 127
스펜서, 허버트(Herbert Spencer, 1820-1903) 62, 63, 147, 148, 153~155, 158~160, 163
스프랫, 토마스(Thomas Sprat, 1635-1713) 18, 19
스푸르츠하임, 요한 가스파르(Johann Gaspar Spurzheim, 1776-1832) 106, 145

ㅇ

아가시, 루이(Louis Agassiz, 1807-1873) 60
아리스토텔레스(Aristoteles, 384-322 B.C.) 15, 47, 252
아시모프, 아이작(Isaac Asimov, 1920-1992) 100
아인슈타인, 알베르트(Albert Einstein, 1879-1955) 98, 219, 226, 262
앨버트 왕자(Prince Albert, 1819-1861) 88, 90
어셔, 제임스(James Ussher, 1581-1656) 51
에디슨, 토머스(Thomas Alva Edison, 1847-1931) 132
에딩턴, 아서(Arthur Eddington, 1882-1944) 73, 98
에어리, 조지(George Bidell Airy, 1801-1892) 120
에를리히, 폴(Paul Ehrlich, 1854-1915) 189

엘리엇, 조지(George Eliot, 1819-1880) 95, 100
엘리엇슨, 존(John Elliotson, 1791-1868) 104
오언, 리처드(Richard Owen, 1804-1892) 60, 64, 91
오펜하이머, 로버트(J. Robert Oppenheimer, 1904-67) 220~223, 225, 227, 230, 231
올덴버그, 헨리(Henry Oldenburg, 1615-1677) 18
올리펀트, 마크(Mark Oliphant, 1901-2000) 218, 219
와트, 제임스(James Watt, 1736-1819) 24, 121~124, 126
왁스먼, 셀먼(Selman Waksman, 1888-1973) 193, 194
왓슨, 제임스(James Watson, 1928-) 249
영, 로버트(Robert Young) 158
요르트, 소렌(Soren Hjorth, 1801-1870) 90
우드워드, 존(John Woodward, 1665-1728) 51
우드러프, H. 보이드(H. Boyd Woodruff) 194
워드, 레스터 프랭크(Lester Frank Ward, 1841-1913) 160
워커, 애덤(Adam Walker, 1730-1821) 83
윌러비, 프랜시스(Francis Willoughby, 1635-1672) 17
웨이클리, 토머스(Thomas Wakley, 1795-1862) 104
웨지우드, 조사이어(Josiah Wedgwood, 1730-1795) 24, 124
웰스, 허버트 조지(H. G. Wells, 1866-1946) 100, 208
윌버포스, 새뮤얼(Samuel Wilberforce, 1805-1873) 62, 63, 85
윌슨, 에드워드(Edward O. Wilson, 1929-) 170
윌킨스, 모리스(Maurice Wilkins, 1916-2004) 249
유맨스, 에드워드 리빙스턴(Edward Livingston Youmans, 1821-1887) 98
유어, 앤드류(Andrew Ure, 1778-1857) 126
이사벨라, 앤(Anne Isabella, 1792-1860) 246
이즐리, 브라이언(Brian Easlea) 260

ㅈ

조프루아 생틸레르, 에티엔(Étienne Geoffroy Saint-Hilaire, 1772-1844) 26
재키, 스탠리(Stanley Jaki) 43
주린, 제임스(James Jurin, 1684-1750) 83
주커만, 졸리(Solly Zuckerman, 1904-

1993) 215, 229

진스, 제임스(James Jeans, 1877-1946) 73, 98

질라드, 레오(Leo Szilard, 1898-1964) 219, 227

질셀, 에드거(Edgar Zilsel, 1891-1944) 115, 116

ㅊ

찰스 1세(Charles Ⅰ, 1600-1649), 245

찰스 2세(Charles Ⅱ, 1630-1685) 18~20, 50

채드윅, 제임스(James Chadwick, 1891-1974) 218

처칠, 윈스턴(Winston Churchill, 1874-1965) 213

체인, 언스트(Ernst Chain, 1906-1979) 191, 194

체임버스, 로버트(Robert Chambers, 1802-1871) 60, 61, 69, 94, 97, 148

ㅋ

카네기, 앤드루(Andrew Carnegie, 1835-1919) 35

카드웰, 도널드(D. S. L. Cardwell) 111, 116, 123

카르노, 라자르(Lazare Carnot, 1753-1823) 118

카르노, 사디(Sadi Carnot, 1796-1832), 124~126

칸트, 임마누엘(Immanuel Kant, 1724-1804) 57

칼뱅, 장(Jean Calvin, 1509-1564) 48

캄페르, 페트루스(Petrus Camper, 1722-1789) 149

캐번디시, 마가렛(Margaret Cavendish, 1623-1673) 245, 246

캐번디시, 윌리엄(William Cavendish, 1593-1676) 245

커윈, 리처드(Richard Kirwan, 1733-1812) 52

컬런, 윌리엄(William Cullen, 1710-1790) 122, 181

케플러, 요하네스(Johannes Kepler, 1571-1630) 17, 43, 49, 55~57, 73

켈로그, 버넌(Vernon Kellogg, 1867-1937) 163

켈빈 경(Lord Kelvin) : 윌리엄 톰슨 참조

코넌트, 제임스(James Bryant Conant, 1893-1978) 219, 223, 230

코렌스, 카를(Carl Correns, 1864-1933) 167

코아레, 알렉상드르(Alexandre Koyré, 1892-1964) 114, 139

코페르니쿠스, 니콜라우스(Nicolaus Copernicus, 1473-1543) 15, 46, 48,

코프, 에드워드 드링커(Edward Drinker Cope, 1840-1897) 65, 156
코흐, 로베르트(Robert Koch, 1843-1910) 175, 183, 186~188, 190, 201
콕스, 존(John Cox) 196
콘웨이, 앤(Anne Conway, 1631-1679) 244, 245
콜베르, 장 바티스트(Jean Baptiste Colbert, 1619-1683) 20
쿠터, 로저(Roger Cooter) 147
쿡, 제임스(Captain James Cook, 1728-1779) 24, 92
쿡, 윌리엄(William Fothergill Cooke, 1806-1879) 128, 129
쿰, 조지(George Combe, 1788-1858) 106, 145~147
퀴리, 마리; 마리아 스쿼도프스카(Marie Curie; Maria Sklodowska, 1867-1934) 197, 247, 248
퀴리, 피에르(Pierre Curie, 1859-1906) 197, 247
퀴비에, 조르주(Georges Cuvier, 1769-1832) 23, 26
크룩스, 윌리엄(William Crookes, 1832-1919) 208
크릭, 프랜시스(Francis Crick, 1916-2004) 249

E

타일러, 에드워드(Edward B. Tylor, 1832-1917) 154
텔러, 에드워드(Edward Teller, 1908-2003) 230, 231, 233
톰슨, 윌리엄(William Thomson; Lord Kelvin 켈빈 경, 1824-1907) 86, 125
톰슨, 조지 패짓(George Paget Thomson, 1892-1975) 218
톰슨, 조지프 존(Joseph John Thomson, 1856-1940) 72, 208, 209
톰슨, 존 아서(John Arthur Thomson 1861-1933) 65, 66
트루먼, 해리(Harry Truman, 1884-1972) 226, 230
트워트, 프레더릭(Frederick Twort, 1877-1950) 190
티저드, 헨리(Henry Tizard, 1885-1959) 211, 213, 218
틴들, 존(John Tyndall, 1820-1893) 148

ㅍ

파스퇴르, 루이(Louis Pasteur, 1822-1895) 86, 175, 183~186, 188, 190, 201
파울러, 로렌조(L. N. Fowler, 1811-1896) 106
파월, 존 웨슬리(John Wesley Powell,

1834-1902) 29

파이에를스, 루돌프(Rudolf Peierls, 1907-1995) 218, 223

파팽, 드니(Denis Papin, 1647-1712) 133

패러데이, 마이클(Michael Faraday, 1791-1867) 84, 85, 104, 126, 246

팩스턴, 조지프(Joseph Paxton, 1803-1865) 90

퍼킨스, 제이컵(Jacob Perkins, 1766-1849) 88

페르미, 엔리코(Enrico Fermi, 1901-1954) 219

페리에, 데이비드(David Ferrier, 1843-1928) 147, 148

페일리, 윌리엄(William Paley, 1743-1805) 59, 61, 68

페트리, 리하르트 율리우스(Richard Julius Petri, 1852-1921) 186

폭스 켈러, 이블린(Evelyn Fox-Keller) 236, 239, 241

푸셰, 펠릭스(Felix Pouchet, 1800-1872) 184

푸코, 미셸(Michel Foucault) 176, 177, 178, 181, 182, 202

프라이스, 데릭 드 솔라(Derek De Solla Price, 1922-1983) 14

프라이스, 조지 매크레디(George McCready Price, 1870-1863) 68

프랑크, 제임스(James Franck, 1882-1964) 227

프랭클린, 로잘린드(Rosalind Franklin, 1920-1958) 249

프랭클린, 벤저민(Benjamin Franklin, 1706?1790) 84, 102

프레데리크 2세(Frederick Ⅱ, 1534-1588) 17

프렌드, 윌리엄(William Frend, 1757-1841) 246

프로이트, 지그문트(Sigmund Freud, 1856-1939) 156, 157, 256

프로인트, 레오폴드(Leopold Freund, 1868-1943) 197

프리슈, 오토(Otto Frisch, 1904-1979) 218

프리스, 윌리엄 헨리(William Henry Preece, 1834-1913) 131

프리스틀리, 조지프(Joseph Priestley, 1733-1804) 24, 96, 124

플라톤(Platon, 428-348 B.C.) 56, 241, 243

플램스티드, 존(John Flamsteed, 1646-1719) 20

플러드, 로버트(Robert Fludd, 1574-1637) 240, 241

플레밍, 알렉산더(Sir Alexander Fleming, 1881-1955) 189~191

플레이페어, 라이언(Lyon Playfair, 1818-1898) 119

플로리, 하워드(Howard Floery, 1906-

1979) 191, 193

플리니우스(Pliny, 23-79) 242

피르호, 루돌프(Rudolf Virchow, 1821-1902) 186

피어슨, 칼(Karl Pearson, 1857-1936) 162, 165~167

피셔, 로널드 에일머(Ronald Aylmer Fisher, 1890-1962) 167

필, 찰스 윌슨(Charles Willson Peale, 1741-1827) 87, 88

ㅎ

하딩, 샌드라(Harding, Sandra) 260

하버, 프리츠(Fritz Haber, 1868-1934) 209, 210

하운스필드, 고드프리(Godfrey Hounsfield, 1919-2004) 199, 200

하이젠베르크, 베르너(Werner K. Heisenberg, 1901-1976) 216~218

하인라인, 로버트(Robert Heinlein, 1907-1988) 100

할러, 알브레히트 폰(Albrecht von Haller, 1708-1770) 178

해러웨이, 도나(Donna Haraway) 261, 262

해리슨, 피터(Peter Harrison) 54

허셜, 윌리엄(William Herschel, 1738-1822) 251

허셜, 존(John F. W. Herschel, 1792-1871) 63, 64, 119, 134, 135, 137, 138

허셜, 캐롤라인(Caroline Herschel) 251

허턴, 제임스(James Hutton, 1726-1797) 52, 53

헌트, 제임스(James Hunt, 1833-1869) 151

헉슬리, 토머스 헨리(Thomas Henry Huxley, 1825-1895) 14, 27, 28, 34, 42, 62, 63, 70, 85, 86, 148, 153, 257

헤르츠, 하인리히(Heinrich Hertz, 1857-1894) 131

헤비사이드, 올리버(Oliver Heaviside, 1850-1925) 127

헤켈, 에른스트(Ernst Haeckel, 1834-1919) 70, 156, 163

헨리, 조지프(Joseph Henry, 1797-1878) 34, 120, 129, 130, 131

헬름홀츠, 헤르만 폰(Hermann von Helmholtz, 1860-1880) 86

호그벤, 랜슬롯(Lancelot Hogben, 1895-1975) 98

호이겐스, 크리스티안(Christian Huygens, 1629-1695) 20

호지킨, 도러시 크로풋(Dorothy Crowfoot Hodgkin, 1910-1994) 249

호지킨, 토머스(Thomas Hodgkin, 1798-1866) 133, 250

호킨스, 마이크(Mike Hawkins) 158

호프스태터, 리처드(Richard Hofstadter) 158

홀, 그랜빌 스탠리(G. Stanley Hall, 1846-1924) 156

홀데인, 존 버든 스콧(J. B. S Haldane, 1892-1964) 167

후크, 로버트(Robert Hooke, 1635-1703) 18, 20, 134

훔볼트, 알렉산더 폰(Alexander von Humboldt, 1769-1859) 98

휘스턴, 윌리엄(William Whiston, 1667-1752) 51

휘트스톤, 찰스(Charles Wheatstone, 1802-1875) 128, 129, 135

휘틀, 프랭크(Frank Whittle, 1907-1996) 215

휴얼, 윌리엄(William Whewell, 1794-1866) 30, 113, 119, 120, 139

휴즈, 토머스(Thomas Hughes) 132

히틀러, 아돌프(Adolf Hitler, 1889-1945) 206, 211, 212, 215, 216

히틀리, 노먼(Norman Heatley, 1911-2004) 193

주제어

ㄱ

가이아Gaia 12
계몽사조Enlightenment 52, 69, 144, 180
골상학phrenology 69, 80, 101, 102, 105~108, 143, 144~149
과학의 객관성objectivity of science 235, 258, 261, 267
과학의 전문(직업)화professionalization of science 11~15, 25, 30, 31, 35~39
과학자 공동체(사회)scientific community(society) 11~15, 25, 31, 32, 35~39, 147, 169, 204, 206
과학학회scientific society 17~21, 23~25, 31~35
과학혁명scientific revolution 15~21, 80, 94, 118, 203, 236, 237, 238~242
기계적 철학mechanical philosophy 55, 58, 69, 242, 245

ㄷ

다윈주의Darwinism 143, 153, 154, 158~163, 166, 267
대폭발우주론big bang cosmology 74
동일과정설uniformitarianism 52

ㄹ

라마르크주의Lamarckism 65, 66, 70, 147, 155, 158~163, 167, 169
런던연구소London Insitution 83
루나협회Lunar Society 24~25
린네학회Linnaean Society 24

ㅁ

마르크스주의Marxism 115, 121, 169
메스머주의mesmerism 79, 80, 101~108
(성서) 문자주의(biblical) literalism 44, 45~49, 50, 51~56, 67
미국과학진흥협회AAAS 34, 38

ㅂ

반증가능성falsifiability 268
발생반복설recapitulation theory 156, 160
분류학taxonomy 59
불가지론agnosticism 42

ㅅ

사회 다윈주의social Darwinism 142, 143, 148, 153, 157~164, 171, 267
사회학sociology 157
산업혁명Industrial Revolution 24,

121~126
생기론vitalism 178
생존경쟁struggle for existence 153, 157~159, 162
설계 논증argument from design 59~61
성운가설nebular hypothesis 57, 60, 73
솔로몬의 집Solomon's House 242
수성설Neptunism 22, 52, 53
식물학botany 22~24
심리학psychology 147, 148, 154

ㅇ

양자역학quantum mechanics 71
에너지 보존conservation of energy 252, 256
에든버러 학파Edinburgh school 143
에콜 폴리테크니크Ecole Polytechnique 26, 118, 125
에테르ether 71, 72
연쇄반응chain reaction 217~222
열기관heat engines 124
영국과학진흥협회BAAS 32~34, 38, 62, 85, 99, 100"
왕립과학아카데미Academie Royale des Sciences 20~22, 26, 80, 99, 102, 116, 185
왕립연구소Royal Institution 32, 33, 84
왕립종합기술연구소Royal Polytechnic Institution 88
왕립학회Royal Society 17~20, 23~25, 31, 50, 80, 83, 95, 96, 116, 245
우생학eugenics 143, 151, 164~169, 268
원자폭탄atomic bomb 204, 206, 216~232
유물론materialism 44, 51, 59, 62, 65, 67, 68~71, 71~74, 104, 105, 107, 144, 145, 155, 175
유신론적 진화주의theistic evolutionism 64
유전자gene 167, 169, 268
유전자 결정론genetic determinism 143, 164~169
음극선cathode rays 196
이신론deism 42
인류학anthropology 149~152, 154
인종 이론race theory 149~152, 168

ㅈ

자기공명영상Magnetic Resonance Imaging 173, 200
자연발생spontaneous generation 184, 185
자연사natural history 22~24, 26, 54, 55, 59
자연선택natural selection 61~65, 155, 157~159, 161, 162, 165~166, 169, 170, 257, 268
자연신학natural theology 54~60, 72~74
(과학적) 자연주의(scientific) naturalism

62, 63, 69
전신electromagnetic telegraph 90, 127~132
전체론holism 267
제국주의imperialism 162, 171
증기기관steam engines 121~126, 127
지질학geology 22, 29, 30, 31, 51~54
직공강습소 운동Mechanics' Institutes movement 84, 86
질병분류학nosology 177, 180, 182

ㅊ

창발적 진화emergent evolution 66, 71
창조적 진화creative evolution 60, 70
청교도주의puritanism 49, 50

ㅋ

캐번디시 연구소Cavendish Laboratory 27, 213

ㅍ

판구조론plate tectonics 205, 232
프로테스탄티즘protestantism 48~50

ㅎ

해양후퇴설retreating-ocean theory 52
획득형질 유전(용불용설)inheritance of acquired characteristics 147, 155, 159
후원과 과학patronage and science 16, 17

현대과학의 풍경 2

1판 1쇄 펴냄 2008년 12월 17일
1판 5쇄 펴냄 2016년 9월 23일

지은이 피터 보울러 · 이완 리스 모러스
책임번역 김봉국 · 서민우 · 홍성욱

주간 김현숙 | **편집** 변효현, 김주희
디자인 이현정, 전미혜
영업 백국현, 도진호 | **관리** 김옥연

펴낸곳 궁리출판 | **펴낸이** 이갑수

등록 1999년 3월 29일 제300-2004-162호
주소 10881 경기도 파주시 회동길 325-12
전화 031-955-9818 | **팩스** 031-955-9848
홈페이지 www.kungree.com | **전자우편** kungree@kungree.com
페이스북 /kungreepress | **트위터** @kungreepress

ⓒ 궁리출판, 2008.

ISBN 978-89-5820-144-1   93400
ISBN 978-89-5820-145-8   93400(세트)

값 15,000원